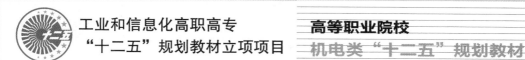

工业和信息化高职高专
"十二五"规划教材立项项目

高等职业院校
机电类"十二五"规划教材

电工电子技术

（第2版）

Electrical and Electronic
Technology (2nd Edition)

U0240219

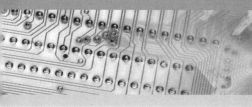

◎ 赵景波 逄锦梅 主编
◎ 王德春 李晓星 刘丹 副主编

人民邮电出版社
北京

精品系列

图书在版编目（ＣＩＰ）数据

电工电子技术 / 赵景波，逄锦梅主编. -- 2版. --
北京：人民邮电出版社，2015.8（2023.1重印）
高等职业院校机电类"十二五"规划教材
ISBN 978-7-115-39542-9

Ⅰ．①电… Ⅱ．①赵… ②逄… Ⅲ．①电工技术－高
等职业教育－教材②电子技术－高等职业教育－教材
Ⅳ．①TM②TN

中国版本图书馆CIP数据核字(2015)第144203号

内 容 提 要

本书以现代电工电子技术的基本知识、基本理论为主线，以应用为目的，在保证科学性的前提下，删繁就简，使理论分析重点突出、概念清楚、实用性强。将理论知识的讲授、课内讨论、作业与技能训练有机结合。本书主要内容包括直流电路、正弦交流电路、变压器和异步电动机、继电接触控制线路、晶体二极管电路、晶体三极管电路、晶闸管电路、集成运算放大电路、直流稳压电源、门电路和组合逻辑电路、触发器与时序逻辑电路、D/A 和 A/D 转换器等。

本书可作为高职高专院校机电类专业的电工电子技术教材，也可作为工程技术人员的自学参考书。

◆ 主　编　赵景波　逄锦梅

副主编　王德春　李晓星　刘 丹

责任编辑　刘盛平

执行编辑　刘 佳

责任印制　张佳莹　杨林杰

◆ 人民邮电出版社出版发行　北京市丰台区成寿寺路 11 号

邮编　100164　电子邮件　315@ptpress.com.cn

网址　https://www.ptpress.com.cn

涿州市京南印刷厂印刷

◆ 开本：787×1092　1/16

印张：18.25　　　　　2015 年 8 月第 2 版

字数：468 千字　　　2023 年 1 月河北第 15 次印刷

定价：42.00 元

读者服务热线：(010)81055256　印装质量热线：(010)81055316
反盗版热线：(010)81055315

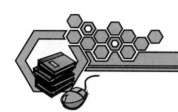

第 2 版前言

高等职业教育的培养目标是具备工程实践能力的一线工程技术人员。目前高等职业院校正在从教学方法上进行深入的改革，相应的教材等也需要进行适应性改革，以更实用的教学内容和更好的教学材料，提高学生的学习效果。据此，本书作者在广泛调研论证的基础上，经过与多所高职院校教师的深入讨论，对原有内容进行了有机整合，降低理论难度，丰富实践内容，以实用、够用为目的，最终编写成本书。

本书针对高职高专学生的学习特点，从工程应用的角度出发，在内容的选择和讲解方面，以当前高等职业院校学生就业技能实际需求，以及学生对相关知识点的实际接受能力为依据，努力体现针对性和实用性，以适应当前职业教育发展的需要。与目前教材市场上的其他同类教材相比，本书具有以下特点。

（1）基础知识讲解深入浅出、概念清楚、重点突出，语言通顺易懂。

（2）注重技能培养。为了真正提高学生的实际操作技能，教材中提供了一定的实验、实训内容，通过相关操作，加深学生对知识的理解接受，为学习后续课程打下良好基础。

（3）配套素材丰富。本教材针对主要的知识点和较难理解的内容，提供了丰富多彩的动画演示、视频录像及虚拟实验，这样不但可以提高课堂教学效果，而且能有效激发学生的学习兴趣。另外，为方便教师教学，本书还提供了相应的电子课件、题库系统以及习题答案，教师可登录人民邮电出版社教学服务与资源网（http://www.ptpedu.com.cn）下载。

教师在讲授本教材内容时，可根据本校具体的教学计划和教学条件等实际情况，对书中内容有针对性地进行选择，对相应的学时进行适当的增减。以下是建议学时分配表。

建议学时分配表

内　　容	学时数	实验、实训学时	内　　容	学时数	实训、实验学时
第 1 章　直流电路	10	4	第 6 章　晶体三极管电路	8	2
第 2 章　正弦交流电路	12	2	第 7 章　晶闸管电路	4	2
第 3 章　变压器和异步电动机	8	2	第 8 章　集成运算放大电路	10	4
第 4 章　继电接触控制线路	6	2	第 9 章　直流稳压电源	8	4
第 5 章　晶体二极管电路	6	2	第 10 章　门电路和组合逻辑电路	8	2

续表

内　　容	学时数	实验、实训学时	内　　容	学时数	实训、实验学时
第11章　触发器与时序逻辑电路	8	4			
第12章　D/A 和 A/D 转换器	2				
总学时			90		

　　本书由青岛理工大学赵景波、逄锦梅任主编，由重庆公共运输职业学院王德春、浙江工贸职业技术学院李晓星、黑龙江工业学院刘丹任副主编。其中，赵景波编写了第1章；逄锦梅编写了第2章、第4章；李晓星编写了第3章、第7章、第9章；刘丹编写了第5章、第6章、第8章、第10章；王德春编写了第11章、第12章。在编写过程中，得到了有关院校的大力支持与帮助，在此一并致谢！

　　由于编者水平有限，书中难免存在不足之处，敬请广大读者批评指正。

编　者
2015 年 1 月

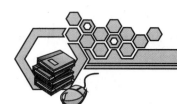

目　　录

3

第1章
直流电路

电路在我们的日常生活中是随处可见的，它是由实际元器件按一定方式连接起来的电流通路。由电阻和直流电源构成的电路称为直流电阻电路，简称直流电路，它是电路分析研究的基础。

【学习目标】

- 掌握电路、电路模型的基本概念及电路的状态。
- 了解电路的基本元件。
- 掌握欧姆定律和基尔霍夫定律的内容及其应用。
- 学会用支路电流方法分析电路。
- 掌握叠加原理的内容及其应用。
- 掌握戴维南定理的内容及其应用。
- 掌握电路中电压和电位的计算方法。

1.1 电路的基本概念

当打开电视机欣赏精彩节目的时候，供电线路和电视机内部的控制电路等就构成了一个闭合的电流通路，这样眩目的声光效果就产生了。这就是生活中最常见的一个电路。

1.1.1 电路和电路模型

现实生活中电路类型多种多样，结构形式也各不相同。但从大的方面来看电路一般都是由电源、负载和中间环节3部分按照一定方式连接起来的电流路径，如图1-1所示。

图 1-1 电路的组成

电源是电路中提供电能的装置，含有交流电源的电路叫交流电路，含有直流电源的电路叫直流电路。常见的直流电源有干电池、蓄电池及直流发电机等，如图 1-2 所示。

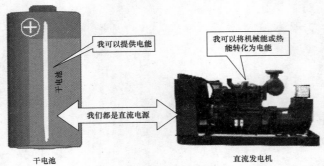

图 1-2　常见的直流电源

负载是各种用电设备的总称，它是将电能或电信号转换为需要的其他形式的能量或信号的器件。例如，电灯能将电能转换为光能，电动机能将电能转换为机械能，电视机能将电磁波信号转换为视听信号等，如图 1-3 所示。

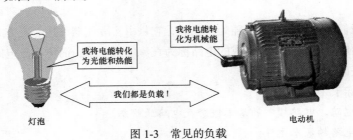

图 1-3　常见的负载

连接电源和负载的部分统称为中间环节，起传输和分配电能的作用。中间环节包括导线和电器控制元件等。导线是连接电源、负载和其他电器元件的金属线，常用的有铜导线和铝导线等，如图 1-4 所示。电器控制元件是对电路进行控制的电器元件，图 1-5 所示为空气开关及熔断器等。

图 1-4　各种导线　　　　　　　　　　　　　图 1-5　电器控制元件

实际应用中电路实现的功能是多种多样的，但从总体上可概括为两方面。

（1）进行电能的传输、分配与转换，图 1-6（a）所示为电力系统输电电路示意图。其中，发电机是电源，家用电器和工业用电器等是负载，而变压器和输电线等则是中间环节。

（2）信号的传递与处理，图 1-6（b）所示为扩音机示意图。其中，话筒是输出信号的设备，称为信号源，相当于电源。但与上述的发电机、电池等电源不同，信号源输出的电压或电流信号取决于其所加的信息。扬声器是负载，放大器等则是中间环节。

采用图 1-6 所示的电路示意图进行电路分析和计算的方法是很不方便的，所以通常采用一些简单的理想元件来代替实际部件。这样一个实际电路就可以由若干个理想元件的组合来模拟，这样的电路称为实际电路的电路模型。

将实际电路中各个部件用其图形符号来表示，这样画出的图称为实际电路的电路模型图，也称作电路原理图。图 1-7 所示为手电筒电路及其电路模型图。

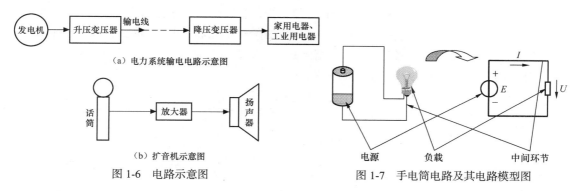

（a）电力系统输电电路示意图

（b）扩音机示意图

图 1-6 电路示意图

电源　　　负载　　　中间环节

图 1-7　手电筒电路及其电路模型图

建立电路模型的意义十分重要，运用电路模型可以大大简化电路的分析。电路模型图中常用的元件符号如表 1-1 所示。

表 1-1　　　　　　　　　　　　电路模型图常用的元件符号

名　称	图形符号	文字符号	名　称	图形符号	文字符号	名　称	图形符号	文字符号
电池		E	电阻		R	电容器		C
电压源		U_s	可调电阻		R	可变电容		C
电流源		I_s	电位器		R_P	空心线圈		L
发电机			开关		S	铁芯线圈		L
电流表			电灯		R	接地接机壳		GND
电压表			保险丝		FU	导线交叉点 连接 不连接		

电路模型反映了电路的主要性能，忽略了它的次要性能，因此电路模型只是实际电路的近似，是实际电路的理想化模型。

练习题

（1）列举一个电路实例，并说明电路是由哪几部分组成的。

（2）画出所列举的电路实例的电路模型图，说明电路图的基本功能。

1.1.2　电流、电压的参考方向

在物理学中，习惯上规定正电荷定向运动的方向为电流的方向。对于一段电路来说，其电流的方向是客观存在的，是确定的，但在具体分析电路时，有时很难判断出电流的实际方向。为解决这一问题，引入电流参考方向的概念，其具体分析步骤如下。

（1）在分析电路前，可以任意假设一个电流的参考方向，如图1-8中所示的I的方向。

（2）参考方向一经选定，电流就成为一个代数量，有正、负之分。若计算电流结果为正值，表明电流的设定参考方向与实际方向相同，如图1-8（a）所示；若计算电流结果为负值，表明电流的设定参考方向与实际方向相反，如图1-8（b）所示。

在未设定参考方向的情况下，电流的正负值是毫无意义的，本书电路图中所标注的电流方向都是参考方向，而不一定是电流的实际方向。电流的参考方向除了可以用箭头表示，还可以用双下标表示，如I_{ab}表示电流的参考方向由a指向b，而I_{ba}表示电流的参考方向由b指向a。

【例1-1】 请说明图1-9所示电流的实际方向。

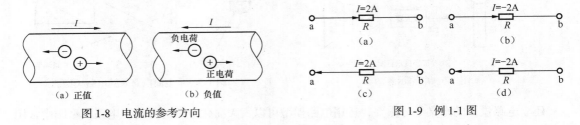

图1-8　电流的参考方向　　　　　　　　图1-9　例1-1图

解：

图1-9（a）电流参考方向为由a到b，$I = 2A>0$，为正值，说明电流的实际方向和参考方向相同，即从a到b；

图1-9（b）电流参考方向为由a到b，$I = -2A<0$，为负值，说明电流的实际方向和参考方向相反，即从b到a；

图1-9（c）电流参考方向为由b到a，$I = 2A>0$，为正值，说明电流的实际方向和参考方向相同，即从b到a；

图1-9（d）电流参考方向为由b到a，$I = -2A<0$，为负值，说明电流的实际方向和参考方向相反，即从a到b。

电压同电流一样，不但有大小，而且是有方向的。电压的方向总是对电路中的两点而言的，如果正电荷从a点移动到b点时释放能量，则a点为高电位，b点为低电位。规定电压的实际方向是由高电位指向低电位的方向。电压方向可以用箭头来表示，也可以用双下标表示，双下标中前一个字母代表正电荷运动的起点，后一个字母代表正电荷运动的终点，电压的方向则由起点指向终点。除此之外还可以用"+""−"符号来表示电压的方向。图1-10所示为电压方向的3种表示方法。

与电流一样，电路中任意两点之间的电压的实际方向往往不能预先确定，因此在对电路进行分析计算之前，先要设定该段电路电压的参考方向。若计算电压结果为正值，说明电压的参考方向与实际方向一致；若计算电压结果为负值，说明电压的参考方向与实际方向相反。

【例1-2】 元件R上电压参考方向如图1-11所示，请说明电压的实际方向。

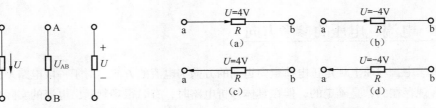

图1-10　电压方向的3种表示方法　　　　图1-11　例1-2图

解：

图 1-11（a）因 $U = 4\,V > 0$，为正值，说明电压的实际方向和参考方向相同，即电压的方向从 a 到 b；

图 1-11（b）因 $U = -4\,V < 0$，为负值，说明电压的实际方向和参考方向相反，即电压的方向从 b 到 a；

图 1-11（c）因 $U = 4\,V > 0$，为正值，说明电压的实际方向和参考方向相同，即电压的方向从 b 到 a；

图 1-11（d）因 $U = -4\,V < 0$，为负值，说明电压的实际方向和参考方向相反，即电压的方向从 a 到 b。

练习题

（1）电流的正方向是如何规定的，电压的正方向是如何规定的？

（2）判断图 1-12 中电流的实际方向。

（3）判断图 1-13 中电压的实际方向。

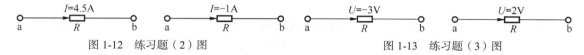

图 1-12　练习题（2）图　　　　　　　　　图 1-13　练习题（3）图

1.1.3　电路的状态

电路有 3 种状态，如图 1-14 所示。

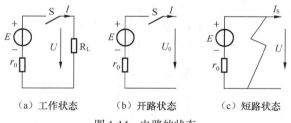

（a）工作状态　　　（b）开路状态　　　（c）短路状态

图 1-14　电路的状态

（1）工作状态，也称为有载状态或通路、闭路等。图 1-14（a）所示的电路中，当开关 S 闭合后电源与负载接成闭合回路，电源处于有载工作状态，电路中有电流流过，如图 1-15 所示。

（2）开路状态，或者称断路状态。图 1-14（b）所示的电路中，当开关 S 断开或电路中某处断开时，电路处于开路状态，被切断的电路中没有电流流过，如图 1-16 所示。被拉闸的电动机的图形符号如图 1-17 所示。

图 1-15　电路的工作状态　　　　　　　　　图 1-16　电路的开路状态

（3）短路状态。图 1-14（c）所示的电路中，当输出两点接通，电源被短路，此时电源的两个极性端直接相连。电源被短路时会产生很大的电流，有可能造成严重后果，如导致电源因大电流而发热损坏或引起电气设备的机械损伤等，因此要绝对避免电源被短路，如图 1-18 所示。

图 1-17 被拉闸的电动机的图形符号

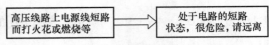

图 1-18 电路的短路状态

练习题 简述电路的 3 种工作状态，列举实际电路不同情况下对应的不同状态。

1.2 电路的基本元件

电路是由基本元件构成的，下面对几种基本元件的数学模型和物理性质进行讨论。

1.2.1 电压源

图 1-19（a）所示为电源为电池。它的电动势 E 和内电阻 r_0 从电路结构上来看，是紧密地结合在一起而不是截然分开的。但为了便于对电路分析计算，可用 E 和 r_0 串联的电路结构来代替实际的电源，如图 1-19（b）所示。电源用一个定值的电动势和一个内部电压降来代表，这种电路称为电压源等效电路，简称电压源。

在电压源中，如果令 r_0=0，则 $U_{AB}=E$。因为 E 通常是一恒定值，所以这种电压源称为理想电压源，又称为恒压源。理想电压源只是从电路中抽象出来的一种理想元件，实际上并不存在，但从电路理论分析的观点来看，引入这种理想元件是有用的。如果电源的内电阻 r_0 远小于负载电阻 R_L，那么随着外电路负载电流的变化，电源的端电压可基本上保持不变，这种电源就接近于一个恒压源。例如，稳压电源在它的工作范围，就认为是一个恒压源。理想电压源的图形符号如图 1-20 所示。

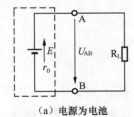

（a）电源为电池

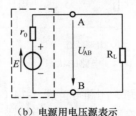

（b）电源用电压源表示

图 1-19 电压源电路

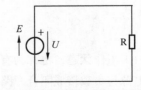

图 1-20 理想电压源对负载电阻供电

1.2.2 电流源

电源除用电压源的形式表示外，还可用电流的形式来表示。将电源改为一个电流 I_S 和内电阻 R_0 来表示，这种电路称为电流源等效电路，简称电流源，如图 1-21 所示。

在电流源中，如果令 $R_0 = \infty$，I_S 在电源内被分去的电流等于零，因此，$I=I_S$。此时电源输出的电流为恒定值，且和外电路的负载电阻的大小无关。这种电流源称为理想电流源，又称恒流源。理想电流源实际上也是不存在的，如果电源的内电阻远大于负载电阻，那么随着外电路负载电阻的变化，电源输出的电流几乎不变，这种电源就接近于一个恒流源如图 1-22 所示。

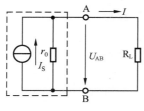

图 1-21　电流源电路

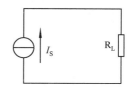

图 1-22　理想电流源对负载电阻供电

1.2.3　电阻元件

电阻元件是一种消耗电能的元件。遵循欧姆定律的电阻称为线性电阻。如果把加在线性电阻两端的电压取为横坐标，流过线性电阻的电流取为纵坐标，画出它的电压和电流的关系曲线称为该电阻的伏安特性，则线性电阻的伏安特性是一条通过原点的直线，如图 1-23（a）所示。

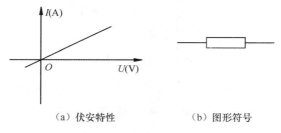

（a）伏安特性　　　　　　　　（b）图形符号

图 1-23　线性电阻

如果电阻元件的伏安特性是一条曲线，则此电阻称为非线性电阻。图 1-24（a）表示半导体二极管的伏安特性，由图 1-24（a）可以看出，半导体二极管中的电流与加在它两端的电压不成正比关系，不遵循欧姆定律，所以它是一个非线性电阻元件。图 1-24（b）表示白炽灯灯丝的伏安特性，它也是一种非线性元件。

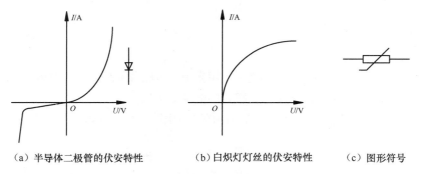

（a）半导体二极管的伏安特性　　　（b）白炽灯灯丝的伏安特性　　　（c）图形符号

图 1-24　非线性电阻

实际上所有的电阻器、电阻炉等元件的伏安特性或多或少地存在着非线性关系。但是，这些元件在一定的工作电流范围内，它们的伏安特性近似为一条直线，所以这些元件尤其是像金属膜电阻器、线绕电阻器等均可认为是线性电阻。全部由线性元件组成的电路称为线性电路，本章仅讨论线性直流电路。

1.2.4 电感元件

电感元件是一种能够储存磁场能量的元件，是实际电感器的理想化模型。电感元件的电路符号如图 1-25 所示。

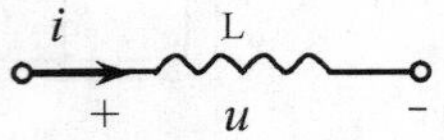

图 1-25 电感元件的电路符号

电感元件伏安特性可用 $u = L\dfrac{\mathrm{d}i}{\mathrm{d}t}$ 表示。只有电感上的电流变化时，电感两端才有电压。在直流电路中，电感上即使有电流通过，但 $u=0$，相当于短路。L 称为电感元件的电感，单位是亨[利]（H），存储能量为 $W_\mathrm{L} = \dfrac{1}{2}Li^2$。

1.2.5 电容元件

电容元件是一种能够储存电场能量的元件，是实际电容器的理想化模型。电容元件的电路符号如图 1-26 所示。

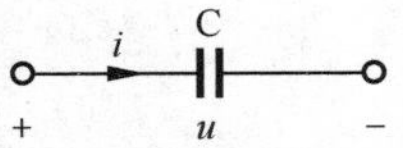

图 1-26 电容元件的电路符号

电容元件伏安特性可用 $i = C\dfrac{\mathrm{d}u}{\mathrm{d}t}$ 表示。只有电容上的电压变化时，电容两端才有电流。在直流电路中，电容上即使有电压，但 $i=0$，相当于开路，即电容具有隔直作用。C 称为电容元件的电容，单位是法[拉]（F），存储能量为 $W_\mathrm{C} = \dfrac{1}{2}Cu^2$。

1.3 电路的基本定律

电路元件的伏安关系，是元件自身电压与电流间所固有的约束。这种约束反映了元件的特性。当各种元件连接成电路时，电路各部分电压、电流的关系除了受元件的固有关系约束外，还要受到电路基本定律的约束。

1.3.1 欧姆定律

欧姆定律是电路分析中的基本定律之一，用来确定电路各部分的电压与电流的关系，其内容是导体中的电流跟它两端的电压成正比，跟它的电阻成反比。

图 1-27 所示为一段不含电动势而只有电阻的部分电路。根据欧姆定律可写出

$$I = \frac{U}{R} \tag{1-1}$$

式中：I——电路中的电流，单位为 A（安[培]）；

　　　U——电路两端的电压，单位为 V（伏[特]）；

　　　R——电路的电阻，单位为 Ω（欧[姆]）。

式（1-1）称为部分电路的欧姆定律，部分电路中电阻两端的电压与流经电阻的电流之间的关系曲线称为电阻的伏安特性曲线，如图 1-28 所示。

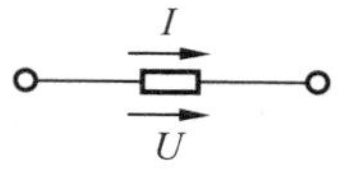

图 1-27　部分电路

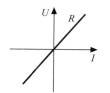

图 1-28　电阻伏安特性曲线

由图 1-27 所示电路可以看出，电阻两端的电压方向是由高电位指向低电位，并且电位是逐点降落的，因而通常把电阻两端的电压称为"电压降"或"压降"。

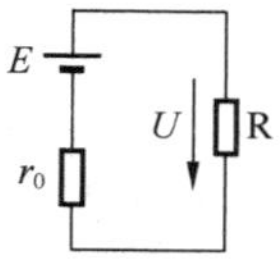

含有电源的闭合电路称为全电路，如图 1-29 所示。全电路中的电流 I 与电源的电动势 E 成正比，与电路的总电阻（外电路的电阻 R 和内电路的电阻 r_0 之和）成反比，即

图 1-29　全电路

$$I = \frac{E}{R + r_0}$$

（1-2）

式中：I——电路中的电流，单位 A（安[培]）；

E——电源的电动势，单位 V（伏[特]）；

R——外电路电阻，单位 Ω（欧[姆]）；

r_0——电源内阻，单位 Ω（欧[姆]）。

式（1-2）称为全电路欧姆定律。由式（1-2）可得

$$E = IR + Ir_0 = U + Ir_0$$
$$U = E - Ir_0$$

（1-3）

式中，U 是外电路中的电压降，即电源两端的电压，Ir_0 是电源内部的电压降。

一般情况下，电源的电动势是不变的，但由于电源存在一定内阻，当外电路的电阻变化时，端电压也随之改变。由式（1-2）可知，当外电路的电阻 R 增大时，电流 I 要减小，端电压 U 就增大；当外电路的电阻 R 减小时，电流 I 要增大，端电压 U 就减小。电源的端电压 U 与负载电流 I 变化的规律称为电源的外特性，电源的外特性曲线如图 1-30 所示。

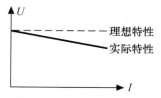

图 1-30　电源的外特性曲线

电源端电压的稳定性取决于电源内阻的大小，在相同的负载电流下，电源内阻越大，电源端电压下降得越多，外特性就越差。

【例 1-3】　如果人体的最小电阻为 800Ω，已知通过人体的电流为 50 mA 时，就会引起呼吸困难，不能自主摆脱电极，试求安全工作电压。

解：

$$50 \text{ mA} = 5 \times 10^{-2} \text{A}$$
$$U = IR = (5 \times 10^{-2} \times 800) \text{ V} = 40 \text{ V}$$

即安全工作电压为 40 V 以下。

【例 1-4】　图 1-31 所示电路中，已知电源的电动势 $E = 24\text{V}$，内阻 $r_0 = 2\Omega$，负载电阻 $R = 10\Omega$，求：（1）电路中的电流；（2）电源的端电压；（3）负载电阻 R 上的电压；（4）电源内阻上的电压降。

解：

（1）$I = \dfrac{E}{R+r_0} = \left(\dfrac{24}{10+2}\right)\text{A} = 2\text{ A}$

（2）$U = E - Ir_0 = (24-2\times2)\text{ V} = 20\text{ V}$

（3）$U = IR = (2\times10)\text{ V} = 20\text{ V}$

（4）$U' = Ir_0 = (2\times2)\text{ V} = 4\text{ V}$

图 1-31　例 1-4 图

答：（1）电路中的电流为 2 A；（2）电源的端电压为 20V；（3）负载电阻 R 上的电压为 20 V；（4）电源内阻上的电压降为 4 V。

1.3.2　基尔霍夫定律

运用欧姆定律、串联和并联关系式等可以分析计算一些简单电路是没有问题的，但对于一些复杂的电路，这些方法就显得非常烦琐了，如图 1-32 所示电路，这时就可以采用基尔霍夫定律。基尔霍夫定律是电路中最基本的定律之一，是由德国科学家基尔霍夫于 1845 年提出的，它包含基尔霍夫电流定律和基尔霍夫电压定律两个内容。

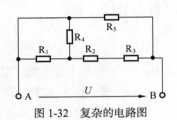

图 1-32　复杂的电路图

1. 电路结构中的几个名词

在介绍基尔霍夫定律之前，先来介绍几个有关电路结构的名词，准确理解这些名词对学习基尔霍夫定律是非常重要的。

（1）支路：由一个或几个元件串联组成的一段没有分支的电路叫作支路。图 1-33 所示电路中有 aR_1R_4b、aR_2R_5b 和 aR_3b 共 3 条支路。在一条支路上，通过各个元件的电流相等。

（2）节点：3 条或 3 条以上支路的连接点叫作节点。图 1-33 中共有 a 和 b 两个节点。

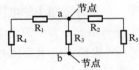

图 1-33　电路图

（3）回路：电路中的任一闭合路径叫作回路。图 1-33 中共有 $aR_2R_5bR_3a$、$aR_3bR_4R_1a$ 和 $aR_2R_5bR_4R_1a$ 3 个回路。只有一个回路的电路叫作单回路电路。

（4）网孔：内部没有分支的电路叫作网孔。如图 1-33 所示，回路 $aR_2R_5bR_3a$ 和 $aR_3bR_4R_1a$ 中不含支路，是网孔。回路 $aR_2R_5bR_4R_1a$ 中含有支路 aR_3b，不是网孔。

练习题　试找出图 1-34 所示电路中的支路、节点、回路和网孔各是哪些。

2. 基尔霍夫电流定律

基尔霍夫电流定律的基本内容为在任一瞬间，流入任一节点的电流之和恒等于流出这个节点的电流之和，即 $\sum I_入 = \sum I_出$，如图 1-35 所示。

$\sum I_入 = \sum I_出$ 称为节点电流方程，简写为 KCL 方程。

基尔霍夫电流定律又叫作基尔霍夫第一定律，它反映了电路中连接在任一节点的各支路电流的关系。

第 1 章 直流电路

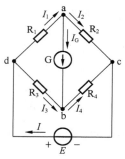

图 1-34 练习题图

图 1-35 基尔霍夫电流定律示意图

对于图 1-36 所示电路中的节点 A，I_2，I_3，I_5 为流入节点电流，I_1，I_4 为流出节点电流，根据基尔霍夫电流定律可得出

$$I_2 + I_3 + I_5 = I_1 + I_4$$

运用基尔霍夫电流定律时，应注意以下两点。

（1）在列出 KCL 方程时，应首先标明每一条支路电流的参考方向；当实际电流方向与参考方向相同时，电流为正值，否则为负值。

（2）基尔霍夫电流定律对于电路中的任一节点都适用，如果电路中有 n 个节点，就可以列出 n 个方程，通常只需列出（$n-1$）个方程就可以求解。

基尔霍夫电流定律还可以推广到电路中的任一闭合面，也就是说，不考虑闭合面内的电路结构，流入闭合面的电流恒等于流出闭合面的电流。将图 1-37 所示虚线框看作闭合面，在任一瞬间有

$$I_A + I_B + I_C = 0$$

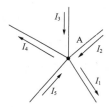

图 1-36 基尔霍夫电流定律应用例图

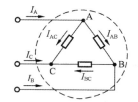

图 1-37 基尔霍夫电流定律的推广

【例 1-5】如图 1-38 所示，已知 $I_1=4\,A$，$I_2=2\,A$，$I_3=-5\,A$，$I_4=3\,A$，$I_5=3\,A$，求 I_6。

解：对节点 A，根据基尔霍夫电流定律有 $I_2 + I_3 + I_5 + I_6 = I_1 + I_4$

则 $I_6 = I_1 + I_4 - I_2 - I_3 - I_5 = [4+3-2-(-5)-3]\,A = 7A$

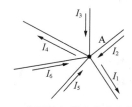

图 1-38 应用基尔霍夫电流定律例图

3. 基尔霍夫电压定律

基尔霍夫电压定律的基本内容为在任一瞬间，沿回路绕行一周，电压升的总和等于电压降的总和，即 $\sum U_升 = \sum U_降$。

$\sum U_升 = \sum U_降$ 称为回路电压方程，简写为 KVL 方程。

基尔霍夫电压定律又叫作基尔霍夫第二定律，它反映了电路的任一回路中的各段电压之间的关系。

对于图 1-39 所示电路，绕行回路一周有

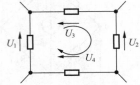

图 1-39　基尔霍夫电压定律的应用

$$U_3 + U_2 = U_1 + U_4$$

在运用基尔霍夫电压定律时，应注意以下几点。

（1）在列写 KVL 方程时，应标明回路的绕行方向以及电压的参考方向，当实际电压方向与参考方向相同时，电压为正值；否则电压为负值。

（2）电压参考方向与绕行方向的判断。参考方向与绕行方向一致，也就是沿着电压降的方向，电压取为正值；参考方向与绕行方向相反，也就是沿着电压升的方向，电压取为负值。

（3）电压参考方向与实际方向的判断。如果计算得到的电压为正值，那么该电压与参考方向一致；如果计算得到的电压为负值，那么该电压与参考方向相反。

基尔霍夫电压定律不但可用于任一闭合回路，还可以推广应用到任一不闭合的电路，如图 1-40 所示电路。

电路中任意两点间的电压等于这两点间沿任意路径各段电压的和。当各分段电压的参考方向与待求电压的参考方向一致时，其前取正号，相反时取负号，则对图 1-40 所示回路 1 可以列出 $E_2 = U_{BE} + I_2 R_2$。

【例 1-6】 图 1-41 所示电路中，已知 $R_1 = 2\Omega$，$R_2 = 4\Omega$，$U_{S1} = 12\text{ V}$，$U_{S2} = 6\text{ V}$，求 U_{ac}。

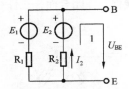

图 1-40　基尔霍夫电压定律的推广

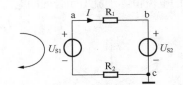

图 1-41　应用基尔霍夫电压定律的例子图

解： 选定图中标注的绕行方向，列出回路的 KVL 方程如下。

$$R_1 I + U_{S2} + R_2 I - U_{S1} = 0$$

则

$$2I + 6 + 4I - 12 = 0，\quad I = 1\text{A}$$

$$U_{ac} = U_{ab} + U_{bc} = (2 \times 1 + 6)\text{ V} = 8\text{ V}$$

1.4　直流电路的基本分析方法

直流电路的基本分析方法包括：支路电流法、叠加原理、戴维南定理、电压源和电流源等效变换。

1.4.1　支路电流法

支路电流法以支路电流为未知量，依据基尔霍夫定律列出方程组，然后联立方程得到支路电流的数值。

图 1-42 所示为一台直流发电机和蓄电池组并联供电的电路。已知两个电源的电动势 E_1、E_2，内阻 R_1、R_2 以及负载电阻 R_3，求各支路电流。

这个电路具有 3 条支路、2 个节点和 3 条回路。首先假定各支路电流方向及绕行方向如图 1-42 所示。那么，依据 KCL 可得

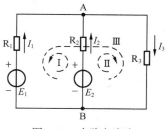

图 1-42　支路电流法

在节点 A：$I_1 + I_2 = I_3$

在节点 B：$I_3 = I_1 + I_2$

很明显，实际上只有一个方程。所以对于两个节点的电路，只能列出一个独立的电流方程。

依据 KVL 可得

对于回路 I：$I_1 R_1 - I_2 R_2 = E_1 - E_2$

对于回路 II：$I_2 R_2 + I_3 R_3 = E_2$

对于回路 III：$I_1 R_1 + I_3 R_3 = E_1$

上述 3 个方程中的任何一个方程可以从其他两个方程中导出，所以只有两个回路电压方程是独立的。在复杂电路中，运用 KVL 所列的独立方程数等于电路的网孔数。

这样，根据基尔霍夫定律可以列出 3 个独立方程

$$\begin{cases} I_1 + I_2 = I_3 \\ I_1 R_1 - I_2 R_2 = E_1 - E_2 \\ I_2 R_2 + I_3 R_3 = E_2 \end{cases}$$

只要解出上述 3 个联立方程，就可求得 3 个支路电流。

支路电流法的关键在于列出独立方程。如果复杂电路中有 m 条支路 n 个节点，那么根据基尔霍夫第一定律可以列出（$n-1$）个独立节点方程式，根据基尔霍夫第二定律可列出 $m-(n-1)$ 个独立回路方程式。

解题时一般先列节点电流，不足的方程数用回路电压方程补足。

【例 1-7】　在图 1-42 所示电路中，已知直流发电机的电动势 $E_1 = 7 \text{ V}$，内阻 $R_1 = 0.2\Omega$，蓄电池组的电动势 $E_2 = 6.2 \text{ V}$，内阻 $R_2 = 0.2\Omega$，负载电阻 $R_3 = 3.2\Omega$。求各支路电流和负载的端电压。

解：根据图 1-42 中标出的各方向，将已知数代入可得方程组

$$\begin{cases} I_1 + I_2 = I_3 \\ 0.2I_1 - 0.2I_2 = 7 - 6.2 \\ 0.2I_2 + 3.2I_3 = 6.2 \end{cases}$$

解方程后得：$I_1 = 3 \text{ A}$，$I_2 = -1 \text{ A}$，$I_3 = 2 \text{ A}$

电流 I_2 为负值，说明 I_2 的方向与参考方向相反，即实际方向应从 A 指向 B。这是蓄电池处于充电状态（即电动机状态）。

负载两端的电压 U_3 为

$$U_3 = I_3 R_3 = (2 \times 3.2) \text{ V} = 6.4 \text{ V}$$

1.4.2　叠加原理

叠加原理是线性电路普遍适用的一个基本原理，其内容是在线性电路中若存在多个电源共同

作用时，电路中任一支路的电流或电压，等于电路中各个电源单独作用时，在该支路产生的电流或电压的代数和。

电源单独作用是指当这个电源单独作用于电路时，其他电源都取为零，即电压源用短路替代，电流源用开路替代。

运用叠加原理可以将一个多电源的复杂电路分解为几个单电源的简单电路，从而使分析得到简化。

下面给出运用叠加原理求电路中支路电流的步骤。

（1）将含有多个电源的电路，分解成若干个仅含有一个电源的分电路，并标注每个分电路电流或电压的参考方向；单一电源作用时，其他理想电源应置为零，即理想电压源短路，理想电流源开路。

（2）对每一个分电路进行计算，求出各相应支路的分电流、分电压。

（3）将求出的分电路中的电压、电流进行叠加，求出原电路中的支路电流、电压。

【例 1-8】 如图 1-43 所示，已知 $E=10\,V$、$I_S=1\,A$，$R_1=10\Omega$，$R_2=R_3=5\Omega$，试用叠加原理求流过 R_2 的电流 I_2 和理想电流源 I_S 两端的电压 U_S。

解： 将图 1-43 所示电路图分解为电源单独作用的分电路图，如图 1-44（a）和图 1-44（b）所示。

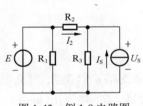

图 1-43 例 1-8 电路图

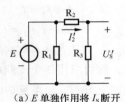

（a）E 单独作用将 I_S 断开 　（b）I_S 单独作用将 E 短接

图 1-44 电源单独作用电路图

由图 1-44（a）得

$$I_2' = \frac{E}{R_2+R_3} = \left(\frac{10}{5+5}\right)A = 1\,A$$

$$U_S' = I_2'R_2 = (1\times5)\,V = 5\,V$$

由图 1-44（b）得

$$I_2'' = \frac{R_3}{R_2+R_3}I_S = \left(\frac{5}{5+5}\times1\right)A = 0.5\,A$$

$$U_S'' = I_2'R_2 = (0.5\times5)\,V = 2.5\,V$$

根据叠加原理得

$$I_2 = I_2' - I_2'' = (1-0.5)\,A = 0.5\,A$$

$$U_S = U_S' + U_S'' = (5+2.5)\,V = 7.5\,V$$

运用叠加原理时，应注意以下几点。

（1）叠加原理只适用于线性电路，而不适用于非线性电路。

（2）在叠加的各个分电路中，不作用的电压源置零指在电压源处用短路代替，不作用的电流源置零指在电流源处用开路代替。

（3）保持原电路的参数及结构不变。

（4）叠加时注意各分电路的电压和电流的参考方向与原电路电压和电流的参考方向是否一致，求其代数和。

（5）叠加原理不能用于计算功率。

1.4.3 戴维南定理

戴维南定理也叫作二端网络定理，它是由法国电信工程师戴维南于 1883 年提出的，是分析电路的另一个有利工具。

1．二端网络

在学习戴维南定理之前，先介绍一些基本概念。

电路中任何一个具有两个引出端与外电路相联结的网络都称为二端网络。根据二端网络内部是否含有独立电源，又可以分为有源二端网络和无源二端网络。图 1-45（a）所示电路中含有电源，是有源二端网络；图 1-45（b）所示电路中不含有电源，是无源二端网络。

只有电阻串联、并联或混联的电路属于无源二端网络，它总可以简化为一个等效电阻；而对于一个有源二端网络，不管它内部是简单电路还是任意复杂的电路，对外电路而言，仅相当于电源的作用，可以用一个等效电压源来代替，如图 1-46 所示。

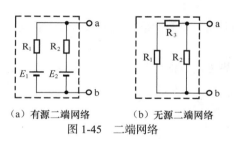

（a）有源二端网络　（b）无源二端网络

图 1-45　二端网络

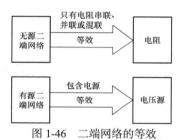

图 1-46　二端网络的等效

2．戴维南定理

戴维南定理的内容为任何一个有源二端网络，对外电路来说，可以用一个恒压源和电阻相串联的电压源来等效。该电压源的电压等于有源二端网络的开路电压，用 U_0 表示。电阻等于将有源二端网络中所有电源都不起作用时（电压源短接、电流源断开）的等效电阻，用 R_0 表示。图 1-47 所示为戴维南定理示意图。开路电压是指端口电流为零时的端电压。

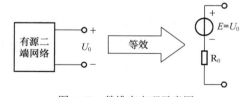

图 1-47　戴维南定理示意图

下面举例说明应用戴维南定理的解题步骤。

【例 1-9】 求图 1-48 所示的有源二端网络的戴维南等效电路。

解：

（1）求开路电压。

根据图 1-49（a）中所标注 $i=0$ 时的条件及电压电流的参考方向，可得开路电压

$$U_0 = (2 \times 10 + 5) \text{ V} = 25 \text{ V}$$

（2）求等效电阻。

将电压源短路，电流源开路，图 1-48 所示的有源二端网络可转换为图 1-49（b）所示的无源二端网络，则等效电阻

$$R_0 = 10\Omega$$

（3）画等效电路图。

等效电路中的电动势 $E = U_0 = 25\text{V}$，方向与开路电压方向一致，内阻 $r_0 = R_0 = 10\Omega$，如图 1-50 所示。

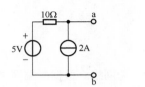

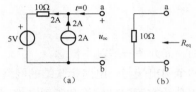

图 1-48　戴维南定理应用例子　　　图 1-49　求取端电压和等效电阻　　　图 1-50　等效电路图

运用戴维南定理时，应注意以下几点。

（1）戴维南定理仅适合于线性电路。

（2）有源二端网络经戴维南等效变换之后，仅对外电路等效；若求有源二端网络内部的电压或电流，则另需处理。

（3）等效电阻是指将各个电压源短路，电流源开路，有源网络变为无源网络之后从端口看进去的电阻。

（4）画等效电路时，要注意等效恒压源的电动势 E 的方向应与有源二端网络开路时的端电压方向相符合。

1.4.4　电压源和电流源等效变换

一个实际的电源既可用电压源表示，也可用电流源表示，因此它们之间可以进行等效变换。在进行电源的等效变换时，应注意以下几点。

（1）电压源和电流源的等效变换只能对外电路等效，对内电路则不等效。例如，把电压源变换为电流源时，若电源的两端处于断路状态，这是从电压源来看，其输出电流和电源内部的损耗均应等于零。但从电流源来看，R_0 上有电流 I_S 通过，电源内部有损耗，两者显然是不等效的。由此可见，所谓电源的等效变换，仅指对计算外电路的电压、电流等效。

（2）把电压源变换为电流源时，电流源中的 I_S 等于电压源的输出端短路时的电流，I_S 的方向应与电压源对外电路输出的电流方向保持一致，电流源中的并联电阻与电压源的内电阻相等。

（3）把电流源变换为电压源时，电压源中的电动势 E 等于电流源输出端断路时的端电压。E 的方向应与电流源对外电路输出电流的方向保持一致，电压源中的内电阻与电流源中的并联电阻相等。

（4）恒压源和恒流源之间不能进行等效变换。因为把 $R_0=0$ 的电压源变换为电流源时，I_S 将变为无限大。同样，电流源变换为电压源时，E 将变为无限大，它们都不能得到有限值。

在进行电压源和电流源等效变换时，不一定仅限于电源的内电阻。只要在恒压源上串联有电阻，或在恒流源两端并联有电阻，则两者均可进行等效变换。

运用电压源和电流源等效变换的方法，可把多电源并联的复杂电路化简为简单电路。

【例 1-10】　如图 1-51（a）所示，设电路中的 $E_1=18\text{ V}$，$E_2=15\text{ V}$，$R_1=12\Omega$，$R_2=10\Omega$，$R_3=15\Omega$，求各电流值。

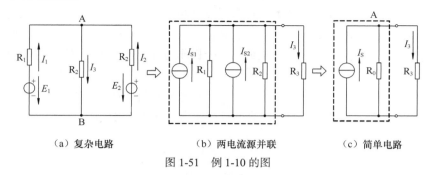

（a）复杂电路　　　　（b）两电流源并联　　　　（c）简单电路

图 1-51　例 1-10 的图

解：图中 1-51（a）R_1、R_2 既非串联也非并联，这种电路称为复杂电路，因此仅用欧姆定律和电阻串、并联化简的方法不能直接求出电路中的电流，可运用电压源和电流源等效变换的方法进行化简。

由　　$I_{\text{S1}}=\dfrac{18}{12}\text{A}$，$I_{\text{S2}}=\dfrac{15}{10}\text{A}$

得　　$I_{\text{S}}=I_{\text{S1}}+I_{\text{S2}}=3\text{ A}$

根据分流公式可得外电路中电流

$$I_3=\left(\dfrac{\dfrac{1}{15}}{\dfrac{15}{60}}\times 3\right)\text{A}=0.8\text{ A}$$

$$U_{\text{AB}}=R_3I_3=(15\times 0.8)\text{ V}=12\text{ V}$$

根据 U_{AB} 及图 1-51（a），可求得

$$I_1=\dfrac{E_1-U_{\text{AB}}}{R_1}=\left(\dfrac{18-12}{12}\right)\text{A}=0.5\text{ A}$$

$$I_2=\dfrac{E_2-U_{\text{AB}}}{R_2}=\left(\dfrac{15-12}{10}\right)\text{A}=0.3\text{ A}$$

1.5　电路中电位和电压的计算

在电路中任选一个参考点，电路中某一点到参考点的电压就称为该点的电位。电位的符号用 V 表示。图 1-52（a）所示的电路中 A 点和参考点 O 间的电压 U_{AO} 称为 A 点的电位，记作 V_{A}，电位的单位也是伏[特]（V）。

电压和电位都是表征电路能量特征的物理量，两者既有联系也有区别。电压是指电路中两

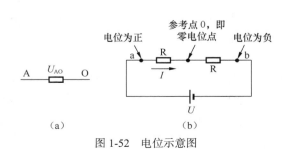

（a）　　　　　　　（b）

图 1-52　电位示意图

点之间的电位差。因此，电压是绝对的，它的大小与参考点的选择无关。电位是相对的，它的大小与参考点的选择有关。

（1）参考点的选择是任意的，电路中各点的电位都是相对于参考点而言的。

（2）通常规定参考点的电位为零，因此参考点又叫作零电位点。比参考点高的电位为正，比参考点低的电位为负，如图 1-52（b）所示。

（3）在一般的电子线路中，通常将电源的一个极作为参考点；在工程技术中则选择电路的接地点为参考点。

由电位的定义可知，电位实际就是电压，只不过电压是指任意两点之间，而电位则是指某一点和参考点之间的电压。电路中任意两点之间的电压即为此两点之间的电位差，如 a、b 之间的电压可记为

$$U_{ab} = V_a - V_b$$

根据 V_a 和 V_b 的大小，上式可以有以下 3 种不同情况。

（1）当 $U_{ab} > 0$ 时，说明 a 点的电位 V_a 高于 b 点电位 V_b。

（2）当 $U_{ab} < 0$ 时，说明 a 点的电位 V_a 低于 b 点电位 V_b。

（3）当 $U_{ab} = 0$ 时，说明 a 点的电位 V_a 等于 b 点电位 V_b。

【例 1-11】 在图 1-53 所示电路中，已知 $U_{ac} = 30V$，$U_{ab} = 20V$，试分别以 a 点和 c 点作参考点，求 b 点的电位和 b、c 两点间的电压。

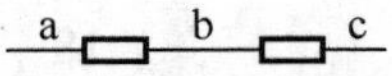

图 1-53 例 1-11 图

解：

（1）以 a 点作为参考点，则 $V_a = 0$

已知 $U_{ab} = 20\ V$，又 $U_{ab} = V_a - V_b$，故 b 点电位为

$$V_b = V_a - U_{ab} = (0 - 20)\ V = -20\ V$$

因为 $U_{ac} = 30V$，又 $U_{ac} = V_a - V_c$，故 c 点电位为

$$V_c = V_a - U_{ac} = (0 - 30)\ V = -30\ V$$

则 b、c 点间电压为

$$U_{bc} = V_b - V_c = (-20 - (-30))\ V = 10\ V$$

（2）以 c 点作为参考点，则 $V_c = 0$

因为 $U_{ac} = 30\ V$，又 $U_{ac} = V_a - V_c$，故 a 点电位为

$$V_a = V_c + U_{ac} = (0 + 30)\ V = 30\ V$$

已知 $U_{ab} = 20V$，又 $U_{ab} = V_a - V_b$，故 b 点电位为

$$V_b = V_a - U_{ab} = (30 - 20)\ V = 10\ V$$

则 b、c 点间电压为

$$U_{bc} = V_b - V_c = (10 - 0)\ V = 10\ V$$

选择不同的参考点，则同一点的电位是不一样的，但是任何两点间的电压则不随参考点的不同而变化。

练习题

（1）电位和电压有什么不同？

（2）已知 $U_{ac} = 30\ V$，$U_{ab} = 20\ V$，$U_{bd} = 20\ V$，判断图 1-54 中以 c 点作为参照点时各点的电位。

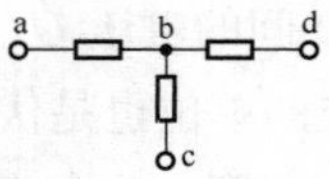

图 1-54 练习题图

1.6 实验 实验仪器的使用

1. 实验目的

（1）认识常用的仪器仪表。

（2）学会正确使用常用的仪器仪表。

2. 基础知识

（1）电压表。

① 电压表的图形符号为—Ⓥ—，文字符号为 PV，电压表有直流和交流之分。

② 直流电压表的标记是"–"或"DC"，接线端有"+""–"。

③ 交流电压表的标记是"~"或"AC"。

④ 电压表按测量范围分为微伏表、毫伏表和伏特表。

⑤ 电压表在使用时一定要并联接入被测电路。

（2）电流表。

① 电流表的图形符号为—Ⓐ—，文字符号为 PA，电流表有直流、交流之分，标记符号与电压表相同。

② 电流表按测量范围分为微安表、毫安表和安培表。

③ 电流表一定要串联接入被测电路。

④ 电压表及电流表面板分别如图 1-55 和图 1-56 所示。

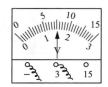

图 1-55 电压表面板

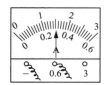

图 1-56 电流表面板

（3）万用表。万用表又叫繁用表或多用表，它具有多种用途、多种量程、携带方便等优点，在电工维修和测试中广泛使用。

一般万用表可以测量直流电流、直流电压、交流电压和电阻等量，有的还可以测量交流电流和电容、电感等。

万用表有指针式和数字式两类，分别如图 1-57 和图 1-58 所示。

图 1-57 指针式万用表

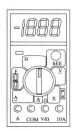

图 1-58 数字式万用表

- 指针式万用表主要由表壳、表头、机械调零旋钮、欧姆调零旋钮、选择开关（量程选择开关）、表笔插孔和表笔等组成。
- 数字万用表是一种多功能、多量程的数字显示仪表。采用大规模集成电路和液晶数码显示技术使其具有体积小、重量轻、精度高、数码显示清晰等优点。一般情况下数字万用表除可测量交直流电压、电流、电阻功能外，还可以测量晶体管、电容等，并且具有自动回零、过量程指示、极性选择等特点。

（4）信号发生器。它是用来产生信号源的仪器，如图 1-59 所示。它由正弦波、三角波、方波输出，输出电压和频率均可调节。

（5）直流稳压电源。它是为被测实验电路提供能源，通常是电压输出，如图 1-60 所示。例如输出电压为 5～6V，±12V 或±15V，交流双～15V 或单～9V 等。

图 1-59　信号发生器

图 1-60　直流稳压电源

（6）示波器。它用来测量实验电路的输出信号，如图 1-61 所示。通过示波器可显示电压或电流波形，可测量频率、周期等其他有关参数。

（7）晶体管毫伏表。用来测量交流电压，如图 1-62 所示。

图 1-61　示波器

图 1-62　晶体管毫伏表

3. 实验内容

（1）使用电流表测量电路中的电流。
（2）使用电压表测量电路中的电压。
（3）使用万用表测量电压和电流。
（4）电子仪器使用练习。

4. 实验步骤

（1）使用电流表。
按照图 1-63 所示将电流表串联到电路中，记录测试数据。
① 选择合适的量程。电流表选用量程一般应为被测电流值的 1.5～2 倍，如果被测电流为 50A 以上可采用电流互感器以扩大量程。
② 注意电流的极性。电流表的"+"接线柱接电源正极或靠近电源正极的一端，"–"接线柱接电源负极或靠近电源负极的一端，如图 1-63 所示。

③ 电流表要串联在待测电路中。

④ 千万不能直接将电流表接到电源的两端。

（2）使用电压表。

按照图 1-64 所示将电压表并联到电路中，记录测试数据。

① 选择合适的量程。

② 注意电压的极性。电压表的"+"接线柱接电源正极或靠近电源正极的一端，"-"接线柱接电源负极或靠近电源负极的一端，如图 1-64 所示。

③ 电压表要并联在待测电路中。

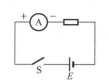

图 1-63　电流表接线图

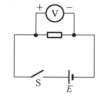

图 1-64　电压表接线图

（3）电子仪器的使用。

① 接通示波器电源，调节"辉度"、"聚焦"旋钮，使荧光屏上出现扫描线。旋转"辉度"旋钮能改变光点和扫描线的亮度，观察低频信号和高频信号。旋转"聚焦"旋钮调节电子束截面大小，将扫描线聚焦成最清晰状态。熟悉 X 轴上下、左右位移，Y 轴上下、左右位移的旋钮作用。

② 接通信号发生器或用实验系统自身带有的信号发生器，调节它的输出电压为 0.1mV ~ 5V，频率为 1kHz，并把输出接到示波器 Y 轴输入，观察输入信号电压波形，调节示波器"Y 轴衰减"和"Y 轴增幅"旋钮，熟悉它们的作用。

③ 调节"扫描范围"及"扫描微调"旋钮，使示波器荧光屏上显示的波形增加或减少（如在荧光屏上得到 1 个、3 个或 6 个完整的正弦波），熟悉"扫描范围"及"扫描微调"旋钮的作用。

④ 用晶体管毫伏表测量信号发生器的输出电压。将信号发生器的输出衰减开关分别置于 0dB、20dB、40dB、60dB 的位置，测量其对应的输出电压。测量时应将毫伏表量程选择正确，以使读数准确。

（4）使用万用表。

① 将"ON-OFF"开关置于"ON"位置，检查 9V 电池。如果电池电压不足，显示屏上将有低压显示，这时应更换一个新电池后再使用。

② 测试之前，将功能开关置于需要的量程。

（5）电压测量。

① 将黑色表笔插入"COM"插孔，红色表笔插入"V/Ω"插孔，如图 1-65 所示。

② 测直流电压时，将功能开关置于直流电压量程范围，如图 1-65 所示，并将测试表笔连接到待测电源或负载上，同时便可读出显示值，红色表笔所接端的极性将同时显示于显示屏上。

● 如果被测电压范围未知，则首先将功能开关置于最大量程后，视情况降至合适量程；

● 如果只显示"1"，则表示超量程，此时功能开关应置于更高量程。

（6）电流测量。

① 将黑色表笔插入"COM"插孔，红色表笔根据待测量电流的大小，插入到合适的电流插孔。例如，当测量最大值为 120A 的电流时，红色表笔插入 10A 插孔，如图 1-66 所示。

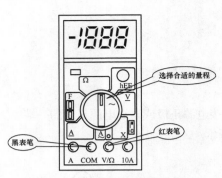

图 1-65　使用万用表测量电压

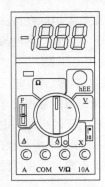

图 1-66　使用万用表测量电流

② 将功能开关置于直流电流的合适量程，且将表笔与待测负载串联接入电路，电流值即时显示并同时显示出红色表笔的极性。

5．实验器材

（1）直流稳压电源 1 台。

（2）双踪示波器 1 台。

（3）数字（或指针式）万用表 2 块。

（4）信号发生器 1 台。

（5）晶体管毫伏表 1 只。

（6）电流表 1 台。

（7）电压表 1 台。

6．预习要求

（1）了解常用仪器仪表的特点。

（2）掌握常用仪器仪表的使用方法和注意事项等。

（3）阅读有关直流电源、信号发生器、毫伏表、示波器、万用表、实验系统等常用仪器使用说明书。

（4）制定本实验有关数据记录表格。

7．实验报告

（1）阐述常用的仪器仪表的特点、使用方法及注意事项。

（2）写出实验室所提供的各种仪器设备，并填入表 1-2 中。

表 1-2　　　　　　　　　　　　仪器设备记录表

序　　号	名　　称	符　　号	规　　格	数　　量
1				
2				
3				
4				

（3）写出本次实验所用仪器的型号、名称及各自的作用。

（4）填写实验过程测量的各种数据。

8.　注意事项

（1）注意电流表、电压表和万用表的极性。

（2）万用表的红表笔切忌插错位置，特别是不要插在电流插孔来测量电压信号，否则会损坏万用表。

（3）在使用万用表测量时，不能在测量的同时换挡，否则易烧坏万用表，应先断开表笔换挡后再测量。

（4）万用表使用完毕，应将转换开关置于最大交流电压挡。长期不用，还应将电池取出。

（5）用晶体管毫伏表测量时，应将量程选择正确，以使读数准确。

（6）调节示波器辉度旋钮时，一般不应太亮，以保护荧光屏。

1.7　实训　电阻的认识和测量

1.　实训目的

（1）认识各种类型的电阻，能够准确读取其参数。

（2）掌握使用万用表测量电阻的方法和注意事项。

（3）掌握使用伏安法测量电阻的方法。

2.　基础知识

电阻的种类很多，结构、规格也各有差异，按其阻值是否可调可分为固定电阻和可调电阻；按其构造和材料特性可分成线绕电阻和非线绕电阻，非线绕电阻又可分为膜式和实芯式两种；根据用途电阻可分为通用电阻、高阻电阻、高压电阻、高频电阻和精密电阻等。

图 1-67 所示为常见电阻的外形，其中碳膜电阻、金属膜电阻和线绕电阻都是固定电阻，其表示符号为 ——，滑线变阻器和电位器都是可调电阻，其表示符号为 A——B 。

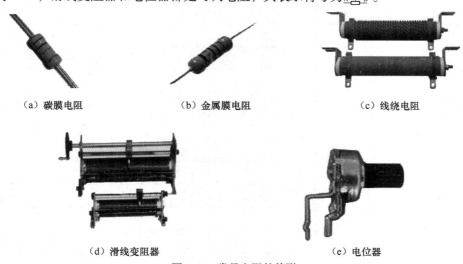

（a）碳膜电阻　　　　（b）金属膜电阻　　　　（c）线绕电阻

（d）滑线变阻器　　　　　　　（e）电位器

图 1-67　常见电阻的外形

对于电阻人们最关心的就是其阻值大小，称为标称电阻值。另外，在电阻的生产过程中，由于技术原因实际电阻值与标称电阻值之间难免存在偏差，因而规定了一个允许的偏差参数，也称为精度。常用电阻的允许偏差分别为±5%、±10%、±20%，对应的精度等级分别为Ⅰ、Ⅱ、Ⅲ级。

标称电阻值和容许偏差的表示方法有3种。

（1）直接法，即直接在电阻上标注该电阻的标称阻值和容许偏差，图 1-68 表示电阻阻值为 50kΩ，容许偏差为±10%。

（2）文字表示法，即字母和数字符号用规律的组合来表示标称电阻值，如图 1-69 所示，k 为符号位（k、M、G），表示电阻值的数量级别，5k7 中的 k 表示电阻值的单位为 kΩ（千欧），符号前面的数字表示电阻值整数部分的大小，符号位后面的数字表示小数点后面的数值，即该电阻的阻值为 5.7kΩ。文字符号法一般在大功率电阻器上应用较多，具有识读方便、直观的特点。

图 1-68　直接标称的电阻　　　　　图 1-69　文字表示的电阻

（3）色环表示法，又称色码带表示法，这样表示的电阻上有 3 个或 3 个以上的色环（色码带）。最靠近电阻一端的第 1 条色环的颜色表示第 1 位数字；第 2 条色环的颜色表示第 2 位数字；第 3 条色环的颜色表示乘数；第 4 条色环的颜色表示允许误差，如图 1-70 所示，其含义如表 1-3 所示。如果有 5 条色环，则第 1、第 2、第 3 条色环表示第 1、第 2、第 3 位数，第 4 条表示乘数，第 5 条表示允许误差。

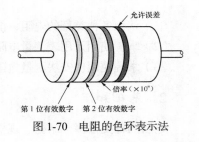

图 1-70　电阻的色环表示法

表 1-3　　　　　　　　　　　　电阻色环表示各位含义

颜　　色	第 1 条色环	第 2 条色环	第 3 条色环（倍乘）	第 4 条色环
黑	0	0	×1	—
棕	1	1	×10	—
红	2	2	×100	—
橙	3	3	$\times 10^3$	—
黄	4	4	$\times 10^4$	—
绿	5	5	$\times 10^5$	—
蓝	6	6	$\times 10^6$	—
紫	7	7	$\times 10^7$	—
灰	8	8	$\times 10^8$	—
白	9	9	$\times 10^9$	—
金	—	—	$\times 10^{-1}$	±5%
银	—	—	$\times 10^{-2}$	±10%
无色	—	—	—	±20%

24

若某一电阻器最靠近某一端的色码带按顺序排列分别为红、紫、橙、金色，则查表可知该电阻器的阻值为 27 kΩ，允许误差为±5%。

除了阻值和容许偏差，表征电阻的主要特性参数还包括额定功率和最高工作电压等。

3．实训内容

（1）读取电阻的阻值和容许偏差。

（2）使用万用表直接测量电阻的阻值。

（3）使用伏安法测量电阻的阻值。

4．实训步骤

（1）读取一个色环表示的电阻的阻值和容许偏差，说明各色环的含义。

（2）使用万用表对以上电阻进行阻值测量，并与读取的阻值进行对比，计算容许偏差。

（3）使用万用表测量电阻的步骤如下。

① 将黑色表笔插入"COM"插孔，红色表笔插入"V/Ω"插孔，如图 1-71 所示。

② 将功能开关置于合适的 Ω 量程，即可将测试表笔连接到待测电阻上。

● 如果被测电阻值超出所选择量程的最大值，将显示过量程"1"，应该选择更高量程，对于大于 1MΩ 或更高的电阻，读数要经几秒钟后才能稳定，这是正常的。

● 当检查线路内部阻抗时，要保证被测线路所有电源移开，所有电容放电。

● 200MΩ 量程，表笔短路时读数约为 1.0，测电阻量时应从读数中减去。如测量 100MΩ 时，若显示为 101.0，则 1.0 应被减去。

（4）使用伏安法测量电阻的阻值。根据部分电路欧姆定律，可以先测出电阻两端的电压，再测量通过电阻的电流，然后计算出电阻的阻值，这种方法叫作伏安法。

用伏安法测电阻时，由于电压表和电流表本身具有内阻，接入到电路后会改变被测电路的电压和电流，给测量结果带来误差，即使使用万用表也一样。

用伏安法测电阻时有外接法和内接法两种，如图 1-72 所示。

图 1-71　使用万用表测量电阻

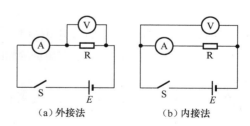

（a）外接法　　　　（b）内接法

图 1-72　伏安法测电阻的两种接法

① 外接法：由于电压表的分流，电流表测出的电流值要比通过电阻 R 的电流大，故求出的电阻值要比真实值小。测量小电阻时采用外接法。

② 内接法：由于电流表的分压，电压表测出的电压值要比电阻 R 两端的电压大，故求出的电阻值比真实值大。测量大电阻时采用内接法。

（5）比较外接法和内接法的测量结果，填入表 1-4 中。

表 1-4 外接法和内接法测量结果

电 阻	外 接 法			内 接 法		
	电压表/V	电流表/A	电阻值/Ω	电压表/V	电流表/A	电阻值/Ω
R_1						
R_2						
R_3						
R_4						

5．实训器材

（1）色环表示的各种阻值的电阻若干。

（2）数字（或指针式）万用表 1 台。

（3）电压表 1 台。

（4）电流表 1 台。

（5）直流稳压电源 1 台。

6．预习要求

（1）掌握使用万用表测量电压、电流和电阻的方法。

（2）掌握各种表示方法的电阻的阻值和容许偏差的读取方法。

（3）阅读万用表等常用仪器使用说明书。

（4）制定本实验有关数据记录表格。

7．实训报告

（1）阐述万用表测量电压、电流和电阻的使用方法及注意事项。

（2）阐述读取各种表示方法的电阻的阻值和容许偏差。

（3）记录实训过程中的相关数据。

8．注意事项

（1）使用万用表测量电路中的电阻阻值时，一定要断开电路。

（2）在使用万用表测量时，不能在测量的同时换挡，否则易烧坏万用表，应先断开表笔换挡后再测量。

（3）在读取色环表示的电阻阻值时，一定要看清最靠近电阻一端的第 1 条色环，以免引起误读。

本章小结

本章介绍了电压、电流的参考方向，线性电阻电路的分析计算方法和一些重要的电路定理。虽然这些方法和定理是在电阻电路中引出，但对所有线性电路都具有普遍意义。电压、电流的参考方向不能与物理学中电压、电流的实际方向混淆，应弄清楚它们之间的关系。

电路元件是不能被分解的双端元件，能够用端电压和端电流描述。本章介绍的电阻、电感、电容、电源等电路元件，从电路的角度给予了比较严格的定义和系统的阐述。读者除了深入理解其含义外，还应熟练的掌握电路元件的电压和电流参考方向的习惯标注方法，以及在此标注下电路元件的伏安特性。

欧姆定律、基尔霍夫定律是电路理论的基础，其内容虽然简单，但要灵活准确的掌握，还须进一步从物理概念上加深理解，并从解题过程中积累处理问题的实际经验。

电源的等效变换，戴维南定理是电路的几种等效变换之一，通过变换可以简化电路问题。在学习中，读者要深入领会等效变换的思想方法。

叠加原理反映出线性电路的基本性质。它不仅在电路的计算方法上，而且在理论分析上都起到了非常重要的作用。

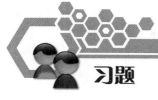

习题

1. 电路一般由_____、_____和_____组成。
2. 电路的功能包括_____和_____两部分。
3. 电路的 3 种状态是_____、_____和_____。
4. 电流的单位有_____、_____和_____等，电压的单位有_____、_____和_____等。
5. 自然界中的各种物质，按其导电性能来分，可分为_____、_____和_____。
6. 实际电源可等效为_____和_____串联而成，或者等效为_____和_____并联而成。
7. 叠加原理中的电源单独作用是指_____。
8. 戴维南定理的内容是_____。
9. （　　）电源是电路中提供电能的或将其他形式的能量转化为电能的装置。
10. （　　）负载是将电能或电信号转化为需要的其他形式的能量或信号的设备。
11. （　　）电路模型是对实际电路的抽象，所以它与实际电路没有区别。
12. （　　）电流和电压都是不但有大小，而且有方向。
13. （　　）电压源的输出电压是恒定的，电流源的输出电流是恒定的。
14. （　　）电压源可以短路，电流源可以短路。
15. （　　）叠加原理可以用于计算电路的功率。
16. （　　）任何一个二端网络都可以用一个等效电源来代替。
17. （　　）二端网络用等效电源来代替，不仅对外电路等效，对内电路仍然等效。
18. （　　）所有电源置零是指恒压源作短路处理，恒流源作断路处理。
19. 说明电压和电位的区别与联系。
20. 找出图 1-73 所示电路图中的支路、回路、节点和网孔。

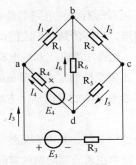

图 1-73　电路图 1

21. 基尔霍夫定律的内容是什么？

22. 图 1-74 所示的电路中，已知电源的电动势 $E = 36V$，内阻 $r_0 = 2\,\Omega$，负载电阻 $R = 16\,\Omega$，求：（1）电路中的电流；（2）电源的端电压；（3）负载电阻 R 上的电压；（4）电源内阻上的电压降。

23. 如图 1-75 所示，已知 $E_1 = 12\,V$，$R_1 = 6\,\Omega$，$E_2 = 15\,V$，$R_2 = 3\,\Omega$，$R_3 = 2\,\Omega$，试用戴维南定理求流过 R_3 的电流 I。

24. 在图 1-76 中，已知 $I_1 = 4\,A$，$I_2 = 2\,A$，$I_3 = -5\,A$，$I_4 = 3\,A$，$I_5 = 3\,A$，求 I_6。

图 1-74　全电路

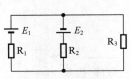

图 1-75　电路图 2

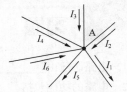

图 1-76　电路图 3

25. 在对电路分析计算时，为什么要设定电流或电压的参考方向？

26. 总结应用基尔霍夫定律、叠加原理和戴维南定理进行电路分析的特点。

第2章

正弦交流电路

正弦交流电简称交流电，是目前供电和用电的主要形式，在工农业生产以及日常生活中得到了最为广泛的应用，如电动机、照明器具、家用电器等使用的都是交流电，还有在某些需要直流电的场合如电车、电解、电子仪器，往往也是将交流电通过整流设备变换为直流电。不仅因为交流电容易产生、传输经济、便于使用，而且电子技术中的一些非正弦周期信号也是通过分解为不同频率的正弦量来进行分析的。

在世界各国电力系统中应用最为广泛的是三相正弦交流电路，简称三相制。三相制电源由有效值相等、频率相同而相位互差 120° 的 3 个正弦电压源按一定方式连接起来供电的体系。在相同容量下和单相交流电相比，三相交流电具有三相发电机的尺寸比单相发电机要小；三相发电机的结构简单，并且价廉耐用、维护方便、运转平稳；在输送同样大的功率时，三相输电线会比单相输电线造价低等优点。大量的实际问题可以归结于三相交流电的分析计算。

本章研究正弦交流电路的基本概念、理论和方法，这是电路理论的重要基础。

【学习目标】

● 理解正弦量的三要素、相位差、有效值等概念与物理意义，并会求解计算。了解参考正弦量的意义及应用，了解正弦量的相量表示方法。

● 理解电阻、电感和电容的相量形式的伏安关系及其意义，了解感抗频率特性与容抗频率特性的意义。

● 理解 KCL、KVL 的相量形式及其应用，了解串、并联谐振。

● 理解和会计算正弦稳态电路的平均功率，了解提高功率因数的意义，掌握提高功率因数的方法。

● 掌握三相电路中电源及负载的连接方法，掌握相电压与线电压、相电流与线电流在对称三相电路中的相互关系，掌握对称三相电路电压、电流和功率计算。

● 理解安全用电的基本概念，掌握安全用电的基本知识和安全用电的基本措施，掌握触电现场的一些必要的抢救技能。

2.1 正弦交流电的基本知识

在电路中，电压、电流的大小和方向都不随时间变化称为直流电。在电路中电压、电流的大小和方向随时间变化则称为交流电。若电压和电流随时间按正弦规律变化，则称为正弦交流电。在线性电路中，若电源为时间的正弦函数，则在稳态下有电源产生的电压和电流也为时间的正弦函数，则这样的电路称为正弦交流稳态电路，简称正弦交流电路。以后如果没有特别说明，所讲的交流电都是指正弦交流电。

直流电和交流电的根本区别是直流电的方向不随时间的变化而变化，而交流电的方向随着时间的变化而变化。下面以电流为例作一比较，图 2-1 中给出了 4 种电流的变化曲线，其中图（a）为稳恒直流电流，图（b）为波动直流电流，图（c）为正弦交流电流，图（d）为非正弦交流电流。

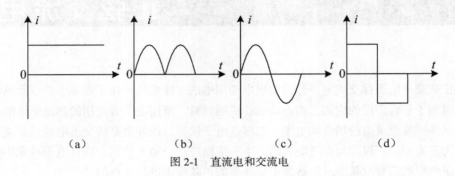

（a）　　　　　　（b）　　　　　　（c）　　　　　　（d）

图 2-1　直流电和交流电

2.1.1　正弦交流电的特征参数

两个随时间作正弦规律变化的正弦交流电流 i_1 和 i_2 的波形，如图 2-2 所示。可见，i_1 和 i_2 虽然都是按正弦规律变化的，但在变化过程中，它们变化的起点不同，变化的起伏不同，变化的快慢也不同。以上 3 方面反映了正弦交流电的变化规律，可分别用初相位、幅值（最大值）、频率这 3 个物理量来表征，称之为正弦交流电的三要素。

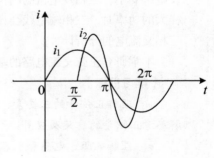

图 2-2　正弦交流电流

1. 幅值

正弦交流电在变化过程中任一瞬间所对应的数值称为瞬时值，用小写字母 e、u、i 表示。瞬时值中最大的数值称为正弦交流电的幅值或最大值，用大写字母加下标"m"（maximum）表示，如 E_m、U_m、I_m。

2. 周期和频率

正弦量完整变化一周所需的时间，称为周期，用 T 表示，单位是秒（s）。每秒内变化的周数称为频率，用 f 表示，单位是赫兹（Hz），简称赫，常用的还有千赫（kHz）和兆赫（MHz）。

大多数国家包括我国，都采用 50Hz 作为电力系统的供电频率。有些国家如美国、日本等采用60Hz，这种供电频率称为工业频率，简称工频。

频率和周期互为倒数，即

$$f = \frac{1}{T} \tag{2-1}$$

一个周期所对应的电角度为360°，用弧度（rad）表示是2π。若正弦交流电的频率为f，则每秒内所变化的电角度为$2\pi f$，称为角频率，用ω表示。

$$\omega = 2\pi f \tag{2-2}$$

可见，周期、频率和角频率都能用来表示正弦交流电变化的快慢，只要知道其中一个量，就可以确定出另外两个量。

3. 初相位

在图2-2中，若横坐标表示电角度，则电流i_1和i_2的表达式应为

$$i_1 = I_{1m} \sin \omega_1 t$$

$$i_2 = I_{2m} \sin\left(\omega_2 t - \frac{\pi}{2}\right)$$

其中，$\omega_1 t$、$\left(\omega_2 t - \dfrac{\pi}{2}\right)$就是电流$i_1$、$i_2$的相位，可见它们反映了$i_1$、$i_2$的变化进程。在不同的时刻，对应不同的相位，就有不同的电流值。

在$t=0$时的相位称为初相位，简称初相，它决定了正弦量的初始值。一般初相位用–180°~180°，或者$-\pi \sim \pi$来表示，如果不在这个范围内，则应通过恰当地转化变成这个范围内。

当正弦波形的起始点在时间原点0的左侧时，初相位为"+"，当正弦波形的起始点在时间原点0的右侧时，初相位为"–"，当波形的起始点与时间原点0重合时，初相位为零。

综上所述，交流电的幅值描述了交流电大小的变化范围；交流电的角频率描述了交流电变化的快慢；交流电的初相位描述了交流电的初始状态。只要知道了反映正弦交流电变化规律的三要素，就可用下列正弦函数的表达式将正弦交流电表示出来，如

$$e = E_m \sin(\omega_1 t + \varphi_e)$$

$$u = U_m \sin(\omega_2 t + \varphi_u)$$

$$i = I_m \sin(\omega_3 t + \varphi_i)$$

其中，ω_1、ω_2、ω_3分别代表了e、u、i的角频率；φ_e、φ_u、φ_i分别代表了e、u、i的初相。

4. 相位差

相位是随时间变化的，它反映了交流电变化的进程。在对正弦交流电路进行分析计算时，时常要对两个同频率正弦量的相位进行比较。

两个同频率的交流电的相位角之差称为它们的相位差。事实上，两个交流电的相位差等于它们的初相差。

例如，对于正弦交流电压$u = U_m \sin(\omega t + \varphi_u)$，电流$i = I_m \sin(\omega t + \varphi_i)$，则$u$、$i$的相位差为

$$\varphi = (\omega t + \varphi_u) - (\omega t + \varphi_i) = \varphi_u - \varphi_i \tag{2-3}$$

可见两个同频率正弦量的相位差等于它们的初相之差。

（1）如果 $\varphi > 0$，则电压 u 比电流 i 先到达正的最大值，就说电压 u 在相位上比电流 i 超前 φ 角，或者说电流 i 比电压 u 滞后 φ 角，如图 2-3（a）所示。如果 $\varphi < 0$，则情况与上述刚好相反。

（2）如果 $\varphi = 0$，则电压 u 与电流 i 同时到达最大值或零值，就说 u 与 i 同相，如图 2-3（b）所示。

（3）如果 $\varphi = \pm\pi$，则电压 u 与电流 i 的变化方向正好相反，一个到达正的最大值的时候，另一个正好到达负的最大值，此时就说 u 与 i 反相，如图 2-3（c）所示。

（4）如果 $\varphi = \pm\dfrac{\pi}{2}$，则电压 u 与电流 i 正交，如图 2-3（d）所示。

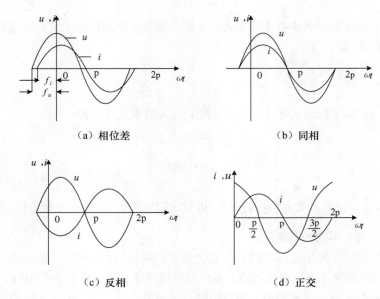

（a）相位差　　　　　　　　　　　　　（b）同相

（c）反相　　　　　　　　　　　　　（d）正交

图 2-3　相位波形

5．有效值

在交流电路中，一般所讲的电压或电流的大小都是指有效值。常用的交流电流表和交流电压表的读数，也是被测电量的有效值，如最常见的供电电压 220V 就是有效值。

交流电在任何瞬间的数值都不能代表整个交变量的大小，其大小只能用它的有效值来表示。交流电的有效值就是同它的热效应相等的直流值，如对同一个电阻 R，在相同的时间内，某交流电通过它所产生的热量与另一直流电通过它所产生的热量相等，则这一直流的数值就是该交流电的有效值。有效值用大写字母表示，如 E、U、I。

对于正弦交流电流 $i = I_m \sin\omega t$，若通电时间只有一个周期 T，则此交流电的发热量为

$$W_{交} = \int_0^T i^2 R \mathrm{d}t \tag{2-4}$$

直流电流 I 通电 T 秒的发热量为

$$W_{直} = I^2 RT \tag{2-5}$$

根据有效值的定义 $W_{交} = W_{直}$，即

$$\int_0^T i^2 R \mathrm{d}t = I^2 RT \tag{2-6}$$

所以交流电的有效值为

$$I = \sqrt{\frac{1}{T} \int_0^T i^2 \mathrm{d}t} \qquad (2\text{-}7)$$

对于正弦交流电的有效值与最大值之间有一定的联系，即

$$I = \frac{I_\mathrm{m}}{\sqrt{2}} \approx 0.707 I_\mathrm{m} \qquad (2\text{-}8)$$

同样有

$$U = \frac{U_\mathrm{m}}{\sqrt{2}} \approx 0.707 U_\mathrm{m} \qquad (2\text{-}9)$$

$$E = \frac{E_\mathrm{m}}{\sqrt{2}} \approx 0.707 E_\mathrm{m} \qquad (2\text{-}10)$$

式（2-7）说明，交变量（包括正弦量与非正弦周期量）的有效值就是它的均方根值。式（2-8）说明，正弦量的最大值是其有效值的 $\sqrt{2}$ 倍。

所以常见 220 V 工农业供电，可写为

$$u = 220\sqrt{2} \sin(314t + \varphi_u) = 311 \sin(314t + \varphi_u)$$

其中，角频率 $\omega = 2\pi f = 2 \times 3.14 \times 50 = 314$。

2.1.2　正弦交流电的旋转矢量表示法

正弦交流电路的分析计算，要涉及三角函数的加、减、乘、除运算，甚至还有微分、积分运算等，这些计算非常烦琐。为了简化运算，将复数引入正弦交流电路的分析计算中。

1. 复数的定义

由实数 a_1 和虚数 $\mathrm{j}a_2$ 代数和构成的数称为复数，如果用 A 表示，则

$$A = a_1 + \mathrm{j}a_2$$

其中，$\mathrm{j} = \sqrt{-1}$ 为虚数单位，a_1 为复数 A 的实部，a_2 为复数 A 的虚部，$a_1, a_2 \in R$。

2. 复数平面

以实数数轴和虚数数轴为坐标轴而构成的平面称为复数平面，简称复平面，如图 2-4 所示。其中，"+1"表示实数数轴，"+j"表示虚数数轴。

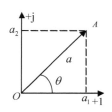

图 2-4　复平面

3. 复数的表示形式

一个复数可用下面 5 种形式来表示。

（1）代数形式：$A = a_1 + \mathrm{j}a_2$

（2）用复平面上的点表示，如图 2-4 中的坐标点 A 所示。

（3）用复平面上的向量表示，如图 2-4 中的矢量 OA 所示，其中 θ 角是矢量 A 的辐角，a 是

向量 A 的模。

（4）三角函数形式：复数 A 的模等于 a，θ 角是复数 A 的辐角。

$$A = a(\cos\theta + j\sin\theta)$$

其中

$$a = \sqrt{a_1^2 + a_2^2}$$

$$\theta = \arctan\frac{a_2}{a_1}$$

（5）指数形式：根据欧拉公式 $e^{j\theta} = \cos\theta + j\sin\theta$，复数 A 的指数形式为

$$A = ae^{j\theta},$$

还有一种极坐标形式是复数指数形式的简写，即

$$A = a\angle\theta$$

为了方便，在工程上常把指数形式简写为极坐标形式。

在以上讨论的复数 5 种表示形式，可以相互转换。

4. 复数的运算

（1）加减运算：几个复数相加或相减，就是把它们的实部和虚部分别相加或相减，因此在一般情况下，复数的加减运算用代数式进行。设有复数

$$A = a_1 + ja_2$$

$$B = b_1 + jb_2$$

则 $\qquad A \pm B = (a_1 \pm b_1) + j(a_2 \pm b_2)$

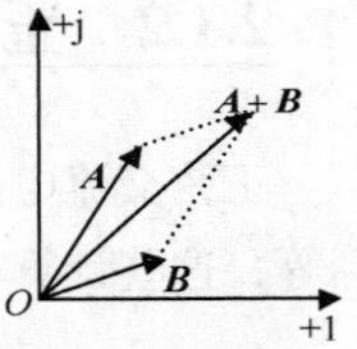

图 2-5　加减运算

复数的加减运算也可在复平面上用平行四边形法则作图完成，如图 2-5 所示。

（2）乘法运算：两复数的相乘，等于它们的模相乘，辐角相加。设有复数

$$A = ae^{j\theta_a}$$

$$B = be^{j\theta_b}$$

$$A \cdot B = ae^{j\theta_a} \cdot be^{j\theta_b} = abe^{j(\theta_a + \theta_b)} = ab\ \underline{/(\theta_a + \theta_b)}$$

如图 2-6（a）所示。

（3）除法运算：两复数的相除，等于它们的模相除，辐角相减。设有复数

$$A = ae^{j\theta_a}$$

$$B = be^{j\theta_b}$$

$$\frac{A}{B} = \frac{ae^{j\theta_a}}{be^{j\theta_b}} = \frac{a}{b}e^{j(\theta_a - \theta_b)} = \frac{a}{b}\ \underline{/(\theta_a - \theta_b)}$$

如图 2-6（b）所示。

在一般情况下，复数的乘除运算用指数式或极标式进行比较方便。

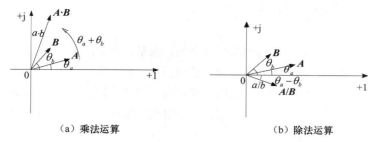

（a）乘法运算 （b）除法运算

图 2-6 乘除运算

5. j 的作用

把任意复数 A 乘以 j（$j=e^{j\frac{\pi}{2}}$）：

$$A \cdot j = ae^{j\theta_a} \cdot e^{j\frac{\pi}{2}} = ae^{j(\theta_a+\frac{\pi}{2})}$$

也就等于把复数 A 在复平面上逆时针旋转 $\pi/2$。

同理把任意复数 A 乘以 $-j$（$-j=e^{-j\frac{\pi}{2}}$）就等于把复数 A 在复平面上顺时针旋转 $\pi/2$，即

$$A \cdot (-j) = ae^{j\theta_a} \cdot e^{-j\frac{\pi}{2}} = ae^{j(\theta_a-\frac{\pi}{2})}$$

故把 j 称为旋转因子，如图 2-7 所示。

6. 旋转矢量表示法

如图 2-8 所示，在复平面上矢量 OA，设定它的模等于正弦交流电压 e_1 的幅值 E_m，矢量 OA 的辐角等于 e_1 的初相位 φ。

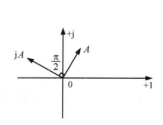

图 2-7 旋转因子

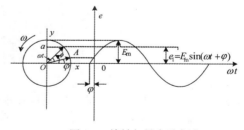

图 2-8 旋转矢量表示方法

令矢量 OA 以角速度 ω 按逆时针方向旋转，可得 $OA = E_m e^{j\varphi} e^{j\omega t} = \dot{E}_m e^{j\omega t}$，即 OA 等于电压最大值相量 $\dot{E}_m$（$\dot{E}_m = E_m e^{j\varphi}$）乘以 $e^{j\omega t}$（旋转因子），所以矢量 OA 也称为旋转相量。

这样在任一时刻 t，旋转矢量 OA 与实轴 Ox 的夹角即为正弦电压的相位 $(\omega t+\varphi)$，OA 在虚轴 Oy 上的投影（即 Oa）等于 $E_m \sin(\omega t+\varphi)$。

这也是 $e_1 = E_m \sin(\omega t+\varphi) = \text{Im}\left[\dot{E}_m e^{j\omega t}\right]$ 的几何意义。

2.1.3　正弦量的相量表示

只要作用在线性电路的各个电源都是同频率的正弦量，则电路中的电流和电压也一定是同频率的正弦量，这意味着在待求的正弦电流和正弦电压的三要素中，频率为已知量，不必再考虑，只需要求出振幅和初相位两个要素，待求的正弦量便可以完全确定。根据正弦电路的这一特点，可以用一个复数来反映正弦量的振幅和初相位，把这个复数称作此正弦量的相量。

1.　正弦量的相量表示

如正弦电流

$$i = I_m \sin(\omega t + \theta_i)$$

根据欧拉公式，有正弦电流 i 是复数 $I_m e^{j(\omega t + \theta_i)}$ 的虚部，即

$$i = I_m \sin(\omega t + \theta_i) = \mathrm{Im}\left[I_m e^{j(\omega t + \theta_i)} \right] = \mathrm{Im}\left[I_m e^{j\theta_i} e^{j\omega t} \right] \tag{2-11}$$

式中，$Im[\ ]$ 是表示取复数的虚部，$I_m e^{j\theta_i}$ 是复常数，记作 $\dot{I}_m$ ，即

$$\dot{I}_m = I_m e^{j\theta_i} = I_m \underline{/\theta_i} \tag{2-12}$$

其中，$\dot{I}_m$ 是大写字母 I_m 上加一个点来表示，称为正弦交流电流 i 的最大值相量。$\dot{I}_m$ 的模 I_m 代表电流 i 的最大值，$\dot{I}_m$ 的辐角 θ_i 代表电流 i 的初相位。

上式 $\dot{I}_m$ 表明，可以通过数学方法，把一个实数范围的正弦时间函数与一个复数范围的复指数函数一一对应起来。在工程上，常将正弦量的相量的模用有效值表示，称为有效值相量，即

$$\dot{I} = I e^{j\theta_i} = I \underline{/\theta_i} \tag{2-13}$$

同理可以得到电压的最大值相量为 $\dot{U}_m$ 和有效值相量符号 $\dot{U}$ 。

有效值相量和最大值相量的关系为

$$\left. \begin{array}{l} \dot{I} = \dfrac{\dot{I}_m}{\sqrt{2}} \\[3mm] \dot{U} = \dfrac{\dot{U}_m}{\sqrt{2}} \end{array} \right\} \tag{2-14}$$

需要指出的是：

（1）相量 $\dot{I}_m$ 或 $\dot{I}$ 可以表示正弦量，但相量和正弦量是完全不同的量。只有相量乘以 $e^{j\omega t}$ 或 $\sqrt{2}e^{j\omega t}$ ，并取其虚部以后才是正弦量；

（2）相量 $\dot{I}_m$ 或 $\dot{I}$ 一定是复数，但复数不一定是相量，也就是说不是每一个复数都是用来表示正弦量的。

2.　相量图

既然相量是复数，那么相量在复平面上可以画出来。当把各个同频率正弦量的相量画在同一复平面上时，所得到的图形称为相量图。由于旋转角频率都相同，相量彼此之间的相位关系始终保持不变，因此在研究同频相量之间的关系时，一般只按初相位作出向量，而不必标出角频率。

画相量图时一般用极坐标。

【例 2-1】 $i_1 = 6\sqrt{2}\sin(\omega t + 60°)$ A ， $i_2 = 8\sqrt{2}\sin(\omega t - 30°)$ A ，其相量式为 $\dot{I}_1 = 6\angle 60°$ A ， $\dot{I}_2 = 8\angle -30°$ A ，画出相量图，如图 2-9 所示。

采用相量图表示正弦交流电，在计算和决定几个同频率交流电的和、差时，比较简单直观，所以已成为研究交流电的重要工具之一。在实际工作中，往往采用有效值相量图来计算交流电，有效值相量图简称相量图。

【例 2-2】 已知： $i_1 = 8\sqrt{2}\sin(\omega t + 90°)$ A ， $i_2 = 6\sqrt{2}\sin\omega t$ A ，（1）用相量图表示两正弦量；（2）用相量图计算 $i_3 = i_1 + i_2, i_4 = i_1 - i_2$ 。

解： 如图 2-10 所示，从相量图中得到

$$I_3 = \sqrt{I_1^2 + I_2^2} = \left(\sqrt{8^2 + 6^2}\right) A = 10 \text{ A}$$

$$\psi_3 = \arctan\frac{8}{6} = 53.1°$$

$$I_4 = \sqrt{I_1^2 + I_2^2} = \left(\sqrt{8^2 + 6^2}\right) A = 10 \text{ A}$$

$$\psi_4 = 180° - 45° = 135°$$

所以 $i_3 = 10\sqrt{2}\sin(\omega t + 53.1°)$ A ； $i_4 = 10\sqrt{2}\sin(\omega t + 135°)$ A

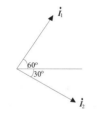

图 2-9 例 2-1 相量图

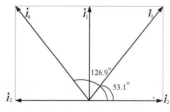

图 2-10 例 2-2 用图

这里需要指出的是：

（1）只有同频率正弦量才能用相量表示，一起参与运算；

（2）正弦交流电路中，只有瞬时值及相量满足 KCL 和 KVL，最大值和有效值不满足 KCL 和 KVL。所以，在正弦交流电路图中标注正弦量时，只能使用瞬时值（ u ， i ， e ）和相量（ $\dot{U}$ ， $\dot{I}$ ， $\dot{E}$ ）。

2.2 单一参数正弦交流电路

交流电路与直流电路的不同之处在于分析各种交流电路不但要确定电路中电压与电流之间的大小关系，而且要确定它们之间的相位关系，同时还要讨论电路中的功率问题。为分析复杂的交流电路，首先应掌握单一参数（电阻、电感、电容）元件电路中电压与电流之间的关系，因为其他电路均可看成是单一参数元件电路的组合。

由于交流电路中的电压和电流都是交变的，因而有两个作用方向。为分析电路方便，常把其中的一个方向规定为正方向，且在同一电路中的电压和电流以及电动势的正方向完

全一致。

为了简化分析，常规定电路中某一正弦量的初相位等于零，然后以这个正弦量为基准，再来确定其他正弦量的初相。这个人为规定其初相位等于零的正弦量称为参考正弦量或参考相量。

2.2.1 电阻元件的正弦交流电路

由白炽灯、电烙铁和电阻器等组成的交流电路都可近似看成是纯电阻电路。在这些电路中，当外加电压一定时，影响电流大小的主要因素是电阻值。

1. 电流与电压的相位关系

如图 2-11（a）所示，设加在电阻两端的电压为 $u_R = U_{Rm} \sin \omega t$。实验证明，在任一瞬间通过电阻的电流 i_R 仍可用欧姆定律来计算，即

$$i_R = \frac{u_R}{R} = \frac{U_{Rm} \sin \omega t}{R} = \frac{U_{Rm}}{R} \sin \omega t = I_{Rm} \sin \omega t \tag{2-15}$$

其中 $I_{Rm} = \dfrac{U_{Rm}}{R}$，表明在正弦电压的作用下，电阻中通过的电流也是一个同频率的正弦交流电流，且与加在电阻两端的电压同相位。

由于

$$\left. \begin{array}{l} u_R = I_m \left[\dot{U}_{Rm} \mathrm{e}^{\mathrm{j}\omega t} \right] \\ i_R = I_m \left[\dot{I}_{Rm} \mathrm{e}^{\mathrm{j}\omega t} \right] \end{array} \right\} \tag{2-16}$$

其中 $\dot{U}_{Rm} = U_{Rm} \angle 0^\circ$，$\dot{I}_{Rm} = I_{Rm} \angle 0^\circ$，所以把式（2-16）代入式（2-15）得到

$$I_m \left[\dot{I}_{Rm} \mathrm{e}^{\mathrm{j}\omega t} \right] = \frac{1}{R} I_m \left[\dot{U}_{Rm} \mathrm{e}^{\mathrm{j}\omega t} \right] = I_m \left[\frac{\dot{U}_{Rm}}{R} \mathrm{e}^{\mathrm{j}\omega t} \right] \tag{2-17}$$

可得电压和电流的最大值相量之间的关系式为

$$\dot{I}_{Rm} = \frac{\dot{U}_{Rm}}{R} \tag{2-18}$$

若把上式两边同除以 $\sqrt{2}$，则得有效值相量之间的关系式为

$$\dot{I}_R = \frac{\dot{U}_R}{R} \tag{2-19}$$

图 2-11（b）、（c）分别给出了电流和电压的相量图和波形图。

2. 电流与电压的数量关系

电阻的电压和电流的关系可写为

$$I_{Rm} = \frac{U_{Rm}}{R} \tag{2-20}$$

可写为有效值形式

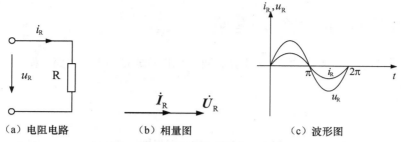

（a）电阻电路　　　（b）相量图　　　（c）波形图

图 2-11　电阻电路的相量图和波形图

$$I_{\mathrm{R}} = \frac{U_{\mathrm{R}}}{R} \qquad (2\text{-}21)$$

这说明，在纯电阻电路中，电流与电压的瞬时值、最大值、有效值都符合欧姆定律。

3. 电流与电压的频率关系

由式（2-15）可知电流与电压两者的频率相同。

4. 功率

在任一瞬间，电阻中电流瞬时值与同一瞬间的电阻两端电压的瞬时值的乘积，称为电阻吸收的瞬时功率，用 p_{R} 表示，即

$$p_{\mathrm{R}} = u_{\mathrm{R}} i = \frac{U_{\mathrm{Rm}}^2}{R} \sin^2 \omega t \qquad (2\text{-}22)$$

瞬时功率的曲线如图 2-12 所示。

由于电流和电压同相，所以 p_{R} 在任一瞬间的数值都是正值或等于零，这就说明电阻总是要消耗功率的，是耗能元件。

由于瞬时功率不便于计算，用处不大，通常用电阻在交流电的一个周期内瞬时功率 p_{R} 的平均值来表示功率的大小，叫作平均功率。例如，电灯泡的功率为 100W，就是指平均功率。平均功率用大写字母 P 表示，单位仍是瓦[特]（W）。

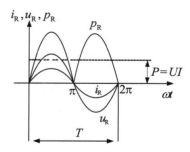

图 2-12　瞬时功率的曲线

电压、电流用有效值表示时，平均功率 P 的计算方法与直流电路相同，即

$$P = \frac{1}{T} \int_0^T p \, \mathrm{d}t = \frac{1}{T} \int_0^T u \cdot i \, \mathrm{d}t = \frac{1}{T} \int_0^T 2UI \sin^2 \omega t \, \mathrm{d}t$$

$$= \frac{1}{T} \int_0^T UI(1 - \cos 2\omega t) \mathrm{d}t = UI$$

$$P = UI = I^2 R = \frac{U^2}{R} \qquad (2\text{-}23)$$

2.2.2　电感元件的正弦交流电路

由电阻很小的电感线圈组成的交流电路，可近似地看成是纯电感电路。图 2-13（a）所示为由一个线圈构成的纯电感电路。

1. 电流与电压的相位关系

图 2-13（a）中，当纯电感电路中有交变电流 i_L 通过时，根据电磁感应定律，线圈 L 上将产生自感电动势，其表达式为

$$e_L = -L\frac{di_L}{dt} \tag{2-24}$$

对于内阻很小的电源，其电动势与端电压总是大小相等且方向相反的，所以

$$u_L = -e_L = L\frac{di_L}{dt} \tag{2-25}$$

设电感 L 中流过的电流为

$$i_L = I_{Lm}\sin\omega t \tag{2-26}$$

由数学推导可得

$$u_L = \omega L I_{Lm}\sin\left(\omega t+\frac{\pi}{2}\right) = U_{Lm}\sin\left(\omega t+\frac{\pi}{2}\right) \tag{2-27}$$

其中 $U_{Lm} = \omega L I_{Lm}$。

由上可知，纯电感电路中电流与电压的相位关系为：电压超前电流 $\frac{\pi}{2}$，波形图如图 2-13（b）所示。

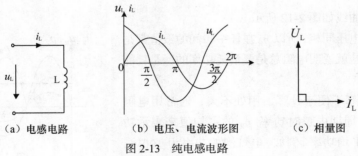

（a）电感电路　　　　（b）电压、电流波形图　　　　（c）相量图

图 2-13　纯电感电路

由 $U_{Lm} = \omega L I_{Lm}$ 可得，当电压一定时，ωL 越大，电感中的电流越小，ωL 具有阻止电流通过的性质，称为感抗，用 X_L 表示，即

$$X_L = \omega L = 2\pi f L \tag{2-28}$$

X_L 的单位为欧[姆]（Ω）。

电感中电压和电流的关系可写为

$$U_{Lm} = X_L I_{Lm}$$

或写为有效值形式

$$U_L = X_L I_L$$

将正弦电压和正弦电流改写为相量形式

$$u_L = I_m \left[\dot{U}_{Lm} e^{j\omega t} \right]$$

$$i_L = I_m \left[\dot{I}_{Lm} e^{j\omega t} \right]$$

其中 $\dot{U}_{Lm} = U_{Lm} \Big/ \dfrac{\pi}{2}$ ， $\dot{I}_{Lm} = I_{Lm} \angle 0^\circ$ ，代入式（2-27）可以得到

$$\dot{U}_{Lm} = \omega L I_{Lm} \Big/ \frac{\pi}{2} = X_L \left[I_{Lm} \Big/ \left(0^\circ + \frac{\pi}{2} \right) \right] = X_L (\dot{I}_{Lm} \cdot j) = j X_L \dot{I}_{Lm} \qquad （2-29）$$

即电压和电流的最大值相量关系式为

$$\dot{U}_{Lm} = j X_L \dot{I}_{Lm} \qquad （2-30）$$

若把上式两边同除以 $\sqrt{2}$ ，则得有效值相量关系式为

$$\dot{U}_L = j X_L \dot{I}_L \qquad （2-31）$$

相量图如图 2-13（c）所示。

2. 电流与电压的频率关系

由式（2-27）可知电流与电压两者的频率相同。

3. 电流与电压的数量关系

虽然感抗 X_L 和电阻 R 具有相同的量纲，但两者性质区别很大。感抗的大小，取决于电感 L 以及频率 f。对一个电感元件而言，f 愈高则 X_L 愈大，因此电感线圈对高频电流的阻碍作用很大。对直流电而言，由于 $f = 0$，则 $X_L = 0$，电感元件可视为短路，因此电感有"阻交流，通直流"的作用。

可见感抗只有在交流电路中才有意义，而且感抗只表示电压和电流最大值或有效值的比值，不能表示电压和电流瞬时值的比值。

$$X_L = \frac{U_{Lm}}{I_{Lm}}$$

或

$$X_L = \frac{U_L}{I_L}$$

4. 电感电路的瞬时功率

$$p_L = u_L i_L \qquad （2-32）$$

将 u_L 和 i_L 代入，得

$$p_L = U_{Lm} \sin\left(\omega t + \frac{\pi}{2} \right) \times I_m \sin \omega t = U_{Lm} I_{Lm} \cos \omega t \sin \omega t$$

$$= \frac{U_{Lm} I_{Lm}}{\sqrt{2}\sqrt{2}} (2 \cos \omega t \sin \omega t) = U_L I_L \sin 2\omega t \qquad （2-33）$$

由式（2-33）确定的纯电感电路的功率曲线如图 2-14 所示。

由图 2-14 可知，在第 1 个和第 3 个 1/4 周期内，p_L 为正值，即电源将电能传给线圈并以磁能形式储存于线圈中；在第 2 个和第 4 个 1/4 周期内，p_L 为负值，即线圈将磁能转换成电能向电源

充电。这样，在一个周期内，纯电感电路的平均功率 P 为零，计算如下：

$$P = \frac{1}{T}\int_0^T p\,\mathrm{d}t = \frac{1}{T}\int_0^T U_L I_L \sin(2\omega t)\,\mathrm{d}t = 0$$

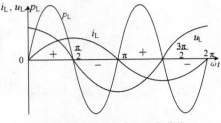

图 2-14　纯电感电路的功率曲线

就是说纯电感电路中没有能量损耗，只有电能和磁能之间周期性的转换。因此，电感元件是一种储能元件。

需要注意的是，虽然在纯电感电路中平均功率为零，但事实上电路中时刻都进行着能量的交换，所以瞬时功率并不为零。瞬时功率的最大值叫作无功功率，用 Q 表示，数学表达式为

$$Q_L = U_L I_L = I_L^2 X_L = \frac{U_L^2}{X_L} \tag{2-34}$$

无功功率的单位是乏（var）。

必须指出，无功的含义是交换而不是消耗，它是相对有功而言的，绝不能理解为无用。事实上无功功率在生产实践中占有很重要的地位，具有电感性质的变压器、电动机等设备都是靠电磁转换来工作的。

2.2.3　电容元件的正弦交流电路

电容是一种能够储存电场能量的元件。一个电容器，当忽略它的电阻和电感时，可以认为它是一个理想的电容元件。

1．电流与电压的相位关系

如图 2-15（a）所示，设加在电容两端的电压为 $u_C = U_{Cm}\sin\omega t$，则流过电容的电流为

$$i_C = C\frac{\mathrm{d}u_C}{\mathrm{d}t} \tag{2-35}$$

可得

$$i_C = \omega C U_{Cm}\sin\left(\omega t + \frac{\pi}{2}\right) = I_{Cm}\sin\left(\omega t + \frac{\pi}{2}\right) \tag{2-36}$$

其中 $I_{Cm} = \omega C U_{Cm}$。

由上可知，纯电容电路中电流与电压的相位关系为：电流超前电压 $\dfrac{\pi}{2}$，如图 2-15（b）所示。

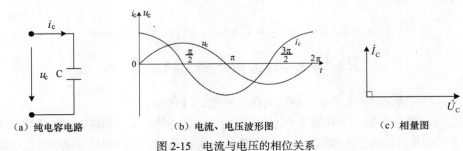

（a）纯电容电路　　　　　　（b）电流、电压波形图　　　　　　（c）相量图

图 2-15　电流与电压的相位关系

由 $I_{Cm} = \omega C U_{Cm}$，可得 $U_{Cm} = \dfrac{1}{\omega C} I_{Cm}$。当电压一定时，$\dfrac{1}{\omega C}$ 越大，电容中的电流越小，$\dfrac{1}{\omega C}$ 具有阻止电流通过的性质，称为容抗，用 X_C 表示，即

$$X_C = \frac{1}{\omega C} = \frac{1}{2\pi f C} \qquad (2\text{-}37)$$

其中 X_C 的单位为欧[姆]（Ω）。

将正弦电压和正弦电流改写为相量形式为

$$u_C = I_m \left[\dot{U}_{Cm} e^{j\omega t} \right]; \quad i_C = I_m \left[\dot{I}_m e^{j\omega t} \right]$$

其中 $\dot{U}_{Cm} = U_{Cm} \angle 0^\circ$，$\dot{I}_{Cm} = I_{Cm} \left\lfloor \dfrac{\pi}{2} \right.$，代入式（2-36）得到

$$\dot{U}_{Cm} = \frac{1}{\omega C} I_{Cm} \angle 0^\circ = X_C \left[\dot{I}_{Cm} \left\lfloor \left(\frac{\pi}{2} - \frac{\pi}{2} \right) \right. \right] = X_C (-j \cdot \dot{I}_m) = -j X_C \dot{I}_m$$

即电压和电流的最大值相量之间的关系式为

$$\dot{U}_{Cm} = -j X_C \dot{I}_{Cm} \qquad (2\text{-}38)$$

若把上式两边同除以 $\sqrt{2}$，则得有效值相量之间的关系式为

$$\dot{U}_C = -j X_C \dot{I}_C \qquad (2\text{-}39)$$

2．电流与电压的频率关系

由式（2-36）可知，电流与电压的频率相同。

3．电流与电压的数量关系

容抗是用来表示电容对电流阻碍作用大小的一个物理量，其大小与频率 f 及电容 C 成反比。当电容一定时，频率 f 越高则容抗 X_C 越小。在直流电路中，因 $f = 0$，故电容的容抗 X_C 等于无限大，电容元件相当于开路。因此电容元件有"阻直流，通交流"的作用，与电感元件的特性正好相反。

与纯电感电路相似，容抗只表示电压和电流的最大值或有效值之比，即

$$X_C = \frac{U_{Cm}}{I_{Cm}} \text{ 或 } X_C = \frac{U_C}{I_C}$$

不等于它们的瞬时值之比。

4．功率

采用和纯电感电路相似的方法，可求得纯电容电路的瞬时功率的解析式。

$$p_C = u_C i_C = U_C I_C \sin 2\omega t \qquad (2\text{-}40)$$

根据上式可作出瞬时功率的波形图，如图 2-16 所示。

由瞬时功率的波形可以看出，纯电容电路的平均功率为零，但是电容与电源间进行着能量的交换：在第 1 个和第 3 个 1/4 周期内，电容吸取电源能量并以电场能

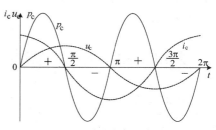

图 2-16　瞬时功率的波形图

的形式储存起来；第 2 个和第 4 个 1/4 周期内，电容又向电源释放能量。同纯电感电路一样，瞬时功率的最大值被定义为电路的无功功率，用以表示电容和电源交换能量的大小。数学表达式为

$$Q_C = U_C I_C = I_C^2 X_C = \frac{U_C^2}{X_C} \qquad (2\text{-}41)$$

2.2.4 基尔霍夫定律的相量表示

同分析直流电路一样，分析交流电路的基本依据依然是基尔霍夫电流定律（KCL）和基尔霍夫电压定律（KVL）。如前所述，正弦交流电路中只有瞬时值和相量形式满足 KCL 和 KVL，即对于任一节点 $\sum i = 0$，对于任一回路 $\sum u = 0$。

由于在同一正弦交流电路中，所有电压和电流都是同频率的正弦函数，因而根据正弦函数化为相量的方法，即 $i = \mathrm{Im}\left[\sqrt{2}\dot{I}\mathrm{e}^{\mathrm{j}\omega t}\right]$，对于任一节点的电流，则可表示为

$$\sum i = \sum \{\mathrm{Im}\left[\sqrt{2}\dot{I}\ \mathrm{e}^{\mathrm{j}\omega t}\right]\} = \mathrm{Im}[\sum(\sqrt{2}\dot{I}\ \mathrm{e}^{\mathrm{j}\omega t})]$$
$$= \mathrm{Im}[\sqrt{2}(\sum\dot{I})\mathrm{e}^{\mathrm{j}\omega t}] = 0 \qquad (2\text{-}42)$$

可见，表示各正弦电流的复数的虚部的代数和等于所有相量代数和的虚部，且恒等于零。因此 KCL 的相量形式为

$$\sum \dot{I} = 0 \qquad (2\text{-}43)$$

表明在电路任一节点上的电流相量代数和等于零。

同理，KVL 的相量形式为

$$\sum \dot{U} = 0 \qquad (2\text{-}44)$$

表明沿任一回路，各支路电压相量的代数和等于零。

需要指出的是有效值和最大值只能反映正弦量的大小关系，而不满足基尔霍夫两定律。

2.3 简单正弦交流电路的分析

前面讨论了 3 种参数各自在交流电路中的特性。而在实际电路中，往往同时包含有 2 种、甚至 3 种元件组成的电路，因此，有必要在相量形式的电路元件约束基础上来讨论元件组合的综合特性及作用。

2.3.1 RLC 串联电路

RLC 串联电路如图 2-17（a）所示。选择电流为参考相量，即

$$i = \sqrt{2}I \sin \omega t \qquad (2\text{-}45)$$

根据图示的参考方向，瞬时值形式的 KVL 方程为

$$u = u_{\mathrm{R}} + u_{\mathrm{L}} + u_{\mathrm{C}}$$

$$= \sqrt{2}RI\sin\omega t + \sqrt{2}\omega LI\sin(\omega t + 90°) + \sqrt{2}\frac{I}{\omega C}\sin(\omega t - 90°) \tag{2-46}$$

其相量 KVL 方程为

$$\dot{U} = \dot{U}_{\mathrm{R}} + \dot{U}_{\mathrm{L}} + \dot{U}_{\mathrm{C}} = R\dot{I} + \mathrm{j}X_{\mathrm{L}}\dot{I} - \mathrm{j}X_{\mathrm{C}}\dot{I} \tag{2-47}$$

串联电路中各元件流过的是同一电流，以电流为参考相量作相量图。相量间的关系如图 2-17（b）所示。

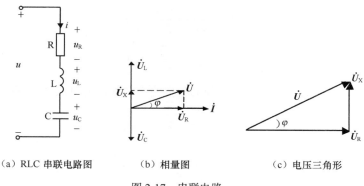

（a）RLC 串联电路图　　　（b）相量图　　　（c）电压三角形

图 2-17　串联电路

$\dot{U}_{\mathrm{R}}$、$\dot{U}_{\mathrm{L}}$ 和 $\dot{U}_{\mathrm{C}}$ 合成相量 $\dot{U}$ 的长度，是 u 的有效值；合成相量 $\dot{U}$ 与横轴的夹角 φ，是 u 的初相位。

$\dot{U}_{\mathrm{R}}$、$\dot{U}_{\mathrm{X}} = (\dot{U}_{\mathrm{L}} - \dot{U}_{\mathrm{C}})$ 和 $\dot{U}$ 组成了一个直角三角形，称之为电压三角形，如图 2-17（c）所示。$U_{\mathrm{X}} = U_{\mathrm{L}} - U_{\mathrm{C}}$ 称为电抗压降。

当 $U_{\mathrm{X}} > 0$，即 $U_{\mathrm{L}} > U_{\mathrm{C}}$，这样 $\dot{U}_{\mathrm{X}}$ 的方向与 $\dot{U}_{\mathrm{L}}$ 的方向相同，电路呈现感性；当 $U_{\mathrm{X}} < 0$，即 $U_{\mathrm{L}} < U_{\mathrm{C}}$，这样 $\dot{U}_{\mathrm{X}}$ 的方向与 $\dot{U}_{\mathrm{C}}$ 的方向相同，电路呈现容性。

可以采用电压三角形的几何方法求得总电压 u 的有效值，即

$$U = \sqrt{U_{\mathrm{R}}^2 + U_{\mathrm{X}}^2} = \sqrt{U_{\mathrm{R}}^2 + (U_{\mathrm{L}} - U_{\mathrm{C}})^2} = \sqrt{(IR)^2 + I^2(X_{\mathrm{L}} - X_{\mathrm{C}})^2} \tag{2-48}$$

即

$$U = I\sqrt{R^2 + (X_{\mathrm{L}} - X_{\mathrm{C}})^2} \tag{2-49}$$

u 的初相位为

$$\varphi = \arctan\frac{U_{\mathrm{X}}}{U_{\mathrm{R}}} = \arctan\frac{I(X_{\mathrm{L}} - X_{\mathrm{C}})}{IR} = \arctan\frac{X_{\mathrm{L}} - X_{\mathrm{C}}}{R} \tag{2-50}$$

所以，电路总电压

$$\dot{U} = U\angle\phi = I\sqrt{R^2 + (X_{\mathrm{L}} - X_{\mathrm{C}})^2}\ \Big/\arctan\frac{X_{\mathrm{L}} - X_{\mathrm{C}}}{R} \tag{2-51}$$

【例 2-3】图 2-18（a）所示为一移相电路，已知 $R=100\Omega$，输入信号频率为 500 Hz。（1）如果要求输出电压与输入电压之间的相位差是 45° 时，试求电容值。（2）在电容不变的前提下，若想加大该相位差，如何调整电阻 R？

解：

（1）取电流 $\dot{I}$ 为参考相量，从图 2-18 中可知 $\dot{U}_o$ 是电阻上的电压，所以 $\dot{U}_o$ 与 $\dot{I}$ 同向。画出输入电压 $\dot{U}_o$ 和输出电压 $\dot{U}_i$ 的相量图，如图 2-18（b）所示。

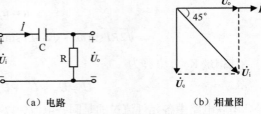

（a）电路　　　　（b）相量图

图 2-18　例 2-3 用图

根据相量图，得

$$\tan 45° = \frac{IX_C}{IR} = 1$$

即

$$X_C = \frac{1}{\omega C} = \frac{1}{2\pi f C} = R$$

$$C = \frac{1}{R2\pi f} = 3.18\mu F$$

（2）若想增大输入电压与输出电压之间的相位差，在电容 C 不变的条件下，应使 U_R 减小，所以应减小 R。

1. 电路的阻抗

式（2-51）也可以写为

$$\dot{U} = \dot{I}[R + j(X_L - X_C)] \tag{2-52}$$

上式两边同除以 $\dot{I}$ 可得

$$\frac{\dot{U}}{\dot{I}} = R + j(X_L - X_C) = R + jX \tag{2-53}$$

其中，$X = X_L - X_C$ 称为电抗。

在正弦交流电路中，电压相量与电流相量的比值，称为阻抗，用 Z 表示。阻抗描述了电阻、电感和电容的综合特性，即限流和移相特性，上式可写为

$$Z = \frac{\dot{U}}{\dot{I}} = R + j(X_L - X_C) = R + jX \tag{2-54}$$

更一般的形式可写为

$$Z = \frac{\dot{U}}{\dot{I}} = \frac{U}{I} \angle \varphi_u - \varphi_i = |Z| \angle \varphi \tag{2-55}$$

其中，$|Z|$ 称为阻抗值，反映电压和电流的大小关系，其大小是电压与电流有效值的比值，即

$$|Z| = \frac{U}{I} \tag{2-56}$$

φ 称为阻抗角，反映了电压与电流的相位关系，阻抗角是电压超前于电流的电角度，即

$$\varphi = \varphi_u - \varphi_i \tag{2-57}$$

阻抗值与阻抗角的大小取决于电路的参数。在图 2-17 所示的 RLC 串联电路中，

$$Z = R + j(X_L - X_C) = \sqrt{R^2 + (X_L - X_C)^2} \ \Big/ \arctan \frac{X_L - X_C}{R} \tag{2-58}$$

阻抗值为

$$|Z| = \frac{U}{I} = \sqrt{R^2 + (X_L - X_C)^2} \qquad (2\text{-}59)$$

阻抗角为

$$\varphi = \arctan \frac{X_L - X_C}{R} \qquad (2\text{-}60)$$

根据电路参数，阻抗角可正可负，根据阻抗角的正、负，就可以判断电路的性质。

（1）当 φ 为正值时，说明电压超前于电流 φ 角度，电路呈感性。

（2）当 φ 为负值时，说明电压滞后于电流 φ 角度，电路呈容性。

（3）当 φ 为零时，说明电压电流同相位，电路呈阻性。

阻抗的电阻、电抗和阻抗值也是一个三角形，如图 2-19 所示，称之为阻抗三角形，显然 RLC 串联电路中的阻抗三角形与电压三角形相似。

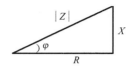

图 2-19　阻抗三角形

2．电路的导纳

将阻抗的倒数称为导纳，用 Y 表示，即

$$Y = \frac{1}{Z} = \frac{\dot{I}}{\dot{U}} \qquad (2\text{-}61)$$

也就是说导纳是电流相量与电压相量的比值。

对于单个电阻元件，

$$Y = \frac{1}{R} = G \qquad (2\text{-}62)$$

Y 就是电导。

对于单个电感元件，$Z = \mathrm{j}X_L$，则得

$$Y = \frac{1}{\mathrm{j}X_L} = -\mathrm{j}B_L \qquad (2\text{-}63)$$

其中 B_L 称为感纳，$B_L = \dfrac{1}{X_L} = \dfrac{1}{\omega L}$。

同理，对于单个电感元件，$Z = -\mathrm{j}X_C$，则得

$$Y = \frac{1}{-\mathrm{j}X_C} = \mathrm{j}B_C \qquad (2\text{-}64)$$

其中 B_C 称为容纳，$B_C = \dfrac{1}{X_C} = \omega C$。

对于 RLC 串联电路，$Z = R + \mathrm{j}X$，则得

$$Y = \frac{1}{R + \mathrm{j}X} = \frac{R - \mathrm{j}X}{R^2 + X^2} = \frac{R}{R^2 + X^2} - \mathrm{j}\frac{X}{R^2 + X^2} \qquad (2\text{-}65)$$

令 $G = \dfrac{R}{R^2 + X^2}$ 称为等效电导，$B = \dfrac{X}{R^2 + X^2}$ 称为等效电纳。上式可以写为

$$Y = G - \mathrm{j}B \qquad (2\text{-}66)$$

在国际单位制中，电导、感纳、容纳和电纳的单位都是西门子，简称西（S）。

2.3.2 RLC 并联电路

交流电路的相量模型也可以用各个元件的导纳表示，特别是并联电路，用导纳分析更简便，图 2-20（a）所示 RLC 并联电路中，选择电压为参考相量，即

$$u = \sqrt{2}U \sin \omega t$$

根据图示的参考方向，瞬时值形式的 KCL 方程为

$$i = i_G + i_L + i_C$$

$$= G\sqrt{2}U \sin \omega t + B_L \sqrt{2}U \sin(\omega t - 90°) + B_C \sqrt{2}U \omega C \sin(\omega t + 90°) \qquad (2\text{-}67)$$

其相量 KCL 方程为

$$\dot{I} = \dot{I}_G + \dot{I}_L + \dot{I}_C = G\dot{U} + (-\mathrm{j}B_L \dot{U}) + (\mathrm{j}B_C)\dot{U} \qquad (2\text{-}68)$$

$$\dot{I} = \dot{U}(G - \mathrm{j}B) \qquad (2\text{-}69)$$

其中 $B = B_L - B_C = \dfrac{1}{\omega L} - \omega C$，称为电纳，单位为西门子（S）。

因为并联电路中各支路承受的是同一电压，所以画相量图时通常以电压为参考相量（与横轴平行的相量）作相量图，各相量间的关系如图 2-20（b）所示。

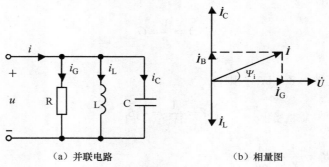

（a）并联电路 　　　　　　　（b）相量图

图 2-20　RLC 并联电路

$\dot{I}_G$、$\dot{I}_L$ 和 $\dot{I}_C$ 合成相量 $\dot{I}$ 的长度是 i 的有效值，合成相量 $\dot{I}$ 与横轴的夹角，是 i 的初相位。$\dot{I}_G$、$\dot{I}_B$ 和 $\dot{I}$ 组成了一个直角三角形，称之为电流三角形。可以采用电流三角形的几何方法求得总电流 i 的有效值，即

$$\left| \dot{I} \right| = I = \sqrt{I_G^2 + (I_C - I_L)^2} = \sqrt{(GU)^2 + (B_C U - B_L U)^2} \qquad (2\text{-}70)$$

i 的初相位

$$\psi_i = \arctan \frac{I_C - I_L}{I_R} \qquad (2\text{-}71)$$

所以，电路总电流

$$\dot{I} = \sqrt{(GU)^2 + (B_C U - B_L U)^2} \underline{\diagup \arctan \dfrac{I_C - I_L}{I_G}} \qquad (2\text{-}72)$$

【例 2-4】电路如图 2-21（a）所示。已知电源电压 $U = 120\mathrm{V}$，$f = 50\mathrm{Hz}$，$R = 10\Omega$，$L = 0.3\mathrm{H}$，$C = 2.5\mathrm{mF}$，求各个支路的电流，并画出相量图。

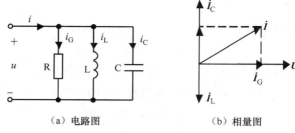

（a）电路图　　　　　（b）相量图

图 2-21　例 2-4 用图

解： 选择电压为参考相量，即

$$\dot{U} = 120\angle 0°$$

电流 $\dot{I}_G$、$\dot{I}_L$ 和 $\dot{I}_C$ 分别为

$$\dot{I}_G = G\dot{U} = 0.1 \times 120\angle 0° = 12\angle 0° \text{ A}$$

$$\dot{I}_L = -jB_L\dot{U} = \frac{-j}{50 \times 0.3} \times 120\angle 0° = 8\angle -90° \text{ A}$$

$$\dot{I}_C = jB_C\dot{U} = j \times 50 \times 2.5 \times 10^{-3} \times 120\angle 0° = 15\angle 90° \text{ A}$$

$$\dot{I} = \dot{I}_G + \dot{I}_L + \dot{I}_C = 12\angle 0° + 8\angle -90° + 15\angle 90°$$
$$= 12 - 8j + 15j = 12 + 7j \approx 13.9\angle 30.2°$$

各个支路的电流的瞬时值为

$$i_G = 12\sqrt{2}\sin(314t) \text{ A}$$

$$i_L = 8\sqrt{2}\sin(314t - 90°) \text{ A}$$

$$i_C = 15\sqrt{2}\sin(314t + 90°) \text{ A}$$

$$i = 13.9\sqrt{2}\sin(314t + 30.2°) \text{ A}$$

相量图如图 2-21（b）所示，电路为容性。

【例 2-5】 电路如图 2-22（a）所示。已知 $R = X_L$，$X_C = 10\,\Omega$，$I_C = 10$ A，$\dot{U}$，$\dot{I}$ 同相位。求：I，I_{RL}，U，R，X_L。

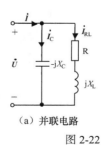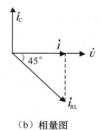

（a）并联电路　　　（b）相量图

图 2-22　例 2-5 用图

解： 因是并联电路，以电压为参考相量，画出相量图如图 2-22（b）所示。由相量图可知

$$I = 10 \text{ A}$$

$$I_{RL} = 10\sqrt{2} \text{ A}$$

$$U = I_C X_C = 100 \text{ V}$$

$$\sqrt{R^2 + X_L^2} = \frac{U}{I_{RL}} = \left(\frac{100}{10\sqrt{2}}\right)\Omega = 5\sqrt{2}\ \Omega$$

因为 $R = X_L$，所以 $R = X_L = 5\,\Omega$。

49

2.3.3 功率因数的提高

在交流电路中，相位差起着很重要的作用，由于二端网络的电流与电压之间有相位差，使交流电路的功率出现能量交换，因此，对一般交流电路功率的分析要比直流电路功率的分析复杂得多，需要引入新的概念，如有功功率（平均功率）、无功功率、视在功率及功率因数等。

1. 无源二端网络吸收的瞬时功率和有功功率

在正弦交流电路中，由于有电感或电容的存在，一般情况是电压 u 和电流 i 两正弦量的频率相同，但两者有一定的相位差。设通过二端网络的电流及二端网络电压的表达式为

$$u = \sqrt{2}U \sin(\omega t + \phi)\ ;\ i = \sqrt{2}I \sin \omega t$$

则该电路的瞬时功率为

$$p = ui = \sqrt{2}U \sin(\omega t + \phi) \cdot \sqrt{2}I \sin \omega t = UI \cos \phi - UI \cos(2\omega t + \phi) \tag{2-73}$$

利用三角公式，上式可化为

$$\begin{aligned} p &= UI \cos \phi - UI \cos(2\omega t + \phi) \\ &= UI \cos \varphi(1 - \cos 2\omega t) + UI \sin \varphi \sin 2\omega t \end{aligned} \tag{2-74}$$

正弦交流电路的电流、电压及瞬时功率波形如图 2-23 所示。

从图 2-23 中可以看出，瞬时功率有正有负，正表示网络从电源吸收功率，负表示网络向电源回馈功率。这是因为电路中含有耗能元件电阻，电阻从电源吸收功率。同时，电路中又含有储能元件电感和电容，而电感和电容元件是与电源交换功率的。所以，一般情况下，功率波形的正、负面积不相等，负载吸收功率的时间总是大于释放功率的时间，说明电路在消耗功率，这是由于电路中存在电阻的缘故。

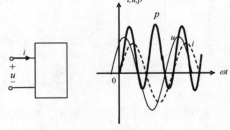

图 2-23 瞬时功率波形

正弦电路的有功功率即为平均功率

$$P = \frac{1}{T}\int_0^T ui\mathrm{d}t = \frac{1}{T}\int_0^T [UI \cos \varphi - UI \cos(2\omega t + \varphi)]\mathrm{d}t = UI \cos \varphi \tag{2-75}$$

式（2-75）说明交流电路中有功功率的大小不仅取决于电压电流有效值的乘积，而且与它们的相位差（阻抗角）有关。

对于 RLC 电路，因为有电阻元件存在，所以电路中总是有功率损耗。电路中的有功功率即为电阻上消耗的功率。式中的 $\cos \varphi$ 称为功率因数。$\cos \varphi$ 的大小与元件参数有关。在一定的 UI 条件下，当相位差 $\varphi = 0$ 时，平均功率 P 最大，其值为 UI，在这种情况下电路和电源之间不出现能量互换的情况；当 $\varphi = \dfrac{\pi}{2}$ 时，平均功率为零，电路不吸收能量，这与只有单个动态元件时的情况相似。

2.　无源二端网络吸收的无功功率

电路中的电感元件和电容元件有能量储放，与电源之间要交换能量，所以电路中也存在无功功率。

将式（2-73）中的 $UI\cos(2\omega t + \varphi)$ 分解为 $UI\cos\varphi\cos 2\omega t - UI\sin\varphi\sin 2\omega t$

则式（2-73）可写成

$$
\begin{aligned}
p &= UI\cos\varphi - \left[UI\cos\varphi\cos 2\omega t - UI\sin\varphi\sin 2\omega t\right] \\
&= UI\cos\varphi(1 - \cos 2\omega t) + UI\sin\varphi\sin 2\omega t \\
&= P(1 - \cos 2\omega t) + Q\sin 2\omega t
\end{aligned}
\tag{2-76}
$$

式中，$P = UI\cos\varphi$，$Q = UI\sin\varphi$。

Q 反映了电路中储能元件与电源进行能量交换规模的大小。当 $\varphi > 0$ 时，即感性电路时，$Q > 0$；当 $\varphi < 0$，即容性电路时，$Q < 0$。所以无功功率的正负与电路的性质有关。因为电感元件的电压超前于电流 90°，电容元件的电压滞后于电流 90°。

从物理意义上看，无功功率的正、负只表明二端网络和电源之间的能量交换中，起主要作用的是电感还是电容，但从习惯上，人们认为感性电路是吸收无功功率的，而电容性电路是放出无功功率的。所以感性无功功率与容性无功功率可以相互补偿，即

$$
Q = Q_{\text{L}} - Q_{\text{C}}
\tag{2-77}
$$

3.　无源二端网络的视在功率

二端网络两端电压有效值和电流有效值的乘积称为视在功率，用 S 表示，即

$$
S = UI
\tag{2-78}
$$

视在功率的单位是伏安（V·A）或千伏安（kV·A）。

视在功率具有重要的实用意义，电源（如发电机和变压器等）在铭牌上都标出它的输出电压和输出电流的额定值 U_{N} 和 I_{N}。这就是说，电源的视在功率是给定的，至于输出的有功功率，不取决于电源本身，而是取决于和电源相连的二端网络，因此视在功率可作为描写电源特征的物理量之一。电源的视在功率，也称为电源的额定容量（简称容量），用户须根据用电设备的视在功率来选用与它配套的电源。

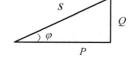

图 2-24　功率三角

有功功率、无功功率、视在功率 3 者之间也是一个三角形的关系，且与前述的电压三角形、阻抗三角形相似，如图 2-24 所示。

得 P、Q、S 三者的关系为

$$
\left.
\begin{aligned}
S &= \sqrt{P^2 + Q^2} \\
P &= S\cos\varphi \\
\cos\varphi &= \frac{P}{S}
\end{aligned}
\right\}
\tag{2-79}
$$

对于正弦交流电路来说，电路中总的有功功率是电路各部分的有功功率之和，总的无功功率是电路各部分的无功功率之和，但在一般情况下，总的视在功率不是电路各部分的视在功率之和。

【例 2-6】 在电阻、电感、电容元件串联的电路中，已知 $R = 30\,\Omega$，$L = 127\,\text{mH}$，$C = 40\,\mu\text{F}$，

电源电压 $u = 220\sqrt{2}\sin(314t + 20°)\mathrm{V}$ 。求：（1）感抗、容抗和阻抗值及阻抗角。（2）电流的有效值与瞬时值表达式。（3）各部分电压的有效值与瞬时值的表达式。（4）有功功率，无功功率，视在功率。（5）判断该电路的性质。

解：

（1）
$$X_{\mathrm{L}} = \omega L = (314 \times 127 \times 10^{-3})\,\Omega \approx 40\,\Omega$$

$$X_{\mathrm{C}} = \frac{1}{\omega C} = \left(\frac{1}{314 \times 40 \times 10^{-6}}\right)\Omega \approx 80\,\Omega$$

$$Z = R + \mathrm{j}(X_{\mathrm{L}} - X_{\mathrm{C}}) = 30 + \mathrm{j}(40 - 80) = 30 - \mathrm{j}40 = 50\underline{/-53.1°}\,\Omega$$

（2）
$$I = \frac{U}{|Z|} = \left(\frac{220}{50}\right)\mathrm{A} = 4.4\,\mathrm{A}$$

$$i = 4.4\sqrt{2}\sin(314t + 20° + 53°) = 4.4\sqrt{2}\sin(314t + 73°)\,\mathrm{A}$$

（3）
$$U_{\mathrm{R}} = IR = (4.4 \times 30)\mathrm{V} = 132\,\mathrm{V}$$

$$u_{\mathrm{R}} = 132\sqrt{2}\sin U_{\mathrm{R}}(314t + 73°)\,\mathrm{V}$$

$$U_{\mathrm{L}} = IX_{\mathrm{L}} = (4.4 \times 40)\,\mathrm{V} = 176\,\mathrm{V}$$

$$u_{\mathrm{L}} = (156\sqrt{2}\sin(314t + 73° + 90°))\,\mathrm{V} = 156\sqrt{2}\sin(314t + 163°)\,\mathrm{V}$$

$$U_{\mathrm{C}} = IX_{\mathrm{C}} = (4.4 \times 80)\,\mathrm{V} = 352\,\mathrm{V}$$

$$u_{\mathrm{C}} = (352\sqrt{2}\sin(314t + 73° - 90°))\,\mathrm{V} = 352\sqrt{2}\sin(314t - 17°)\,\mathrm{V}$$

显然 $U \neq U_{\mathrm{R}} + U_{\mathrm{L}} + U_{\mathrm{C}}$。

（4）
$$P = UI\cos\varphi = (220 \times 4.4\cos(-53°))\,\mathrm{W} = 580\,\mathrm{W}$$

$$Q = UI\sin\varphi = (220 \times 4.4\sin(-53°))\mathrm{var} = -774\mathrm{var}$$

$$S = UI = (220 \times 4.4)\mathrm{V}\cdot\mathrm{A} = 968\mathrm{V}\cdot\mathrm{A}$$

因为电路中只有电阻产生有功功率，而电感和电容产生无功功率，所以，也可以用下列方法计算。

$$P = I^2R = (4.4^2 \times 30)\,\mathrm{W} = 580.8\,\mathrm{W}$$

$$Q = I^2X_{\mathrm{L}} - I^2X_{\mathrm{C}} = (4.4^2 \times 40 - 4.4^2 \times 80)\,\mathrm{var} = -774.4\mathrm{var}$$

（5）不论是从阻抗角的正、负，还是从电压电流的相位关系，或从无功功率的正、负，都很容易得出：电路是容性的。

【例 2-7】 图 2-25（a）所示的两个阻抗 $Z_1 = 3 + \mathrm{j}4\,\Omega$，$Z_2 = 8 - \mathrm{j}6\,\Omega$，它们并联接在 $\dot{U} = 220\angle 0°\,\mathrm{V}$ 的电源上。求电路中的电流 $\dot{I}$，$\dot{I}_1$，$\dot{I}_2$，画出各电流的相量图，并求电路的总功率 P，Q，S。

解： 先计算等效复阻抗

$$Z = \frac{Z_1 Z_2}{Z_1 + Z_2} = \left(\frac{(3 + \mathrm{j}4)(8 - \mathrm{j}6)}{3 + \mathrm{j}4 + 8 - \mathrm{j}6}\right)\Omega$$

$$= \left(\frac{5\angle 53° \cdot 10\angle -37°}{11-j2} \right)\Omega = \left(\frac{50\angle 16°}{11.8\angle -10.5°} \right)\Omega = 4.47\angle 26.5°\Omega$$

$$\dot{I} = \frac{\dot{U}}{Z} = \left(\frac{220\angle 0°}{4.47\angle 26.5°} \right)A = 49.2\angle -26.5°\ A$$

$$\dot{I}_1 = \frac{\dot{U}}{Z_1} = \left(\frac{220\angle 0°}{5\angle 53°} \right)A = 44\angle -53°\ A$$

$$\dot{I}_2 = \frac{\dot{U}}{Z_2} = \left(\frac{220\angle 0°}{10\angle -37°} \right)A = 22\angle 37°\ A$$

并联电路中，因各支路的电压是相同的，故以电压为参考相量画相量图，如图 2-25（b）所示。总功率

$$P = UI\cos\varphi = (220\times 49.2\cos 26.5°)\ W = 9\ 686.77\ W$$

$$Q = UI\sin\varphi = (220\times 49.2\sin 26.5°)\ W = 4\ 829.65\ var$$

$$S = UI = (220\times 49.2)\ V\cdot A = 10\ 824\ V\cdot A$$

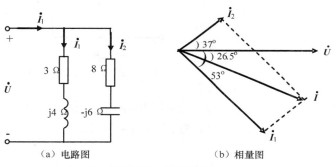

（a）电路图   （b）相量图

图 2-25　例 2-7 用图

4. 功率因数

在正弦交流电路中，有功功率与视在功率的比值称为功率因数，即

$$\frac{P}{S} = \cos\varphi \tag{2-80}$$

用 pf（power factor）表示，φ 称为功率因数角。

功率因数是正弦交流电路中一个很重要的物理量，它反映了二端网络的性质，也涉及电源的"利用率"。如果功率因数 $pf=1$，表示二端网络和电源之间不存在能量互换，这时有功功率等于视在功率，电源最大限度地输出有功功率，电源得到充分利用。如果功率因数 $pf<1$，电路和电源之间出现能量互换，这时有功功率小于视在功率，电源的利用率降低。

功率因数低会带来两方面的不良影响。

（1）$\cos\varphi$ 低，线路损耗大。因为 $I = \dfrac{P}{U\cos\varphi}$，设线路电阻 r，线路损耗就为 $I^2 r$。当输电线路的电压和传输的有功功率一定时，输电线上的电流与功率因数成反比。功率因数越小，输电线上的电流越大，线路损耗亦越大。

（2）$\cos\varphi$ 低，电源的利用率低。因为电源的容量 S_N 是一定的，由 $P=UI\cos\varphi$ 可知，电源能够输出的有功功率与功率因数成正比。当负载的 $\cos\varphi = 0.5$ 时，电源的利用率只有 50%。

由此可见，功率因数的提高有着非常重要的经济意义。实际电路中，功率因数不高的主要原因是因为工业上大都是感性负载，如三相异步电动机，满载时功率因数为 $0.7 \sim 0.8$，轻载时只有 $0.4 \sim 0.5$，空载时甚至只有 0.2。

按照供、用电规则，高压供电的工业、企业单位平均功率因数不得低于 0.95，其他单位不得低于 0.9。因此，提高功率因数是一个必须要解决的问题。这里说的提高功率因数，是提高线路的功率因数，而不是提高某一负载的功率因数。应注意的是，功率因数的提高必须在保证负载正常工作的前提下实现。

既要提高线路的功率因数，又要保证感性负载正常工作，常用的方法是在感性负载两端并联电容器。其电路图和相量图如图 2-26 所示。

由相量图可知，并联电容器以前，线路的阻抗角为负载的阻抗角 φ_1，线路的功率因数为负载的功率因数 $\cos\varphi_1$，可见功率因数比较低。线路的电流为负载的电流 I_1，其值比较大。并联电容器以后，因电容上的电流超前于电压 90°，故抵消掉了部分感性负载

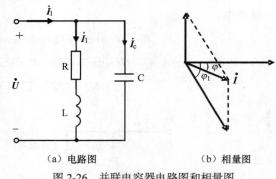

（a）电路图　　　（b）相量图

图 2-26　并联电容器电路图和相量图

电流的分量，使得线路的电流 I_1 减小，线路的阻抗角 φ 减小，线路的功率因数 $\cos\varphi$ 得以提高。

由于电容器是并联在负载两端的，负载的电压未发生变化，所以，负载的工作状况也就不会发生变化。

设负载的电压、阻抗角和有功功率分别为 U_1、φ_1 和 P，它们也是并联电容器前线路的电压、阻抗角和有功功率。并联电容器后，线路的电压、阻抗角和有功功率分别为 U、φ 和 P（注意，由于电容不产生有功功率，所以并联电容器前后 P 不变）。根据相量图，得

$$I_C = I_1\sin\varphi_1 - I\sin\varphi = \frac{P}{U\cos\varphi_1}\cdot\sin\varphi_1 - \frac{P}{U\cos\varphi}\cdot\sin\varphi = U\cdot\omega C \qquad （2\text{-}81）$$

$$C = \frac{P}{\omega U^2}(\tan\varphi_1 - \tan\varphi) \qquad （2\text{-}82）$$

这就是把功率因数由 $\cos\varphi_1$ 提高到 $\cos\varphi$ 所需并联电容器容量的计算公式。

由上述分析可见，并联电容器后，改变的只是线路的功率因数、电流、无功功率，而负载的工作状况及电路的有功功率没有发生变化。

【例 2-8】 有一电感性负载，功率为 10 kW，功率因数为 0.6，接在电压为 220 V，50 Hz 的交流电源上。（1）若将功率因数提高到 0.95，需并联多大的电容？（2）计算并联电容前后的线路电流。（3）若要将功率因数从 0.95 再提高到 1，还需并多大电容？（4）若电容继续增大，功率因数会怎样变化？

解：

（1）$\cos\varphi_1 = 0.6, \varphi_1 = 53°$，　$\cos\varphi = 0.95, \varphi = 18°$

代入式（2-82）

$$C = \frac{10 \times 10^3}{220^2 \times 2\pi \times 50}(\tan 53° - \tan 18°) = 656\mu F$$

（2）并联电容前的线路电流即负载电流

$$I_1 = \frac{P}{U \cos \varphi_1} = \left(\frac{10 \times 10^3}{220 \times 0.6}\right) A \approx 75.8 \, A$$

并联电容后的电流

$$I = \frac{P}{U \cos \varphi} = \left(\frac{10 \times 10^3}{220 \times 0.95}\right) A \approx 47.8 \, A$$

（3）需再增加的电容值为

$$C = \frac{10 \times 10^3}{220^2 \times 2\pi \times 50}(\tan 18° - \tan 0°) = 213.6 \, \mu F$$

（4）在感性负载两端并联电容器提高功率因数时，该电容器称为补偿电容。若并联电容后的电路仍为感性，称为欠补偿，欠补偿时，电容越大，功率因数越高。功率因数提高到 1 时，电路呈电阻性，此时称为全补偿。再增加电容，电路呈现容性，之后随着电容的增加，功率因数在下降，此时称为过补偿。

练习题

（1）感性负载并联电容提高功率因数全补偿时，电路处于什么状态？此时电路的总电流有什么特征？

（2）对于感性负载，能否采用串联电容的方法提高功率因数？为什么？

（3）试用相量图说明并联电容过大，功率因数反而下降的原因。

2.3.4　谐振及谐振电路

在含有电感和电容的电路中，因感抗和容抗都是频率的函数，所以当改变电感元件、电容元件的参数或电源的频率时，感抗和容抗就会发生变化，引起电压与电流之间的相位差的变化。当电路的电压、电流同相位，即电路呈电阻性时，称电路的这种状态为谐振。谐振在电子技术中也有着广泛的应用。

1. 串联谐振

在 RLC 串联的电路中发生的谐振，称串联谐振。如图 2-27（a）所示的 RLC 串联电路中，其阻抗

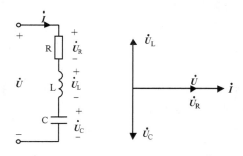

（a）RLC 串联电路　　（b）串联谐振电压电流相量图

图 2-27　串联谐振

$$Z = R + j(X_L - X_C) = \sqrt{R^2 + (X_L - X_C)^2} \ \Big/ \arctan \frac{X_L - X_C}{R} \qquad （2\text{-}83）$$

若感抗和容抗相等，即

$$X_L = X_C$$

$$\varphi = \arctan \frac{X_L - X_C}{R} = 0°$$

即电源电压 $\dot{U}$ 与电路中的 $\dot{I}$ 同相位，电路中发生谐振。

由此，可得出谐振条件为

$$\omega_0 L = \frac{1}{\omega_0 C} \qquad （2\text{-}84）$$

谐振频率为

$$\omega_0 = \frac{1}{\sqrt{LC}} \qquad （2\text{-}85）$$

或

$$f_0 = \frac{1}{2\pi\sqrt{LC}} \qquad （2\text{-}86）$$

即当电源频率和电路参数 L 和 C 之间的关系满足以上关系时，电路发生谐振。

由式（2-86）可知，谐振频率完全是由电路本身的参数决定的，是电路本身的固有性质。每一个 RLC 串联的电路都对应一个谐振频率。当电源的频率一定时，改变电路的参数 L 或 C，可以使电路发生谐振；当电路参数一定时，改变电源频率，也可使电路产生谐振。

串联谐振具有以下特征。

（1）谐振时电路的阻抗 $|Z_0| = \sqrt{R_2 + (X_L - X_C)^2} = R$ 为最小值，呈纯电阻性。电路的阻抗角 $\varphi = 0$，电压电流同相位。相量图如图 2-27（b）所示。电源只给电阻提供能量，电感和电容的能量交换在它们两者之间进行。

（2）电路中的阻抗值最小。电源电压 U 一定时，电流 I 最大。因为 $Z = \sqrt{R^2 + (X_L - X_C)^2} = R$，所以

$$I_0 = \frac{U}{R} \qquad （2\text{-}87）$$

阻抗和电流随频率变化的曲线如图 2-28 所示。

I_0 为谐振电流的有效值。当电源电压 U 一定时，I_0 的大小只是取决于 R。R 越小，I_0 越大，若 $R \to 0$，则 $I_0 \to \infty$。

（3）谐振时电感与电容上的电压大小相等、相位相反，即 $\dot{U}_L = -\dot{U}_C$。串联谐振时，电感元件和电容元件上电压相互抵消，电阻元件上电压为电源电压 U。

$$U_L = U_C = I_0 X_L = I_0 X_C \qquad （2\text{-}88）$$
$$U = U_R = I_0 R \qquad （2\text{-}89）$$

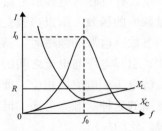

图 2-28　阻抗、电流与频率的关系

若 $X_L = X_C \gg R$ 时，则 $U_L = U_C \gg U$。当电压过高时，将有可能击穿线圈和电容器的绝缘，产生事故。所以，在电力系统中，应尽量避免谐振。由于串联谐振能在电感和电容上产生高于电源许多倍的电压，故串联谐振亦称电压谐振。

但在无线电工程中，则常常利用谐振这个特点来选择频率，在这个频率上获得高电压。

如图 2-29（a）所示，天线线圈接收到空间电磁场中各种频率的信号，LC 回路中感应出频率不同的电动势 e_1，e_2 和 e_3 等，调节可变电容 C 的值，便可选出 $f = f_0$ 的信号，这时 LC 电路中该频率的电流最大，可变电容 C 在该频率的电压也最高。该频率的信号就被选择出来进行放大处理。

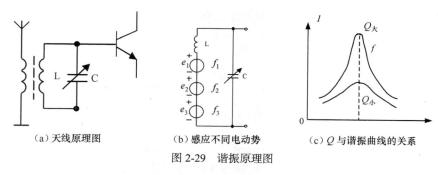

（a）天线原理图　　　（b）感应不同电动势　　　（c）Q 与谐振曲线的关系

图 2-29　谐振原理图

在电子技术的工程应用中，把谐振时的 U_L 或 U_C 与总电压 U 之比叫作电路的品质因数，用 Q 表示，即

$$Q = \frac{U_L}{U} = \frac{U_C}{U} = \frac{\omega_0 L}{R} = \frac{1}{\omega_0 RC} \tag{2-90}$$

当品质因数 Q 值越大时，选频性如图 2-29（c）所示的谐振曲线越尖锐，频率选择性能越强。

2．并联谐振

如图 2-30（a）所示，有一个电容器 C 与一个线圈并联的电路。R 表示线圈的电阻，L 表示线圈的电感。该电路谐振时，其电流、电压同相位，即阻抗角为零。可以通过阻抗推出其谐振条件。

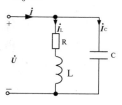
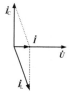

（a）LC 并联电路　　　（b）并联谐振的相量

图 2-30　LC 并联电路

由 KCL 得

$$\dot{I} = \dot{I}_L + \dot{I}_C = \frac{\dot{U}}{R + j\omega L} + \frac{\dot{U}}{-j\dfrac{1}{\omega C}}$$

$$= \dot{U}\left[\frac{R}{R^2 + \omega^2 L^2} - j\left(\frac{\omega L}{R^2 + \omega^2 L^2} - \omega C\right) \right] \tag{2-91}$$

谐振时 $\dot{I}$ 与 $\dot{U}$ 同相位，电路为纯电阻性，所以上式中虚部

$$\frac{\omega L}{R^2 + \omega^2 L^2} - \omega C = 0 \tag{2-92}$$

在电子技术中，电感线圈的内阻 $R \ll \omega L$，式中 R 可以忽略，可得谐振频率为

$$\omega_0 \approx \frac{1}{\sqrt{LC}} \tag{2-93}$$

$$f_0 \approx \frac{1}{2\pi\sqrt{LC}} \tag{2-94}$$

这就是实用并联谐振电路的谐振频率。当电源频率与电路参数 L 和 C 之间满足上述关系式时，电路发生谐振，谐振频率特性如图 2-31（a）所示。调节 L、C 或 f 都能使电路发生谐振。

并联谐振具有以下特征。

（1）电路的电压、电流同相位，阻抗角 $\phi = 0°$，电路呈电阻性。相量图如图 2-31（b）所示。因为线圈中电阻很小，所以 $\dot{I}_L$ 与 $\dot{U}$ 的相位差接近 $90°$。

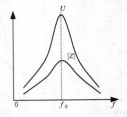

(a) 并联谐振的频率特性　　　(b) 谐振时的相量图

图 2-31　并联谐振频率特性和相量图

（2）电路中的阻抗值最大 $Z = \dfrac{R^2 + \omega^2 L^2}{R}$，因为 $R^2 + \omega^2 L^2 = \dfrac{L}{C}$，则得 $Z = \dfrac{L}{RC}$。

（3）并联谐振时，电感支路和电容支路上的电流可能远远大于电路中的总电流。所以并联谐振也称电流谐振。

并联谐振时的大电流可能给电气设备造成损坏。所以，在电力系统中，应尽量避免谐振。但有时也可以根据这个特点，进行频率选择，如这种谐振电路在电子技术、电子音响设施中的中频变压器便是其典型的应用例子。正弦信号发生器，也是利用此电路来选择频率的。频率选择性能的好坏也用品质因数 Q 来表示。

$$Q = \frac{I_C}{I} \approx \frac{1}{\omega_0 RC} = \frac{\omega_0 L}{R} \qquad (2-95)$$

由上式可以看出 R 值越小，Q 值越大，其选频特性就越强。

练习题

（1）比较串联谐振和并联谐振的特点。

（2）分析电路发生谐振时能量的消耗和互换情况。

（3）试说明 RLC 串联电路中低于和高于谐振频率时电路的性质。

2.4　三相正弦交流电路

在现代电力系统中，大多数采用三相制供电。与单相交流电比较，在相同容量下，三相发电机的尺寸比单相发电机要小；三相发电机的结构简单，并且价廉耐用、维护方便、运转平稳；在输送同样大的功率时，三相输电线会比单相输电线造价低。还有许多需要大功率直流电源的用户，通常利用三相整流来获得波形平滑的直流电压。因此，大量的实际问题归结于三相交流电路的分析与计算。

2.4.1　三相电源

三相正弦交流电路，简称三相制。三相电源由有效值相等、频率相同而相位互差 $120°$ 的 3

个正弦电压源按一定方式连接起来供电的体系。

1. 三相电源的产生

　　三相电源是由三相交流发电机产生的。图 2-32（a）所示为三相交流发电机的示意图，它主要由定子和转子组成。定子铁芯中嵌放了 AX、BY 和 CZ 3 个相同的对称线圈。这里所说的相同和对称是指 3 个线圈在尺寸、匝数和绕法上完全相同，空间上彼此相隔 120° 的电角度的线圈绕组，三相绕组始端分别用 A、B 和 C 表示，末端用 X、Y 和 Z 表示，分别称为 A 相、B 相和 C 相，颜色一般分别用黄色、绿色、红色表示。

　　转子是电磁铁，其磁极表面的磁场按正弦规律分布。当转子在原动机的带动下以角速度 ω 作逆时针匀速转动时，定子的每相绕组依次切割磁力线，其中产生频率相同、幅值或有效值相等的正弦电动势。电动势的参考方向选定为从绕组的末端指向始端。

　　当 N 极的轴线正转到 A 处时，A 相的电动势达到正的幅值；经过 120° 后 N 极轴线转到 B 处，B 相的电动势达到正的幅值。同理，再由此经过 120° 后，C 相的电动势达到正的幅值，

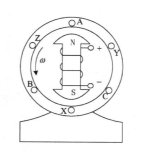
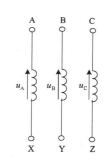

（a）三相交流发电机的示意图　（b）电动势的正方向

图 2-32　三相电源

其波形如图 2-33（a）所示。所以 u_A 比 u_B 在相位上超前 120°，u_B 比 u_C 在相位上超前 120°，u_C 比 u_A 在相位上又超前 120°。如果以 A 相为参考，则可得出

$$\left.\begin{array}{l} u_A = \sqrt{2}U\sin(\omega t) \\ u_B = \sqrt{2}U\sin(\omega t - 120°) \\ u_C = \sqrt{2}U\sin(\omega t + 120°) \end{array}\right\} \qquad (2\text{-}96)$$

对应的相量形式为

$$\left.\begin{array}{l} \dot{U}_A = U\angle 0° \\ \dot{U}_B = U\angle -120° \\ \dot{U}_C = U\angle 120° \end{array}\right\} \qquad (2\text{-}97)$$

相量图如图 2-33（b）所示。

　　相序是指三相电动势达到最大值的先后次序。习惯上的相序为第一相超前第二相 120°，第二相超前第三相 120°，第三相超前第一相 120°。如图 2-33（a）所示，三相电压到达正最大值的先后次序是 A→B→C，称为正序。如果是 C→B→A，称为负序。通常，三相电源的相序均是正序。

　　一般把 3 个大小相等、频率相同、相位彼此相差 120° 的 3 个恒压源称为对称三相恒压源。以后在没有特别指明的情况下，三相电源就是指对称的三相交流电源，并且规定每相电动势的正方向是从线圈的末端指向始端，如图 2-33（c）所示，即电流从始端流出时为正，反之为负。

　　从相量图可得，对称三相电压（电流）的相量之和为零，即

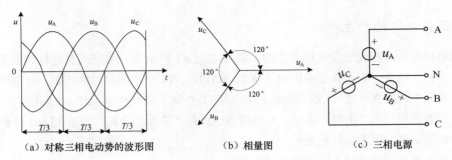

（a）对称三相电动势的波形图　　　（b）相量图　　　（c）三相电源

图 2-33　三相电动势

$$\dot{U}_A + \dot{U}_B + \dot{U}_C = 0 \qquad (2-98)$$

电压瞬时值之和也为零，即

$$u_A + u_B + u_C = 0 \qquad (2-99)$$

2. 相绕组的连接

（1）星形连接。

将三相电源的尾端 X、Y、Z 联在一起，首端 A、B、C 引出作输出线，这种连接称为三相电源的星形连接，也称 Y 形连接，常用"Y"标记，如图 2-34（a）所示。

连接在一起的 X、Y、Z 点称为三相电源的中性点，用符号"N"表示。从中性点引出的输电线称为中性线，简称中线。中线通常与大地相接，把接地的中性点称为零点，而把接地的中性线称为零线。

从首端 A、B、C 引出的输电线叫作端线或相线，俗称火线。有时为了简便，常常只画出 4 根输电线表示相序，如图 2-34（b）所示。

有中线的三相电路，称为三相四线制；无中线的三相电路，称为三相三线制。

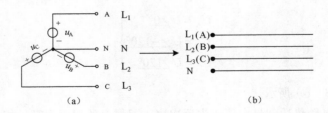

（a）　　　　　　　　　　　　（b）

图 2-34　三相四线制电路

三相四线制可输送两种电压，一种是相线与中线之间的电压，称为相电压，用 u_A、u_B、u_C 表示，统一表示为有效值形式 $U_{Y相}$，意思是星形连接的相电压。另一种是相线与相线之间的电压，称为线电压，用 u_{AB}、u_{BC}、u_{CA} 表示，统一表示为有效值 $U_{Y线}$，意思是星形连接的线电压。

规定线电压的方向是由 A 线指向 B 线，B 线指向 C 线，C 线指向 A 线。下面分析星形连接时对称三相电源线电压与相电压的关系。

$$u_{AB} = u_A - u_B \left.\begin{matrix}\\\\\\\end{matrix}\right\}$$
$$u_{BC} = u_B - u_C$$
$$u_{CA} = u_C - u_A$$

（2-100）

用相量形式表示为

$$\dot{U}_{AB} = \dot{U}_A - \dot{U}_B \left.\begin{matrix}\\\\\\\end{matrix}\right\}$$
$$\dot{U}_{BC} = \dot{U}_B - \dot{U}_C$$
$$\dot{U}_{CA} = \dot{U}_C - \dot{U}_A$$

（2-101）

设 $\dot{U}_A = U\angle 0°$，$\dot{U}_B = U\angle -120°$，$\dot{U}_C = U\angle 120°$，则

$$\dot{U}_{AB} = \dot{U}_A - \dot{U}_B = \sqrt{3}U\angle 30°$$

（2-102）

同理可得

$$\dot{U}_{BC} = \sqrt{3}U\angle -90°$$

（2-103）

$$\dot{U}_{CA} = \sqrt{3}U\angle 150°$$

（2-104）

如图 2-35（a）所示，3 个线电压幅值相同，频率相同，相位相差 120°。线电压有效值 $U_{Y线}$ 是相电压有效值 $U_{Y相}$ 的 $\sqrt{3}$ 倍，即

$$U_{Y线} = \sqrt{3}U_{Y相}$$

且各线电压超前相应的相电压 30°。

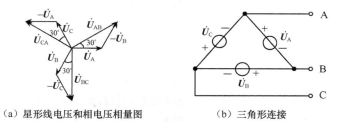

（a）星形线电压和相电压相量图　　　　（b）三角形连接

图 2-35　星形线电压和相电压相量图及三角形连接

三相四线制常用于低压供电系统，我国低压供电系统相电压的有效值为 220 V，线电压为 380V。实际生产生活中的四孔插座就是三相四线制电路的典型应用。其中较粗的一孔接中线，其余三孔分别接 A，B，C 三相，则细孔和粗孔之间的电压就是相电压，而细孔之间的电压就是线电压。

（2）三角形连接。

如图 2-35（b）所示，将对称三相电源中的 3 个绕组按相序依次连接，由 3 个连接点引出 3 条端线，这样的连接方式称为三角形连接，常用"△"标记。三角形连接是三相三线制供电。

三相电源作三角形连接时，线电压等于相电压，即

$$\left.\begin{aligned} u_{AB} &= u_A \\ u_{BC} &= u_B \\ u_{CA} &= u_C \end{aligned}\right\} \qquad （2\text{-}105）$$

或

$$\left.\begin{aligned} \dot{U}_{AB} &= \dot{U}_A \\ \dot{U}_{BC} &= \dot{U}_B \\ \dot{U}_{CA} &= \dot{U}_C \end{aligned}\right\} \qquad （2\text{-}106）$$

所以在三角形连接中三相线电压对称，线电压的有效值 $U_{\triangle线}$ 等于相电压有效值 $U_{\triangle相}$，即

$$U_{\triangle线} = U_{\triangle相} \qquad （2\text{-}107）$$

三相电源为三角形连接时，在三相绕组的闭合回路中同时作用着 3 个电压源，因为对称三相电压（电流）的瞬时值或相量之和为零，所以回路中的总电压为零，无环流。

但若任何一相绕组接反，3 个电压的相量和不为零，在三相绕组中有环流，会使发电机烧坏，因此使用时应加以注意。工程上为慎重起见，电源接成△形（在闭合前）要进行测试。若某相（如 C 相）电源反接，如图 2-36（a）所示，则电压表读数不为零，而是电源电压的两倍。从图 2-36（b）所示相量图可得电压表电压相量为

$$\dot{U}_V = \dot{U}_A + \dot{U}_B - \dot{U}_C = -2\dot{U}_C$$

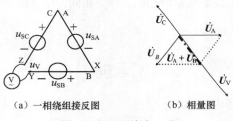

（a）一相绕组接反图　　　　　（b）相量图

图 2-36　电源接成△形

2.4.2　三相负载

接在三相电源上的负载统称为三相负载。通常把各相负载相同的三相负载叫作对称三相负载，如三相电动机和大功率三相电炉等。如果各相负载不同，就叫不对称三相负载，如照明电路中的负载。

1. 三相负载的星形连接

把三相负载分别接在三相电源的相线和中线之间的接法称为三相负载的星形连接，如图 2-37 所示，图中 Z_a、Z_b、Z_c 为各负载的阻抗值，N' 为负载的中性点。

负载两端的电压称为负载的相电压。在忽略输电线上的电压降时，负载的相电压就等于电源的相电压，线电压就是电源的线电压。负载的相电压 $U_相$ 和负载的线电压 $U_线$ 的关系仍然是：$U_{Y线} = \sqrt{3} U_{Y相}$。星形负载接上电源后，就有电流产生，把流过每

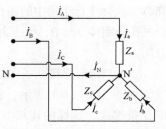

图 2-37　三相负载的星形连接

相负载的电流叫作相电流，用 $\dot{I}_a$、$\dot{I}_b$、$\dot{I}_c$ 表示，统记为 $\dot{I}_相$。把流过相线的电流叫作线电流，用 $\dot{I}_A$、$\dot{I}_B$、$\dot{I}_C$ 表示，统记为 $\dot{I}_线$。由图 2-37 可知线电流等于相电流，即

$$\dot{I}_{Y线} = \dot{I}_{Y相}$$

对于三相电路中的每一相来说，就是一个单相电路，所以各相电流与相电压的数量关系和相位关系都可以用单相电路的方法来讨论，即

$$\dot{I}_A = \frac{\dot{U}_A}{Z_a}, \quad \dot{I}_B = \frac{\dot{U}_B}{Z_b}, \quad \dot{I}_C = \frac{\dot{U}_C}{Z_c} \tag{2-108}$$

从图 2-37 中可以看出，负载星形连接时，中线电流为各相电流的相量和。在三相对称电路中，由于各负载相同，因此流过各相负载的电流大小应相等，每相电流间的相位差仍为 120°，其矢量图如图 2-38 所示（以 A 相电流为参考）。由图可知 $\dot{I}_N = \dot{I}_A + \dot{I}_B + \dot{I}_C = 0$，即中线电流为零。

由于三相对称负载作星形连接时中线电流为零，因而取消中线也不会影响三相电路的工作，三相四线制实际就变成了三相三线制。通常在高压输电时，由于三相负载都是对称的三相变压器，所以都采用三相三线制。当三相负载不对称时，各相电流的大小不一定相等，相位差也不一定为 120°，通过计算可知道此时中线电流不为零，中线也就不能取消。

通常在低压供电系统中，由于三相负载经常要变动（如照明电路中要经常开关），是不对称负载，因此当中线存在时，它能平衡各相电压，保证三相成为 3 个互不影响的独立回路，此时各相负载电压等于电源的相电压，不会因负载的变动而变动，但是当中线断开后，各相电压就不再相等了。下面通过一个例子来说明一下。

【例 2-9】　如图 2-39 所示，设灯泡 100 W/220 V（设其电导为 G），A 相接并联的 3 只灯泡，B 相和 C 相各接 1 只灯泡，分析各灯泡的亮度。

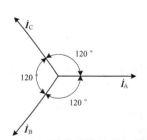

图 2-38　三相对称负载作星形电流相量图

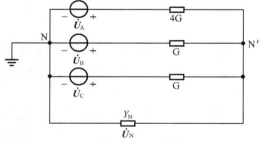

图 2-39　电路图

根据弥尔曼定理可得中线电压为

$$\dot{U}_N = \frac{4G\dot{U}_A + g\dot{U}_B + g\dot{U}_C}{4G + G + G + Y_N}$$

$$= \frac{G(\dot{U}_A + \dot{U}_B + \dot{U}_C) + 3G\dot{U}_A}{6G + Y_N}$$

对称三相电压的相量之和为零，即

$$\dot{U}_A + \dot{U}_B + \dot{U}_C = 0$$

可得

$$\dot{U}_N = \frac{3G\dot{U}_A}{6G + Y_N}$$

又由 KVL 确定各个灯泡电压为

$$\dot{U}'_A = \dot{U}_A - \dot{U}_N$$
$$\dot{U}'_B = \dot{U}_B - \dot{U}_N$$
$$\dot{U}'_C = \dot{U}_C - \dot{U}_N$$

灯泡的亮度取决于灯泡电压，而灯泡电压直接决定于 $\dot{U}_N$，间接决定于 Y_N，下面分析两种极端情况。

（1）当有中线时，即 $Y_N = \infty$，可得 $\dot{U}_N = 0$，所以各个灯泡电压等于电源相电压，有效值为 220V，各个灯泡亮度正常。这就是三相四线制的优点。

（2）当无中线时，即 $Y_N = 0$，可得 $\dot{U}_N = \dfrac{\dot{U}_A}{2}$，此时的相量图如图 2-40 所示，可得各个灯泡电压有效值为

$$U'_A = 110V$$
$$\dot{U}'_B = \dot{U}'_C > 220V$$

所以，A 相的灯泡电压降低，会变暗；B 相和 C 相的灯泡电压升高，会变亮，可能烧坏灯泡。这就是三相三线制的缺点。

经过计算和实际测量都可以证明，阻抗较小的相电压低，阻抗大的相电压高，这就可能烧坏接在相电压升高线路中的电器。所以在三相负载不对称的低压供电系统中，不允许在中线上安装熔断器或开关，而且中线常用钢丝制成，以免中线断开而引起事故。当然，要力求三相负载平衡以减小中线电流，如在三相照明电路中，尽量将照明负载平均分接在三相上，而不要集中接在某一相或两相上。

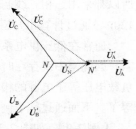

图 2-40　相量图

2. 三相负载的三角形连接

把三相负载分别接在三相电源中两根相线之间的接法称为三角形连接，常用"Δ"标记，如图 2-41（a）所示。在三角形连接中，由于各相负载是接在两根相线之间的，因此负载的相电压就是电源的线电压，即 $U_{\Delta 相} = U_{\Delta 线}$。

三相对称负载作三角形连接时的相电压是作星形连接时的相电压的 $\sqrt{3}$ 倍。因此，三相负载接到电源中，是作三角形连接还是星形连接，要根据负载的额定电压而定。

三角形连接的负载接通电源后，就会产生线电流和相电流，如图 2-41（a）中所示，$\dot{I}_A$、$\dot{I}_B$、$\dot{I}_C$ 为线电流，$\dot{I}_{ab}$、$\dot{I}_{bc}$、$\dot{I}_{ca}$ 为相电流。图 2-41（b）所示为以 A 相电流 $\dot{I}_{ab}$ 为参考的相量图。

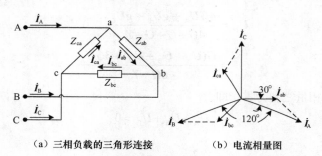

（a）三相负载的三角形连接　　（b）电流相量图

图 2-41　三相负载的三角形连接和电流相量图

规定线电流的方向是由 A 线指向 B 线，B 线指向 C 线，C 线指向 A 线，线电流和相电流的关系为

$$\left.\begin{array}{l} i_A = i_{ab} - i_{ca} \\ i_B = i_{bc} - i_{ab} \\ i_C = i_{ca} - i_{bc} \end{array}\right\} \tag{2-109}$$

设 $\dot{I}_{ab} = I\angle 0°$，根据相量合成法，即可得

$$\left.\begin{array}{l} \dot{I}_A = \sqrt{3}I\angle{-30°} \\ \dot{I}_B = \sqrt{3}I\angle{-150°} \\ \dot{I}_C = \sqrt{3}I\angle{90°} \end{array}\right\} \tag{2-110}$$

所以对三角形连接的对称负载来说，线电流和相电流的数量关系为

$$I_{\triangle 线} = \sqrt{3}I_{\triangle 相} \tag{2-111}$$

相位关系是线电流滞后与之对应的相电流 30°。

3. 三相电路的功率

在三相交流电路中，三相负载消耗的总功率为各相负载消耗功率之和，即

$$P = P_A + P_B + P_C = U_A I_A \cos\varphi_A + U_B I_B \cos\varphi_B + U_C I_C \cos\varphi_C \tag{2-112}$$

式中，U_A、U_B、U_C 为相电压，I_A、I_B、I_C 为相电流，$\cos\varphi_A$、$\cos\varphi_B$、$\cos\varphi_C$ 为各相功率因数。

在对称三相电路中，各相电压和相电流的有效值相等，功率因数也相等，因而式（2-112）变为

$$P = 3U_相 I_相 \cos\varphi_相 = 3P_相 \tag{2-113}$$

在实际工作中，测量线电流比测量相电流要方便些（指△形连接的负载），因此，三相功率的计算式通常用线电流和线电压来表示。

当对称负载为星形连接时，有功功率为

$$P_Y = 3U_相 I_相 \cos\varphi = 3\frac{U_线}{\sqrt{3}} I_线 \cos\varphi = \sqrt{3}U_线 I_线 \cos\varphi \tag{2-114}$$

当对称负载为三角形连接时，有功功率为

$$P_\triangle = 3U_相 I_相 \cos\varphi = 3\frac{I_线}{\sqrt{3}} U_线 \cos\varphi = \sqrt{3}U_线 I_线 \cos\varphi \tag{2-115}$$

即对称负载不论是连成星形还是连成三角形，其有功功率均为

$$P = \sqrt{3}U_线 I_线 \cos\varphi \tag{2-116}$$

要注意，上式中的 φ 仍是相电压与相电流之间的相位差，而不是线电流和线电压间的相位差。另外，负载为三角形连接时的线电流和线电压并不等于负载为星形连接时的线电流和线电压。

同理，可得到对称三相负载的无功功率和视在功率分别为

$$Q = \sqrt{3}U_线 I_线 \sin\varphi = 3U_相 I_相 \sin\varphi \tag{2-117}$$

$$S = \sqrt{P^2 + Q^2} = 3U_{相}I_{相} = \sqrt{3}U_{线}I_{线} \qquad (2\text{-}118)$$

【例 2-10】 对称的三相三线制的线电压 $U_{线} = 100\sqrt{3}\text{V}$，每相的负载阻抗 $Z = 10\angle 60°\ \Omega$，求负载为星形连接的电流和三相功率。

解： 负载为星形连接时，相电压的有效值为

$$U_{相} = \frac{U_{线}}{\sqrt{3}} = \left(\frac{100\sqrt{3}}{\sqrt{3}}\right)\text{V} = 100\ \text{V}$$

设 A 相电压 u_A 的初相 0°，则

$$\dot{U}_{相} = 100\angle 0°\ \text{V}$$

A 相电流为

$$\dot{I}_A = \frac{\dot{U}_{相}}{Z} = \left(\frac{100\angle 0°}{10\angle 60°}\right)\text{A} = 10\angle -60°\ \text{A}$$

根据对称关系，B、C 两相的电流分别为

$$\dot{I}_B = 10\angle -180°\ \text{A}$$

$$\dot{I}_C = 10\angle 60°\ \text{A}$$

各相电流的有效值为 10 A。因为负载为星形连接时线电流等于相电流，即 $I_{线} = 10\ \text{A}$，所以三相总有功功率为

$$P = \sqrt{3}U_{线}I_{线}\cos\varphi_z = (\sqrt{3}\times 100\sqrt{3}\times 10\times\cos 60°)\ \text{W} = 1\,500\ \text{W}$$

三相总无功功率为

$$Q = \sqrt{3}U_{线}I_{线}\sin\varphi_z = (\sqrt{3}\times 100\sqrt{3}\times 10\times\sin 60°)\ \text{var} \approx 2\,598\ \text{var}$$

三相总视在功率为

$$S = \sqrt{3}U_{线}I_{线} = (\sqrt{3}\times 100\sqrt{3}\times 10)\ \text{V}\cdot\text{A} = 3\,000\ \text{V}\cdot\text{A}$$

【例 2-11】 对称的三相三线制的线电压 $U_{线} = 100\sqrt{3}\ \text{V}$，每相的负载阻抗 $Z = 10\angle 60°\ \Omega$，求负载为三角形连接的电流和三相功率。

解： 负载为三角形连接时，相电压等于线电压，设电压 u_{ab} 的初相为 0°，则

$$\dot{U}_{ab} = 100\sqrt{3}\angle 0°\ \text{V}$$

各相相电流分别为

$$\dot{I}_{ab} = \frac{\dot{U}_{ab}}{Z} = \left(\frac{100\sqrt{3}\angle 0°}{10\angle 60°}\right)\text{A} = 10\sqrt{3}\angle -60°\ \text{A}$$

根据对称关系，B、C 两相的电流分别为

$$\dot{I}_{bc} = 10\sqrt{3}\angle -180°\ \text{A}\ ;\quad \dot{I}_{ca} = 10\sqrt{3}\angle 60°\ \text{A}$$

各线电流分别为

$$\dot{I}_A = \sqrt{3}\dot{I}_{ab}\angle{-30^\circ} = 30\angle{-90^\circ} \text{ A} \; ; \quad \dot{I}_B = 30\angle{150^\circ} \text{ A} \; ; \quad \dot{I}_C = 30\angle{30^\circ} \text{ A}$$

所以三相总有功功率为

$$P = \sqrt{3}U_{\text{线}}I_{\text{线}}\cos\varphi_z = (\sqrt{3}\times100\sqrt{3}\times30\times\cos60^\circ) \text{ W} = 4\,500 \text{ W}$$

三相总无功功率为

$$Q = \sqrt{3}U_{\text{线}}I_{\text{线}}\sin\varphi_z = (\sqrt{3}\times100\sqrt{3}\times30\times\sin60^\circ) \text{ var} \approx 7\,794 \text{ var}$$

三相总视在功率为

$$S = \sqrt{3}U_{\text{线}}I_{\text{线}} = (\sqrt{3}\times100\sqrt{3}\times30) \text{ V}\cdot\text{A} = 9\,000 \text{ V}\cdot\text{A}$$

负载由星形连接改为三角形连接后，相电流增加到原来的 $\sqrt{3}$ 倍，线电流增加到原来的 3 倍，功率也增加到原来的 3 倍。

4. 两表法

在工程上常用功率表直接测量三相电路的有功功率，主要有 3 种方法：一表法、三表法和两表法。其中一表法适用于三相完全对称的电路，三表法适用于三相三制和三相四线制电路。两表法适用于三相三线制电路的功率测量，无论电路对称与否，无论电路是"Y"接还是"△"接，两表法均适用。

一表法测量的是完全对称的电路，所以电路的总功率等于功率表测量值的 3 倍。三表法是用一个功率表分别测量三相功率，然后相加。这两种方法物理意义明确，好理解。而两表法的物理意义不明确，下面证明一下两表法测量三相三线制功率的原理。

图 2-42 所示为两表法测量对称三相三线制功率的原理图，求证三相有功功率等于两表读数之和，三相无功功率等于两表读数之差的 $\sqrt{3}$ 倍。

证明： 由功率表的构造原理和图示接线知，两个表的读数为

$$P_1 = U_{AB}I_A\cos\beta_1$$
$$P_2 = U_{BC}I_B\cos\beta_2$$

式中，β_1 为线电压 U_{AB} 与线电流 I_A 的相位差，β_2 为线电压 U_{BC} 与线电流 I_B 的相位差。

以"Y"负载为例，有 $U_{AC} = U_{BC} = U_{CA} = U_1$ 和 $I_A = I_B = I_C = I_1$，其相量图如图 2-43 所示。对这样的电路用两表法测量三相功率有功功率为

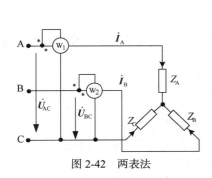

图 2-42　两表法　　　　　　　　　　　图 2-43　两表法相量图

$$P = P_1 + P_2 = U_{AC}I_A \cos\beta_1 + U_{BC}I_B \cos\beta_2$$
$$= U_1I_1 \cos(30° - \varphi) + U_1I_1 \cos(30° + \varphi)$$
$$= 2U_1I_1 \cos 30° \cos\varphi$$
$$= \sqrt{3}U_1I_1 \cos\varphi$$

两表读数之差为

$$P_1 - P_2 = U_1I_1 \cos(30° - \varphi) - U_1I_1 \cos(30° + \varphi)$$
$$= 2U_1I_1 \sin 30° \sin\varphi$$
$$= U_1I_1 \sin\varphi$$

结果得以证明三相有功功率等于两表读数之和，三相无功功率等于两表读数之差的 $\sqrt{3}$ 倍。若电路负载为"△"接，可证得同样结果。

 这两个表的读数之和为三相负载消耗的有功功率，而单独时无论哪个表的读数都不能代表负载消耗的功率。此结论也适于不对称三线制，但不适于不对称四线制。

练习题

（1）3个不对称的恒压源 $\dot{U}_A = 220\angle 0°$ V，$\dot{U}_B = 220\angle 60°$ V，$\dot{U}_C = 220\angle -60°$ V，试问，怎样连接才能获得 380 V 的对称线电压？

（2）已知负载为三角形连接，对称三相电路中的线电流和线电压分别为 3.3 A 和 220 V。若改负载为星形连接，①在保持线电压不变的情况下，线电流变为多少？②在保持线电流不变的情况下，线电压变为多少？

（3）三相功率的测量方法，一表法、两表法和三表法各有什么特点？

2.5 安全用电技术

电能作为当今社会最重要的能源之一，它以各种各样的形式造福于人类，不仅从根本上改变了当今人类的物质生活，更为人类的未来文明铺就了坚实的道路。在电力与人类生活越来越密不可分的今天，清晰地了解电，掌握安全用电的相关知识是非常有必要的。

2.5.1 电力系统简介

电由发电厂发出，通过输电和配电将其送给用户使用。输电和配电设施都包括变电站、线路等设备。所有输电设备连接起来组成输电网，也称为输电系统。从输电网到用户之间的配电设备组成的网络称为配电网，也称配电系统。

输电系统和配电系统再加上发电厂和用电设备统称为电力系统。输电网和配电网统称为电网，是电力系统的重要组成部分。

1. 发电

电能的生产主要来自各种类型的发电厂，发电方式有许多种。

（1）火力发电是利用煤、石油、天然气等燃料燃烧后获得的热能转换成机械能，通过获得机械能驱动发电机运转发电的方式。种类有火力发电、燃气涡轮发电及内燃机发电等。其中将热能转变成蒸汽，利用蒸汽驱动汽轮机旋转发电的火力发电占主流，一般说来火力发电都是指这种火力发电。

（2）水力发电是利用位于高处的河流或水库中水的势能使水轮机旋转带动发电机产生电能的方式。水力发电成本低，能量转换效率高，污染小。

（3）核能发电是利用铀等放射性物质在核反应堆内核裂变反应产生的热能发电。核能发电在驱动汽轮机旋转发电这一点上与火力发电相同，不同的只是产生热能的装置为核反应堆。

（4）太阳能发电是通过太阳能电池直接利用太阳能进行发电。太阳能电池产生的是直流电，需要经过逆变环节将直流电转变成交流电使用。

（5）风能与太阳能一样，都是取之不尽的清洁能源。风力发电是利用风力涡轮机将风能转换成机械能，然后驱动发电机产生电能。

其他方式还有潮汐发电、地热发电、化学能发电等，这些容量不大，多为实验性质。电厂发出的电一般是三相交流电，其电压等级有 0.4kV、3.15kV、6.3kV、10.5kV、18kV、20kV 等多种。

2. 输电

输电是指从发电厂向消费电能地区输送大量电力的主干渠道，或者不同电网之间互送电力的联络渠道。

输电网是电力系统中最高电压等级的电网，是电力系统中的主要网络，简称主网，起到电力系统骨架的作用，所以又可称为网架。

当输送的电力（电功率）一定时，电压越高则电流越小，而输电线路上的功率损耗是与其电流平方成正比的，因此高压输电可大大减小输电线路上的功率损耗，同时因其电流小，也可减小输电导线的截面，节约导电金属。由于目前电厂的发电机容量越来越大，电力的输送距离越来越远，所以输电线路的电压等级也越来越高，我国目前常用的高压输电电压等级有 10 kV、20 kV、35 kV、66 kV、110 kV、220 kV、330 kV、500 kV、750 kV 等几种。

目前采用的送电线路有两种，一种是电力电缆，它采用特殊加工制造而成的电缆线，埋于地下或敷设在电缆隧道中，如图 2-44（a）所示。

另一种是最常见的架空线路，它一般使用无绝缘的裸导线，通过立于地面的杆塔作为支持物，将导线用绝缘子悬架于杆塔上。由于电缆价格较贵，

（a）电力电缆　　　　（b）架空线路

图 2-44　送电线路

目前大部分配电线路、绝大部分高压输电线路和全部超高压及特高压输电线路都采用架空线路，如图 2-44（b）所示。

3. 配电

配电是在消费电能地区内将电力分配至用户的分配手段，直接为用户服务。配电可以是将电力分配到城市、郊区、乡镇和农村，也可以是分配和供给农业、工业、商业、居民住宅以及特殊需要的用电。

常用的配电电压有 6~10 kV 高压与 220/380 V 低压两种。对于有些设备如容量较大的泵、风机等采用高压电动机传动，直接由高压配电供给。大量的低压电气设备需要 380/220 V 电压，由配电变压器进行第二次降压来供给。

供电工作要保证生产和生活用电的需要，并节约电能，达到安全、可靠、优质及经济等基本要求。

2.5.2　安全用电

所谓安全用电，是指电气工作人员及其他人员在既定的环境条件下，采取必要的措施和手段，在保证人身及设备安全的前提下，正确使用电力。

1.　安全用电注意事项

（1）必须具备一些必要的电工器具，如验电笔、螺钉旋具、胶钳等，还必须具备有适合电器使用的各种规格的保险丝具和保险丝。

（2）不可用铜丝或铁丝代替保险丝。由于铜丝或铁丝的熔点比保险丝的熔点高，当发生短路或用电超载时，铜丝、铁丝不能熔断，失去了对电路的保护作用，其后果是很危险的，易发生线路着火事故。

（3）检查和修理电器时，必须先断开电源。移动正处于工作状态的电器时，必须先切断电源，拉断开关（或拔掉插头）。

（4）如果电路中用电器的总功率过大，导线会发热。当配电设备不能满足电器容量要求时，应予更换改造，严禁凑合使用。否则超负荷运行会损坏电气设备，还可能引起电器火灾。

（5）带有电动机类的电器如风扇等，还应了解其耐热水平，是否可长时间连续运行，要注意电器的散热条件。如发现用电器发声异常或有焦糊异味等不正常情况时，应立即切断电源，进行检修。

（6）发现电源线破损或金属外露时，应立即更换或用带黏性的绝缘黑胶布或塑料带加以包扎，不可以用医用白胶布代替电工用的绝缘黑胶布。

（7）当电器或电线发生火灾时，应先断开电源再灭火，按普通火灾的扑救方法处理。在特殊情况下需要带电灭火时，应用黄沙或干粉灭火器或四氯化碳灭火器。切记不可慌乱。在紧急扑救的同时，应立即拨通火警电话"119"报警。

2.　触电

当人体触及带电体时，电流通过人体就叫触电。电流通过人体，对于人的身体和内部组织能造成不同程度的损伤。这种损伤分电击和电伤两种。

电伤是指电流对人体外部造成的局部损伤。电伤从外观看一般有电弧烧伤、电的烙印和熔化的金属渗入皮肤等伤害。

电击是指电流通过人体时，使内部组织受到较为严重的损伤。电击会使人觉得全身发热、发麻，肌肉发生不由自主的抽搐，逐渐失去知觉，如果电流继续通过人体，将使触电者的心脏、呼吸机能和神经系统受伤，直到呼吸停止，心脏活动停顿。

触电对人体伤害的程度主要由通过人体的电流决定。能引起人体感觉的最小电流称为感知电流。在工频电流下，一般成年男性为 1.1 mA，成年女性为 0.7 mA。人触电后能自主摆脱的最大电流称为摆脱电流。一般成年男性为 10 mA，女性为 6 mA。电流达到一定数值时，就可能致命，在短时间内危及生命的最小电流称为致命电流。致命电流为 30~50 mA，我国规定安全电流为 30 mA，并且通电时间不超过 1 s。

3. 触电的方式

人体触电的方式多种多样，一般可分为直接触电和间接触电。

（1）直接触电。人体直接接触带电设备称为直接触电。直接触电又可分为单相触电和两相触电。

● 单相触电。当人体直接接触三相电源中的一根相线时，电流通过人体流入大地，这种触电方式称为单相触电。单相触电的危险程度与电源中点是否接地有关。

如图 2-45（a）所示，在电源中点接地的情况下，在人体上作用的是电源的相电压，触电时电流通过人体流经大地至电源中点构成回路。由于人体电阻比中点直接接地电阻大得多，所以相电压几乎全部加在人体上。人若穿着鞋袜，并站在干燥的地板上，则人体与大地之间电阻较大，通过人体的电流很小，或许不会造成触电危险。如果赤脚着地，则人体与大地之间电阻较小，这是很危险的，因此要绝对禁止赤脚站在地面上接触电器设备。应当指出，人的不同部位同时接触相线和中线，这时尽管脚下绝缘很好，仍会发生单相触电，这一点在进行电工作业时尤应注意。

如图 2-45（b）所示，在电源中点不接地的情况下，接地短路电流通过人体流入大地，与三相导线对地分布电容构成回路，也会危及人身安全。由于电流不直接构成回路，所以人体接触一根相线时，通过人体电流很小，各相线对地绝缘电阻很大，不至于造成严重伤害。但当另一相接地绝缘损坏或绝缘降低时，触电的危险仍然存在，因为这时触电者承受的是电源的线电压，情况更危险。

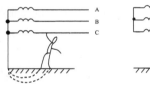
（a）中点接地的单相触电

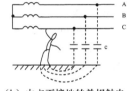
（b）中点不接地的单相触电

图 2-45　单相触电

● 两相触电。同时接触三相电源中的两根相线，人体上作用的是电源的线电压，这种触电方式称为两相触电，如图 2-46 所示。两相触电是很危险的一种触电方式。

（2）间接触电及其防护。人体接触正常时不带电、事故时带电的导电体，如电气设备的金属外壳、框架等，称为间接触电。

间接触电主要有跨步电压触电和接触电压触电两种。

● 跨步电压触电。当电线落地或大电流从接地装置流入大地时，会在地面上形成电场，这时人的两脚站在电场中，两脚之间存在的电位差就是跨步电压。由跨步电压引起人体触电称为跨步电压触电，如图 2-47 所示。

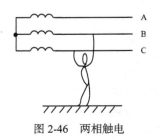
图 2-46　两相触电

图 2-47　跨步电压触电

● 接触电压触电。当人站在发生接地短路故障设备旁边时，手接触设备外露可导电部分，手、脚之间所承受的电压称为接触电压。由接触电压引起的触电称为接触电压触电。

4. 防范措施

为了防止触电事故的发生，必须采取有效的保护措施，主要有如下几项。

（1）使用安全电压。

把加在人身上的电压限制在某一范围之内，使得在这种电压下通过人体的电流不超过允许的范围，这种电压叫作安全电压。

我国将安全电压规定为 36 V、12 V 等。一般情况下可采用 36 V 安全电压，在非常潮湿的场所或容易大面积触电的场所，如坑道内、锅炉内作业，应采用 12 V 安全电压。

（2）绝缘保护。

绝缘保护是用绝缘材料把带电体隔离起来，以防止触电事故的发生，常见的有外壳绝缘、场地绝缘等方法。外壳绝缘是为了防止人体触及带电部位，电气设备的外壳常装有防护罩，有些电动工具和家用电器，除了工作电路有绝缘保护外，还有塑料外壳作为绝缘。场地绝缘是在人体站立的地方用绝缘层垫起来，使人体与大地隔离，可以防止单线触电。常用的有绝缘台、绝缘地毯、绝缘胶鞋等。

（3）漏电保护器。

漏电是指电器绝缘损坏或其他原因造成导电部分碰到电器外壳时（简称碰壳），如果电器金属外壳是接地的，那么电就由电器的金属外壳经大地构成通路，从而形成电流，即漏电电流。

漏电保护器又叫漏电保护开关，它是一种在规定条件下电路中漏电流（mA级）值达到或超过其规定值时能自动断开电路或发出报警的装置。当漏电电流超过允许值时，漏电保护器能够自动切断电源或报警，以保证人身安全。

漏电保护器动作灵敏，切断电源时间短，因此只要能够合理选用和正确安装、使用漏电保护器，除了保护人身安全以外，还有防止电气设备损坏及预防火灾的作用。因此，漏电保护器在工农业生产以及日常生活用电设备中得到了广泛的应用。一般情况下，漏电保护器应优先选用电流型漏电保护器，其额定电流值应不小于实际负载电流。

单相 220 V 电源供电的电气设备，如家庭和电动工具应选用二极二线式漏电保护器；三相三线制 380 V 电源供电的电气设备，如三相电动机，应选用三极式漏电保护器。三相四线制 380 V 电源供电的电气设备，或者单相设备与三相设备共用电路，应选用四极四线式漏电保护器，如图 2-48 所示。

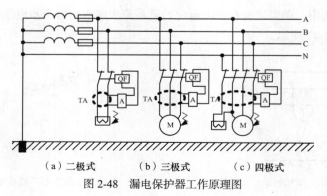

（a）二极式　　　（b）三极式　　　（c）四极式

图 2-48　漏电保护器工作原理图

单台电气设备可选用额定漏电动作电流为 30～50 mA 的快速型漏电保护器；大型或多台电气设备可选用额定漏电动作电流为 50～100 mA 的快速型漏电保护器。合格的漏电保护器动作时间不应大于 0.1 s，否则对人身安全仍有威胁。

（4）接零或接地。

接零或接地在后面作为单独一节细讲。

2.5.3　接零或接地

电气设备大多是金属外壳的，正常情况下并不带电，因为外壳与带电部分是有绝缘体隔开的。当设备万一发生漏电故障时，平时不带电的外壳就带电，会使操作人员触电。为了解决这个不安全的问题，采取的主要安全措施，就是对电气设备的外壳进行保护接地或保护接零。

1. 接地的意义

电气上所谓的"地"指电位等于零的地方。用接地线把电气设备的某些部分与接地体进行可靠而又符合技术要求的电气连接称为接地，如电动机、变压器和开关设备的金属外壳接地。

当电气设备漏电时，其外壳、支架及与之相连的其他金属部分将带电。若有人触及，就可能发生触电事故。接地的目的就是为了保证电气设备的正常工作和人身安全。为了达到这个目的，接地装置必须十分可靠，其接地电阻也必须保证在一定范围之内。

在电力系统中应用较多的有工作接地、保护接地、保护接零、重复接地等。

2. 工作接地

为了保证电气设备的安全以及事故情况下可靠地运行，在电源中性点与接地装置作金属连接称为工作接地，如图 2-49 所示。

在三相四线制低压电力系统中，采用工作接地的优点很多。在中点接地的系统中，一相接地后的接地电流较大，从而使保护装置迅速动作而断开故障，还有在三相负荷不平衡时能防止中性点位移，从而避免三相电压不平衡。

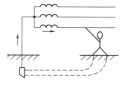

图 2-49　工作接地

3. 保护接零

将电气设备的金属外壳或者其框架与零线连接起来，称为保护接零，如图 2-50 所示。当电气设备绝缘损坏造成一条相线与金属外壳相碰时，外壳带电，人体触及将发生严重的触电事故。采用保护接零后，其外壳的电流经零线形成单相闭合回路。由于零线电阻较小，短路电流较大，能烧断熔断丝或使断路器等短路保护装置在短时间内动作，切断故障设备的电源，消除触电危险。

目前，家用电器的供电都是采用三相四线制中点接地系统，所以家用电器应采用保护接零。单相用电设备的保护接零采用三极插头和三孔插座，如图 2-51 所示。把用电设备的外壳接在插头的粗脚或

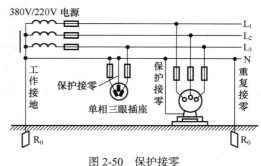

图 2-50　保护接零

有接地标志的脚上，通过插座与零线相连，需要注意的是应接在零干线上，如图 2-52（a）所示。

不能将家用电器的外壳接在零支线上，如图 2-52（b）所示。这是因为若错误地将电器外壳接在零支线上，当零支线断开，而电源火线碰到外壳时将会造成外壳带电；还有若插座或接线板上的火线与零线接反，当用电器正常工作时，外壳也带电，就有触电危险，也是绝不允许的，如图 2-53（a）所示。

图 2-51 三极插头和三孔插座

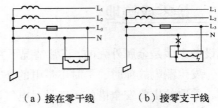

（a）接在零干线   （b）接零支干线

图 2-52 保护接零

还应该注意的是，为了确保安全，保护接零必须十分可靠，严禁在保护接零的零干线上装设熔断器和开关，因为若熔断器和开关因故断开，用电器外壳将带电，这是极为危险的，如图 2-53（b）所示。

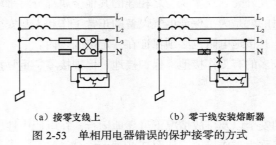

（a）接零支线上   （b）零干线安装熔断器

图 2-53 单相用电器错误的保护接零的方式

4. 重复接地

除了工作接地以外，在专用保护线上一处或多处再与接地装置相连接称为重复接地，如图 2-54 所示。

在供电线路的终端或供电线路每次进入建筑物都应该作重复接地。重复接地的作用如下。

（1）在电气设备相线碰壳短路接地时，能降低零线的对地电压，缩短保护装置的动作时间。在没有重复接地的保护接零系统中，当电气设备单相碰壳时，在短路保护装置动作切断电源的这段时间里，零线和设备外壳是带电的，如果保护装置因某种原因未动作不能切断电源时，零线和设备外壳将长期带电。有了重复接地，重复接地电阻与工作接地电阻组成并联电路，线路阻值减小，可降低零线的对地电压，加大短路电流，使保护装置更快动作，而且重复接地点越多，对降低零线对地电压越有效，对人体也越安全。

（2）当零线断线时，能降低触电危险和避免烧毁单相用电设备。在没有重复接地时，如图 2-55（a）所示，如果零

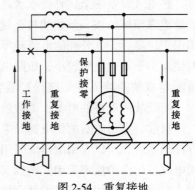

图 2-54 重复接地

线断线，且断线点后面的电气设备单相碰壳，那么断线点后面零线及所有接零设备的外壳都存在接近相电压的对地电压，可能烧毁用电设备。而且此时接地电流较小，不足以使保护装置动作而切断电源，很容易危及人身安全。在有重复接地的保护接零系统中，如图 2-55（b）所示，当发生零线断线时，断线点后的零线及所有接零设备外壳对地电压要低得多，所以断线点后的重复接地越多，总的接地电阻越小，短路电流就越大，这样就能使保护装置更快动作地切断电源。

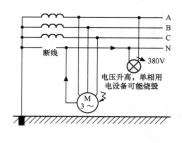
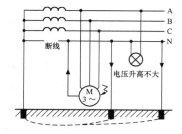

（a）保护接零系统无重复接地的情况　　　　　（b）保护接零系统有重复接地的情况

图 2-55　保护接零系统

5. 保护接地

将电气设备的金属外壳或者其附件（如金属支架和框架等），通过接地装置与大地连接起来，称为保护接地。保护接地适用于中性点不接地的低压电网。在中性点不接地的电网中，由于单相接地电流较小，利用保护接地可有效防止发生触电事故，保障人身安全。

当电气设备绝缘损坏，相线碰到设备金属外壳时，外壳带电，采用保护接地后，如果人体接触到其外壳，人体就与接地装置的接地电阻并联。根据分流原理，只要接地电阻足够小（一般为 $4\,\Omega$ 以下），流过人体（人体电阻一般在 $1\,000\,\Omega$）的电流就不会对人体造成伤害，如图 2-56 所示。

必须注意以下两点。

（1）保护接零和保护接地的保护原理是不同的。保护接零是通过零线使漏电电流形成单相短路，起保护装置动作，从而切断故障设备的电源；而保护接地是限制漏电设备外壳对地电压，使其不超过允许的安全范围。

（2）在同一供电的系统中，保护接零和保护接地不能混用，不允许一部分设备采用保护接零，而另一部分设备采用保护接地。在中性点直接接地的低压三相四线制电网中广泛采用保护接零，而不能采用保护接地，如图 2-57 所示。因为当接地电气设备绝缘损坏使外壳带电时，若熔丝未能熔断，此时就有电流由接地电极经大地回到电源，形成闭合电路。由于电流在大地中是流散的，

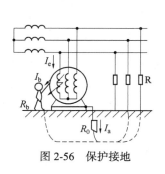
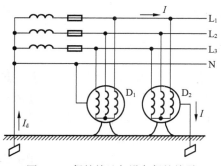

图 2-56　保护接地　　　　　　　图 2-57　保护接地与设备保护接零

只有在接地电极附近才有电阻值和较大的电压降，这样使所有接中线的电气设备外壳与大地的零电位之间都存在一个较大的对地电压，站在地面上的人体若触及这些设备，就可能引起触电。如果有人同时触到接地设备外壳和接零设备外壳，人体将承受电源的相电压，这是非常危险的。

6. 接地或接零的方法

（1）每个电气设备必须单独与接地或接零的干线连接，不能将每个设备外壳串联后再接到接地或接零的干线上。

（2）电气设备外壳的接头可用螺栓连接接地或接零线。照明设备各部件（照明器插座、开关）必须用专门设置的接头螺栓来接地或接零线。

（3）电缆和金属管的外皮可用作接地或接零的导线。电缆接头、管子接头和分线盒处均应用电焊焊一个分路，使数个管子外皮有很好的电气连接。插座均接一根接地或接零线。

（4）敷设在厂房内的接地、接零干线应便于检查，并须避免机械的和化学的损伤。在没有爆炸危险的场所，可利用电线管子作为接地或接零线。

7. 接地或接零的维护

（1）工作中，要经常检查各电气设备接地或接零线是否完好，与接地或接零干线的连接是否牢固。经常检查地下接地体、接地网与地上接地、接零干线的连接，如有折断处，应及时修好。

（2）接地体电阻应每年测定一次，第一年在冬季土壤结冻最严重的时期测定，第二年在夏季土壤最干燥时期测定，避雷针和避雷器的接地电阻每 5 年测定一次。

2.5.4 静电防护和电气防火、防爆、防雷及急救常识

各种工厂车间用电潜在很多不安全因素，现代生产技术对安全用电提出了更高、更严的要求。电气专业技术人员必须学习和掌握相应的安全用电安全技术的基础知识。

1. 静电防护

首先应设法不产生静电。为此，可在材料选择、工艺设计等方面采取措施。其次是产生了静电，应设法使静电的积累不超过安全限度。其方法有泄露法和中和法等。前者如接地，增加绝缘表面的湿度，涂导电涂剂等，使积累的静电荷尽快泄掉。后者如使用感电中和器、高压中和器等，使积累的静电荷被中和掉。

2. 电气防火、防爆

引起电气火灾和爆炸的原因是电气设备过热和电火花、电弧。为此，不要使电气设备长期超载运行。要保持必要的防火间距及良好的通风。要有良好的过热、过电流保护装置。在易爆的场地如矿井、化学车间等，要采用防爆电器。

出现了电气火灾怎么办？

（1）首先切断电源。注意拉闸时最好用绝缘工具。

（2）来不及切断电源时或在不准断电的场合，可采用不导电的灭火剂带电灭火。若用普通水枪灭火，最好穿上绝缘套靴。

还应注意的是在安装和使用电气设备时，事先应详细阅读有关说明书，按照操作规程操作。

3. 防雷保护

雷雨季节会发生遭雷击的事件，在这些事件中多数是因为缺乏防雷知识所致。因此有必要了解防雷知识，增强防雷意识。

（1）如有强雷鸣闪电时最好不要外出，如果外出最好乘坐具有完整金属车厢的车辆，不要骑自行车和摩托车。不要携带金属物体在露天行走，不要靠近避雷设备的任何部分。

（2）如果在野外，应立即寻找蔽护所，应该以装有避雷针的、钢架的或钢盘混凝土建筑物作为避雷场所。

（3）没有掩蔽所时，不能停留在山顶等制高点场所，不要靠近空旷地带或山顶上的孤树，不要待在开阔的水域和小船上，不要靠近铁轨、长金属栏杆和其他庞大的金属物体。

（4）如找不到合适的避雷场所时，应尽量降低重心和减少人体与地面的接触面积，可双脚并拢蹲下，千万不要躺在地上、壕沟或土坑里，如能披上雨衣，防雷效果就更好。在野外的人群，无论是运动的还是静止的，都应拉开几米的距离，不要挤在一起。

（5）不要使用设有外接天线的收音机和电视机，不要接打电话和手机。

4. 急救常识

当发生触电时，应迅速将触电者撤离电源，除及时拨打急救电话外，还应进行必要的现场诊断和抢救，现场诊断的方法如图 2-58 所示。

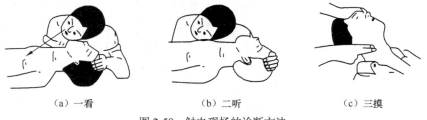

（a）一看　　　　　　　（b）二听　　　　　　　（c）三摸

图 2-58　触电现场的诊断方法

"看"，即看一看触电者的胸部、腹部有无起伏动作；"听"，即听一听触电者心脏跳动情况及呼吸声响；"摸"，即摸一摸触电者颈动脉有无搏动。

当触电者呼吸停止，但心脏仍然跳动时，应采用口对口人工呼吸抢救法，如图 2-59 所示。

（a）清除口腔杂物　　（b）舌根排气通道　　（c）深呼吸后紧贴嘴吹气　　（d）放松嘴鼻换气

图 2-59　口对口人工呼吸抢救法

当触电者虽有呼吸但心脏停止时，应采用人工胸外挤压抢救法，如图 2-60 所示。

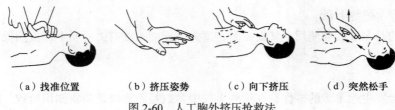

（a）找准位置　　（b）挤压姿势　　（c）向下挤压　　（d）突然松手

图 2-60　人工胸外挤压抢救法

当触电者伤势严重，呼吸和心跳都停止，或瞳孔开始放大，应同时采用"口对口人工呼吸"和"人工胸外挤压"抢救法，如图 2-61 所示。

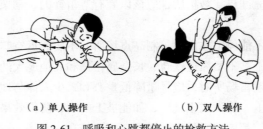

（a）单人操作　　　　　（b）双人操作

图 2-61　呼吸和心跳都停止的抢救方法

发现有人触电时首先要及时让触电者脱离电源，再进行正确的现场诊断和抢救。若触电者呼吸停止，心脏不跳动，而没有其他致命的外伤，只能认为是假死，必须立即进行抢救，不能间断抢救。

在触电现场进行抢救时，还需注意以下几点。

（1）将触电人员身上妨害呼吸的衣服全部解开，越快越好。

（2）迅速将口中的假牙或食物取出，如图 2-62（a）所示。

（3）如果触电者牙紧闭，须使其口张开，把下颚抬起，将两手四指托在下颚背后，用力慢慢往前移动，使下牙移到上牙前，如图 2-62（b）所示。

（4）在现场抢救中，不能打强心针，也不能泼冷水，如图 2-63 所示。

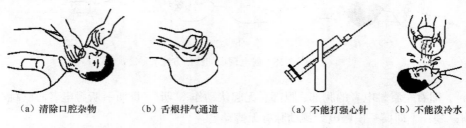

（a）清除口腔杂物　　（b）舌根排气通道　　　　　（a）不能打强心针　　（b）不能泼冷水

图 2-62　触电现场的操作注意事项　　　　　图 2-63　触电现场的注意事项

练习题

（1）什么是工作接地、保护接地？请举例说明它们的作用有何不同。保护接地和保护接零的作用与应用范围有何不同？为什么中性点不接地的系统中不采用保护接零？

（2）为什么在同一供电系统中，电气设备不能部分采用保护接地、部分采用保护接零？

（3）有人为了安全，将家用电器的外壳接到自来水管或暖气管上，这实际上构成了中性点接地系统中哪一种错误的保护措施？请分析说明。

2.6　实验 1　RLC 电路的阻抗特性和谐振电路

1. 实验目的

（1）巩固理解 RLC 串联电路的阻抗特性以及电路发生谐振的条件和特点。

（2）掌握电路品质因数 Q 的物理意义，学习品质因数的测定方法。

（3）学习用实验方法测试 RLC 串联电路的频率特性。

2. 实验仪器与器件

（1）函数信号发生器（功率输出）1 台。

（2）交流毫伏表 1 台。

（3）示波器 1 台。

（4）电阻 1 只（建议：100 Ω/2 W）。

（5）电感线圈 1 只（建议：0.33 mH）。

（6）电容器 1 只（建议：1 μF）。

（7）导线若干。

3. 实验原理

在图 2-64 所示的 RLC 串联电路中：

感抗　　　　　　　$X_L = \omega L = 2\pi f L$

容抗　　　　　　　$X_C = 1/\omega C = 1/2\pi f C$

阻抗　　　　　　　$Z = R + j(X_L - X_C) = |Z|\angle\varphi$

阻抗模　　　　　　$|Z| = \sqrt{R^2 + (X_L - X_C)^2}$

阻抗角　　　　　　$\varphi = \arctan\dfrac{X_L - X_C}{R}$

电流相量　　　　$\dot{I} = \dfrac{\dot{U}}{Z} = \dfrac{U\angle 0°}{|Z|\angle\varphi} = \dfrac{U}{|Z|}\angle{-\varphi}$

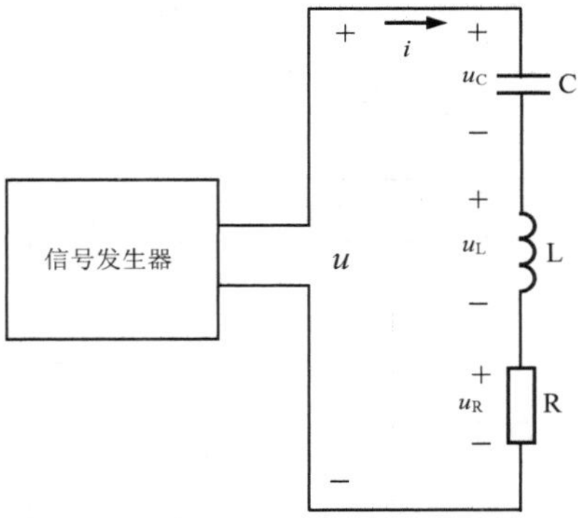

图 2-64　RLC 串联电路

如果 U、R、L、C 的大小保持不变，改变电流频率 f，则 X_L、X_C、$|Z|$、φ、I 等都将随着 f 的变化而变化，它们随频率变化的曲线为频率特性。阻抗和电流随频率变化的曲线如图 2-65 所示。

随着频率的变化，当 $X_L > X_C$ 时，电路呈现感性；当 $X_L < X_C$ 时，电路呈现容性；而当 $X_L = X_C$ 时，电路呈现阻性，此时电路出现串联谐振。谐振频率为 $\omega_0 = \dfrac{1}{\sqrt{LC}}$。

电路串联谐振时，具有以下特点。

（1）$\dot{U}_L = -\dot{U}_C$，$\dot{U} = \dot{U}_R$，即电感上的电压与电容上的电压数值相等，而相位相差 180°，电源电压全部加在电阻上。

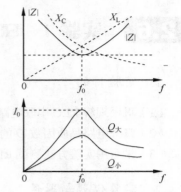

（2）电路中电源电压与电流同相，阻抗模最小，$|Z|=R$，而电流最大，$I_0=U/R$。

工程上把谐振时电感电压 U_L 或电容电压 U_C 与电源电压 U 之比称为该电路的品质因数，简称 Q 值，即

$$Q=\frac{U_L}{U}=\frac{U_C}{U}=\frac{\omega_0 L}{R}=\frac{1}{\omega_0 R}$$

R 值越小，Q 值越大，I_0 也越大，电流特性曲线越尖锐，如图 2-65 所示。

图 2-65　阻抗和电流的频率特性曲线

4. 预习要求

（1）复习 RLC 串联电路的有关知识。

（2）根据电路的元件参数值，估算电路的谐振频率。

（3）思考如何判断电路是否发生谐振以及怎样测量谐振点。可考虑多种办法。

（4）思考如何改变电路的参数以提高电路的品质因数。

（5）电路发生谐振时，为什么信号源的电压不能太大？

5. 实验内容

（1）测量 RLC 串联电路的阻抗特性。

● 按图 2-64 接好线路，接通信号发生器电源。调节信号源，使输出电压的有效值为 2V，频率为 1kHz 的正弦信号，用交流毫伏表测电压大小。

● 保持交流信号源的幅值不变，改变其频率（1 ~ 20 kHz），分别测量 RLC 上的电压、电流数值，并根据所测结果计算在不同频率下的电阻、感抗、容抗的数值，记录于表 2-1 中。

表 2-1　　　　　　　　　　　　　　RLC 串联电路的阻抗特性

	频率 f/kHz	1	2	5	10	20
R	U_R/V					
	I_R/mA					
	$R=U_R/I_R$					
L	U_L/V					
	I_L/mA					
	$X_L=U_L/I_L$					
C	U_C/V					
	I_C/mA					
	$X_C=U_C/I_C$					

（2）测量 RLC 串联电路的谐振特性。

● 连续改变信号发生器输出电压的频率，当 I 最大时，信号源输出电压的频率即为谐振频率 f_0。

● 确定谐振频率 f_0 后，使频率相对 f_0 分别增大和减小，取不同的频率点，用毫伏表分别测得对应的 U_R、U_L、U_C，并计算 Q 值，填入表 2-2 中。为使电流频率特性曲线中间突出部分的测绘更准确，可在 f_0 附近多取几个点。

表 2-2　　　　　　　　　　　　　　　　数据记录与计算

U=2V, R=100Ω, L=0.33H, C=1μF, f_0=, Q=, I_0=								
f/Hz								
U_R/V								
U_L/V								
U_C/V								
计算 I/A								

● 用示波器观察在不同频率下输入电压与电流的相位关系（电阻上的电压波形即为电流波形）。

（3）改变电阻值，重复实验步骤（1）和步骤（2），观察品质因数的变化，将数据填入表 2-3 中。

表 2-3　　　　　　　　　　　　　　　　数据记录与计算

U=2V, R=, L=0.33mH, C=1μF, f_0=, Q=, I_0=								
f/Hz								
U_R/V								
U_L/V								
U_C/V								
计算 I/A								

6. 注意事项

（1）改变信号源的频率时，一定要保持信号幅度不变。

（2）观看波形时，示波器与信号源一定要共地。

7. 实验报告要求

（1）根据测量数据，绘制出 RLC 元件的阻抗频率特性曲线。

（2）根据测量数据绘出 I 随 f 变化的关系曲线。

（3）计算出 Q 值，并说明 R 对 Q 值的影响。

（4）求出谐振频率。比较谐振时，U_L 与 U_C、U_R 与 U 是否分别相等？分析原因。

2.7　实训　简单照明电路的装接

1. 实训目的

（1）熟悉常用照明灯具，掌握其接线方法。

（2）了解单项电度表的用途，掌握单项电度表的接线方法。

（3）掌握开关、插座的安装方法。

2. 原理说明

（1）单相电度表的作用。

单相交流电度表简称单相电度表，主要用于记录电流通过用户电路时做了多少电功，即用电设备消耗了多少电能，根据表中所记录的数据，用户支付电费。单相电度表是利用电磁感应原理制成的，只能用于交流电路，如图 2-66 所示。

家庭使用单相电度表，型号表示为 DD，规格有 2.5（10）A、5（20）A、10（40）A、15（60）A、20（80）A、30（100）A 几种，其中括号外为额定电流，括号内为最大电流。

图 2-66　单相电度表

（2）白炽灯。

白炽灯是最常见的照明灯具，俗称灯泡。它为热辐射光源，是靠电流加热灯丝至白炽状态而发光的。普通灯泡额定电压一般为 220 V，功率为 10～1 000 W，灯头有卡口和螺口之分，其中 100 W 以上者一般采用瓷质螺纹灯口，用于常规照明。

（3）日光灯。

日光灯管内壁涂有一层荧光粉，灯管两端各有一组灯丝，灯丝上涂有易使电子发射的金属粉末。管内抽成真空，填充氩气和少量的汞。它的启动电压是 400～500 V，启动后管压降只有 80 V 左右。因此，日光灯灯管不能直接接在 220 V 的电源上使用，而且启动时需要高于 220 V 的电压。镇流器和启动器就是为满足这个要求而设计的，如图 2-67 所示。

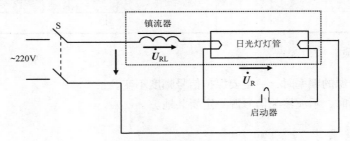

图 2-67　日光灯电路

镇流器是一个铁芯线圈。启动器内有两个电极，一个是双金属片，另一个是固定片，两极之间有一个小容量电容器。一定数值的电压加在启动器两端时，启动器产生辉光放电。双金属片因放电而受热伸直，并与定片接触。而后启动器因动片与定片接触，放电停止，冷却且自动分开。日光灯启动过程如下：当接通电源后，启动器内双金属动片与定片间的气隙被击穿，连续发生火花，双金属片受热伸长，使动片与定片接触。灯管灯丝接通，灯丝预热而发射电子，此时启动器两端电压下降，双金属片冷却，因而动片与定片分开。镇流器线圈因灯丝电路断电而感应出很高的感应电动势，与电源电压串联加到灯管两端，使管内气体电离产生弧光放电而发光。因为启动器两端所加电压值等于灯管点燃后的管压降，这个 80 V 左右的电压不再使双金属片打火，故启动器停止工作。所以启动器在电路中的作用相当于一个自动开关，镇流器在灯管启动时产生高压，有启动前预热灯丝及在正常工作时限流的作用。

日光灯具有结构简单、光色好、发光效率高、寿命长、耗电量低等优点，在电气照明中被广泛采用。

（4）插座。

插座的种类很多，按安装位置分，有明插座和暗插座；按电源相数分，有单相插座和三相插座；按插孔数分，有两孔插座和三孔插座。目前新型的多用组合插座或接线板更是品种繁多，将两眼与三眼，插座与开关，开关与安全保护等合理地组合在一起，既安全又美观，在家庭和宾馆得到了广泛地应用。

　　普通的单相两孔插座、三孔插座的安装方法如图2-68所示。

图 2-68　单相两孔插座、
三孔插座

3. 主要器件设备

（1）常用灯具、灯座、插座、开关各1套。

（2）万用表、单相电度表各1只。

（3）熔断器2只。

（4）木制工作台1块。

（5）电工工具1套。

（6）导线1卷。

4. 实训内容

（1）单相电度表的接法。

　　单相电度表有专门的接线盒。接线盒内设有4个端子，从左至右按1、2、3、4编号，配线时只需按1、3端接电源，2、4端接负载即可（少数也有1、2端接电源，3、4端接负载的，接线时要参看电表的接线图）。在接负载前，必须在单相电度表的2、4端的相线和零线上安装熔断器。

　　（2）白炽灯安装的主要步骤。

　　① 木台的安装。先在准备安装挂线盒的地方打孔，预埋木枕或膨胀螺栓，然后在木台底面用电工刀刻两条槽，木台中间钻3个小孔，最后将两根电源线端头分别嵌入圆木的两条槽内，并从两边小孔穿出，通过中间小孔用木螺钉将圆木固定在木枕上。

　　② 挂线盒的安装。将木台上的电源线从线盒底座孔中穿出，用木螺钉将挂线盒固定在木台上，然后将电源线剥去2 mm左右的绝缘层，分别旋紧在挂线盒接线柱上，并从挂线盒的接线柱上引出软线，软线的另一端接到灯座上，由于挂线螺钉不能承担灯具的自重，因此在挂线盒内应将软线打个线结，使线结卡在盒盖和线孔处，打结的方法如图2-69（a）所示。

　　③ 灯座的安装。旋下灯头盖子，将软线下端穿入灯头盖中心孔，在离线头30 mm处按照上述方法打一个结，然后把两个线头分别接在灯头的接线柱上并旋上灯头盖子，如图2-69（b）所示。如果是螺口灯头，相线应接在与中心铜片相连的接线柱上，否则易发生触电事故。

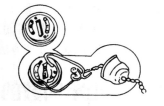

（a）挂线盒接法　　　（b）灯座的打结方法

图 2-69　挂线盒的安装

　　④ 开关的安装。开关不能安装在零线上，必须安装在灯具电源侧的相线上，确保开关断开时灯具不带电。开关的安装分明、暗两种方式。明开关安装时，应先敷设线路，然后在装开关处打好木枕，固定木台，并在木台上装好开关底座，然后接线。

　　（3）日光灯照明电路的安装。

　　日光灯线路原理图如图2-67所示，实际接线图如图2-70所示。接线时，启动器座上的两个接线桩分别与两个灯座中的一个接线端连接。一个灯座中余下的一个接线端与电源的零线连接，另一个灯座中余下的接线桩与镇流器的一个线头相连，而镇流器的另一个线头与开关的一个接线桩连接，而开关另一个接线桩与电源的相线连接。镇流器与灯管串联，用于控制灯管电流。启动器本质是带有时间延迟性的断路器。

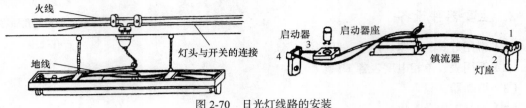

图 2-70 日光灯线路的安装

（4）插座安装。

安装插座时，插线孔必须按一定顺序排列。单相两孔插座，在两孔垂直排列时，相线在上孔，零线在下孔；水平排列时，相线在右孔，零线在左孔。对于单相三孔插座，保护接地（保护接零）线在上孔，相线在右孔，零线在左孔。电源电压不同的邻近插座，安装完毕后，都要有明显的标志，以便使用时识别，如图 2-71 所示。

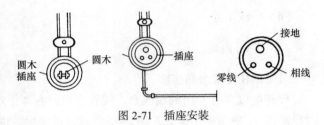

图 2-71 插座安装

5. 注意事项

（1）注意单相电度表的容量应满足线路的要求。

（2）火线和零线应严格区分，不可接反。

（3）镇流器、启动器和日光灯管的规格应配套，不同功率不能互相混用，否则会缩短灯管寿命，造成启动困难。

6. 分析思考

（1）如何正确的选用单相电度表的容量？

（2）如何确定镇流器、启动器和日光灯管的规格是配套的？

（3）体会日光灯电路的常见故障及处理方法，应注意哪些问题？

2.8 实验2 功率因数的提高

1. 实验目的

（1）进一步理解交流电路中电压、电流的相量关系。

（2）学习感性负载电路提高功率因数的方法。

（3）进一步熟悉日光灯的工作原理。

（4）学习交流电压表、电流表、功率表的使用。

2. 实验仪器与器件

（1）日光灯电路板1套。

（2）交流电压表 1 台。

（3）交流电流表 1 台。

（4）电流插口 3 只。

（5）单相功率表 1 台。

（6）电容若干。

3. 实验原理

本实验中感性负载电路用日光灯电路代替，日光灯电路由日光灯灯管、镇流器、启动器等元件组成。电路如图 2-72 所示。

日光灯的工作原理前面已经叙述。日光灯工作时，灯管可以认为是一电阻负载，镇流器可以认为是一个电感量较大的感性负载，两者串联构成一个 RL 串联电路。日光灯工作时的整个电路可用图 2-73 等效串联电路来表示。因电路中所消耗的功率 $P = UI \cos\varphi$ ，故测出 P、U、I 后，即可求出电路的功率因数 $\cos\varphi$ 值。

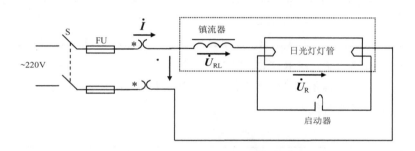

图 2-72 日光灯电路

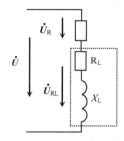

图 2-73 日光灯等效串联电路

功率因数的高低反映了电源容量利用率的大小。电路功率因数低，说明电源容量没有被充分利用。同时，无功电流在输电线路上造成无为的损耗。因此，提高电路的功率因数成为电力系统的重要课题。

功率因数较低时，可并联适当容量的电容器来提高电路的功率因数，当功率因数等于 1 时，电路产生并联谐振，此时电路的总电流最小。若并联电容容量过大，则产生过补偿。

4. 预习要求

（1）预习日光灯的工作原理和启动过程。

（2）熟悉 RL 串联电路中电压与电流的相量关系。

（3）在 RL 串联与 C 并联的电路中，如何求 $\cos\varphi$ 值？

（4）感性负载如何提高功率因数？

（5）在感性负载两端并联适当电容后，电路中哪些量发生了变化，如何变？哪些量不变，为什么？

5. 实验内容

（1）按图 2-74 接好线路，合上电源开关 S_1，断开 S_2，接通电源，观察日光灯的启动过程。

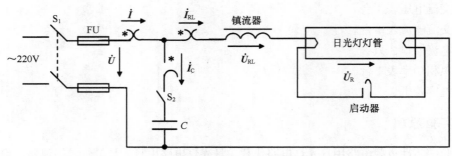

图 2-74　日光灯并联电容电路

（2）测量日光灯电路的端电压 U、灯管两端电压 U_R、镇流器两端电压 U_{RL}、电路电流 I 即日光灯电流 I_{RL} 和电路总功率 P、日光灯功率 P_R 和镇流器功率 P_{RL}，并计算功率因数 $\cos\varphi$，将数据填入表 2-4 中。

表 2-4　　　　　　　　　　日光灯电路数据记录

U	U_R	U_{RL}	I	P	P_R	P_{RL}	$\cos\varphi$

（3）合上开关 S_2，将日光灯电路两端并联电容 C。逐渐加大电容量，每改变一次电容量，都要测量端电压 U、灯管两端电压 U_R、镇流器两端电压 U_{RL}、电路电流 I、日光灯电流 I_{RL}、电容器电流 I_C 和日光灯功率 P。将测量数据填入表 2-5 中。

表 2-5　　　　　　　　　　感性负载并联电容数据记录

电容（μF）	测 量 数 据							计　算
	U/V	U_R	I/A	U_{RL}	I_{RL}/A	I_C/A	P/W	$\cos\varphi$
1								
2								
3								
4								
5								
6								

6. 注意事项

操作中要严格遵守先接线、后通电、先断电、后拆线的原则。

7. 实验报告要求

（1）整理并计算实验数据。

（2）选择适当比例，依据表 2-4 中的数据绘出电压三角形，并由三角形计算出镇流器的电阻压降 U_r、电感压降 U_L 各是多少伏？

（3）画出并联电容 C（欠补偿）后一组数据的电流相量图，分析在感性负载并联适当电容后为何可以提高功率因数。

（4）在并联电容提高电路的功率因数时，电容的选择应考虑哪些原则？

（5）并联电容前后测得 P 的大小不变，为什么？

2.9　实验 3　三相电路中负载的连接

1．实验目的

（1）掌握三相负载的正确连接方法。

（2）进一步了解三相电路中相电压与线电压、相电流与线电流的关系。

（3）了解三相四线制电路中中线的作用。

2．实验仪器与器件

（1）交流电压表 1 台。

（2）交流电流表 1 台。

（3）电流插孔 6 只。

（4）白炽灯若干。

3．实验原理

（1）三相电源：星形连接的三相四线制电源的线电压和相电压都是对称的，其大小关系为 $U_L=\sqrt{3}U_P$，三相电源的电压值是指线电压的有效值。

（2）负载的连接：三相负载有星形和三角形两种连接方式。星形连接时，根据需要可以连接成三相三线制或三相四线制；三角形连接时只能用三相三线制供电。在电力供电系统中，电源一般均为对称，负载有对称负载和不对称负载两种情况。

（3）负载的星形连接：带中线时，不论负载是否对称，总有下列关系：

$$U_P=\frac{U_L}{\sqrt{3}}，\quad I_L=I_P$$

无中线时，只有对称负载上述关系才成立。若不对称负载又无中线时，上述电压关系不成立，故中线不能任意断开。

（4）负载的三角形连接：负载作三角形连接时，不论负载是否对称，总有 $U_L=U_P$。对称负载时 $I_L=\sqrt{3}I_P$；不对称负载时，上述电流关系不成立。

4．预习要求

（1）复习三相交流电路有关内容。

（2）负载作星形连接或作三角形连接，取用同一电源时，负载的相、线电量（U、I）有何不同？

（3）对称负载作星形连接，无中线的情况下断开一相，其他两相发生什么变化？能否长时间工作于此种状态？

（4）若三相电源线电压为 380 V，当负载的额定电压为 220 V 时，能否直接连接成三角形？为什么？

5. 实验内容

（1）测量三相四线制电源的相、线电压，将结果填入表2-6中。

表2-6 三相电源数据记录

项 目	U_{AB}	U_{BC}	U_{CA}	U_A	U_B	U_C
380V 电源						

（2）负载星形连接。

① 将灯泡负载作对称星形连接，按图2-75接好线路，检查无误后合上电源开关。

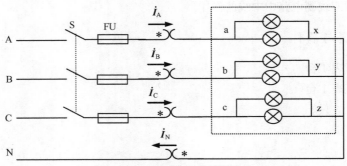

图 2-75　三相对称负载星形连接

② 测量图 2-75 所示电路中有中线和无中线时的各电量，将测量得到的数据填入表2-7中。

③ 将灯泡负载作不对称星形连接，按图2-76连接线路，检查无误后合上电源开关。测量不对称负载有中线和无中线时的各电量，将测量得到的数据填入表2-7中。

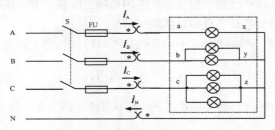

图 2-76　不对称负载星形连接电路

表2-7 负载星形连接数据记录

项 目		线电压/V			负载相电压/V			线电流/A			I_N/A	$I_{NN'}$/A
		U_{AB}	U_{BC}	U_{CA}	$U_{AN'}$	$U_{BN'}$	$U_{CN'}$	I_A	I_B	I_C		
对称负载	有中线											
	无中线											
不对称负载	有中线											
	无中线											

（3）负载三角形连接。

① 按图2-77连接线路，应注意电源电压仍然为380V，因此需每相两灯泡串联。

② 测量对称负载时的各电量，将测量得到的数据填入表 2-8 中。

表 2-8　　　　　　　　　　　　　　负载三角形连接数据记录

项　　目	线电压/V			线电流/A			相电流/A		
	U_{AB}	U_{BC}	U_{CA}	I_A	I_B	I_C	I_{AB}	I_{BC}	I_{CA}
对称负载									
不对称负载									

③ 将 c、z 之间的灯泡去掉，如图 2-78 所示，测量不对称负载时的各电量，将测量得到的数据填入表 2-8 中。

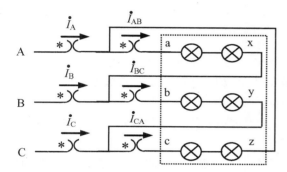
图 2-77　对称负载三角形连接

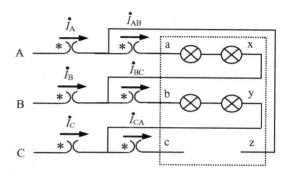
图 2-78　不对称负载三角形连接

6. 注意事项

（1）不对称负载连接成星形时，中线断开测量的时间不宜过长，测量完毕应立即断开电源或接通中线。

（2）中线上不应加熔断器。

（3）三相负载为白炽灯，额定电压为 220 V，当负载连接成三角形时，应注意电源电压仍然为 380 V，因此需两灯泡串联。

（4）为了便于测量负载三角形连接时的线电流和相电流，在每相负载中及供电线路中应串入电流插口。

7. 实验报告要求

（1）根据实测数据，验证对称和不对称情况下，各相值与线值的关系，并与理论值相比较。

（2）根据实验数据，画出三相四线制，不对称负载星形连接时，相电压、线电压、线电流的相量图。

（3）根据实验结果，说明中线的作用。在什么情况下必须有中线，在什么情况下可以不要中线。

2.10 实验4 三相功率的测量

1. 实验目的

（1）学习应用三表法和两表法测量三相电路的有功功率。
（2）进一步熟悉功率表的使用方法。

2. 实验仪器与器件

（1）单相功率表1台。
（2）电流插孔3只。
（3）白炽灯若干。

3. 实验原理

根据电动式功率表的基本原理，在测量交流电路中负载上的功率时，其读数 P 决定于

$$P = UI\cos\varphi$$

式中，U 为加在功率表电压线圈上电压的有效值，I 为流过功率表电流线圈的电流有效值，φ 为相位差。

若测量三相负载所消耗的总功率 P，可用功率表分别测量出每一相的功率，然后求其和，即

$$P = P_1 + P_2 + P_3$$

此方法称为三表法，如图 2-79（a）所示。若为对称负载，可测其中一相功率再乘以 3 即为三相总功率，如图 2-79（b）所示。

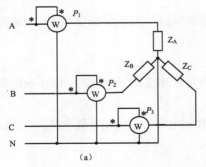 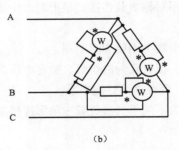

图 2-79 用三表法测量三相功率

而在三相三线制电路中，通常用两只功率表测量三相功率，此法称为两表法，如图 2-80 所示。三相总功率为

$$P = P_1 + P_2$$

用两表法测量三相功率时，应注意以下问题。

（1）两表法适用于对称或不对称的三相三线制电路，而对于三相四线制电路一般不适用。

（2）两表法的接法：首先将功率表的电流线圈中带*端与电压线圈带*端用一短路线连接，然后将两功率表的电流线圈

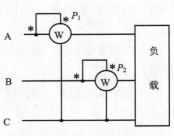

图 2-80 用两表法测量三相功率

分别串接于任意两火线上,两功率表的电压线圈的另一端(不带*端)则须同时接到没有接入电流线圈的火线上。

(3)在对称三相电路中,两只功率表的读数与负载功率因数之间的关系如下:

● 负载为纯电阻时,两只功率表的读数相等;

● 负载的功率因数大于 0.5 时,两只功率表的读数均为正;

● 负载的功率因数等于 0.5 时,某一只功率的读数为零;

● 负载的功率因数小于 0.5 时,某一只功率表的指针会反转,为了读数,可将转换开关由"+"转换到"−",此时该表读数应取负值。

4．预习要求

(1)自学有关三相功率的测量方法。

(2)了解用两表法测量功率应注意的有关事项。

5．实验内容

(1)对称负载作星形连接,电源线电压为 380 V,用三表法测量带中线时三相对称负载总功率,将数据填入表 2-9 中。

(2)对称负载星形连接,去掉中线,用两表法测量总功率,将数据填入表 2-9 中。

(3)负载作三角形连接,电源电压为 380 V,分别用三表法和两表法测负载对称与不对称时的总功率,将数据填入表 2-9 中。

表 2-9　　　　　　　　　　　　　三相功率的测量表

项　　目			P_1/W	P_2/W	P_3/W	P_1/W	P_2/W	$P_总$/W
星形	对称	三表法				—	—	
		两表法	—	—	—			
三角形	对称	三表法				—	—	
		两表法	—	—	—			
	不对称	三表法				—	—	
		两表法	—	—	—			

6．注意事项

(1)三表法测量时,功率表的电压线圈加的是相电压,电流线圈通过的是相电流。

(2)两表法测量时,功率表的电压线圈加的是线电压,电流线圈通过的是线电流,且两次测量时,电压线圈应有一个公共端,该公共端应为没有测过电流的一根火线。

7．实验报告要求

(1)整理实验数据,对比用三表法测量三相总功率和用两表法测量三相总功率的结果。

（2）说明用两表法测量三相总功率时应注意哪些问题。

本章小结

（1）介绍了正弦量的一些概念，其中包括正弦量的三要素和正弦量的相量表示方法等。
（2）介绍了单一参数的交流电路的一些基本知识。
（3）介绍了正弦交流电路的分析方法，其中包括基尔霍夫定律的相量形式等知识。
（4）介绍了谐振电路的一些基础知识，其中包括串联谐振和并联谐振。
（5）介绍了三相电源和三相负载的基础知识。
（6）介绍了安全用电的一些内容。其中主要分析了一些触电的方式和防护措施等。在此基础上还介绍了接零和接地的知识。

习题

1. 已知：正弦交流电压 u，电流 i_1、i_2 的相量图如图 2-81 所示，试分别用三角函数式、复数式、波形图表示。

$$u = \sqrt{2}U\sin\omega t\,V , \quad i_1 = \sqrt{2}I_1\sin(\omega t + 90°)\,A ,$$
$$i_2 = \sqrt{2}I_2\sin(\omega t - 45°)\,A$$

2. 已知正弦量的相量式如下。
$$\dot{I}_1 = 5 + j5\,A, \dot{I}_2 = 5 - j5\,A$$
$$\dot{I}_3 = -5 + j5\,A, \dot{I}_4 = 5 - j5\,A$$
画出它们的相量图，试分别写出正弦量的瞬时值表达式。

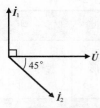

图 2-81 相量图

3. 已知：$\dot{U}_1 = 6\angle30°\,V, \dot{U}_2 = 8\angle120°\,V$，$\dot{I}_1 = 10\angle-30°\,A$，$\dot{I}_2 = 10\angle60°\,A$，试用相量图求：① $\dot{U} = \dot{U}_1 + \dot{U}_2$，并写出电压 u 的瞬时值表达式。② $\dot{I} = \dot{I}_1 - \dot{I}_2$，并写出电流 i 的瞬时值表达式。

4. 已知：L=100 mH，f=50 Hz，① $i_L = 7\sqrt{2}\sin\omega t$A 时，求两端电压 u_L。② $\dot{U}_L = 127\angle-30°\,V$ 时，求 $\dot{I}_L$ 并画相量图。

5. 已知：C=4 μF，f=50 Hz，① $u_C = 220\sqrt{2}\sin\omega t$V 时，求电流 i_C。② $\dot{I}_C = 0.1\angle-60°$V 时，求 $\dot{U}_C$ 并画相量图。

6. 已知 RLC 串联的电路中，$R = 10\,\Omega$，$L = \dfrac{1}{31.4}\,H$，$C = \dfrac{10^6}{3140}\,\mu F$，在电容元件的两端并联一开关 S，求：①当电源电压为 220 V 的直流电压时，试分别计算在短路开关闭合和断开时两种情况下的电流 I 及 U_R、U_L、U_C。②当电源电压为 $u = 220\sqrt{2}\sin(314t + 60°)\,V$ 时，试分别计算在上述两种情况下

的电流 I 及 U_R、U_L、U_C。

7. 在图 2-82 所示的电路中，试画出各电压电流相量图，并计算未知电压和电流。

（a）$U_R = U_L = 10\text{ V}, U = ?$ （b）$U = 100\text{V}, U_R = 60\text{ V}, U_C = ?$

（c）$U_L = 200\text{ V}, U_C = 100\text{ V}, U = ?$ （d）$I = 5\text{ A}, I_R = 4\text{ A}, I_L = ?$

（e）$I_R = I_C = 5\text{ A}, I = ?$ （f）$I = 10\text{ A}, I_C = 8\text{ A}, I_L = ?$

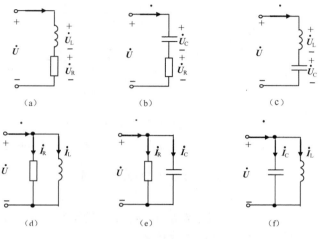

图 2-82　电路图 1

8. 在图 2-83 所示的电路中，已知：$u = 100\sqrt{2}\sin(1\,000\,t + 20°)$ V，试求 i_R、i_L、i_C、i。

9. 在图 2-84 所示的电路中，已知：$R = X_C = X_L$，$I_1 = 10\text{ A}$，画出相量图并求 I_2、I_3 的数值。

10. 在图 2-85 所示的电路中，已知：$R = 30\ \Omega$，$C = 25\ \mu\text{F}$ 且 $i_S = 10\sqrt{2}\sin(1\,000\,t - 30°)$ V，求电路的①复阻抗 Z。②$\dot{U}_R, \dot{U}_C, \dot{U}$。③$P$，$Q$，$S$。

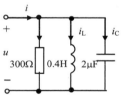

图 2-83　电路图 2

11. 在图 2-86 所示的电路中，已知：$U = 220$ V，$f = 50$ Hz，$R_1 = 280\ \Omega$，$R_2 = 20\ \Omega$，$L = 1.65$ H，求 I、U_{R1}、U_{RL}。

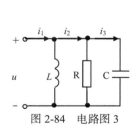

图 2-84　电路图 3

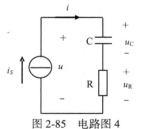

图 2-85　电路图 4

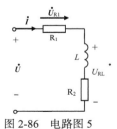

图 2-86　电路图 5

12. 已知一感性负载的电压为工频 220 V，电流为 30 A，$\cos\varphi = 0.5$，要把功率因数提高到 0.9，电容器的电容量为多少？

13. 在图 2-87 所示的电路中，已知：$R = 12\ \Omega$，$L = 40$ mH，$C = 100\ \mu\text{F}$，电源电压 $U = 220$ V，$f = 50$ Hz，求：①各支路电流，电路的 P、Q、S 及 $\cos\varphi$。②若将功率因数提高到 1，应增加多少电容？③画出

相量图。

14. 一台三相交流电动机，定子绕组星形连接于 $U_1=380\ \text{V}$ 的对称三相电源上，其线电流为 $I_L=2.2\ \text{A}$，$\cos\varphi=0.8$，试求该电动机每相绕组的阻抗 Z。

15. 图 2-88 所示电路的电源电压 $U_L=380\ \text{V}$，每相负载的阻抗值为 $10\ \Omega$。①试问，能否称其为对称负载？为什么？②计算各相电流和中线电流。在同一坐标上画出负载的电压、电流的相量图。

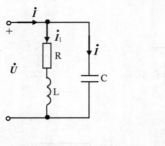

图 2-87　电路图 6

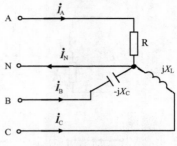

图 2-88　电路图 7

16. 对称负载星形连接，已知每相阻抗 $Z=31+j22\ \Omega$，电源线电压为 $380\ \text{V}$，求三相总功率 P、Q、S 及功率因数 $\cos\varphi$。

17. 三相对称负载三角形连接，其线电流 $I_L=5.5\ \text{A}$，有功功率 $P=7\,760\ \text{W}$，功率因数 $\cos\varphi=0.8$，求电源的线电压 U_L，电路的视在功率 S 和每相阻抗 Z。

18. 在线电压为 $380\ \text{V}$ 的三相电源上，接有两组电阻性对称负载，如图 2-89 所示，试求线路电流 I。

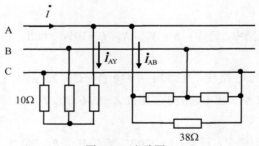

图 2-89　电路图 8

第**3**章
变压器和异步电动机

生产中常用的一些电工设备，如变压器、电动机、控制电器等，它们的工作基础是电磁感应，都是利用电与磁的相互作用来实现能量的传输和转换。这类电工设备的工作原理要依托电路和磁路的基本理论。电动机可以将电能转换为机械能，是工农业生产中应用最广泛的动力机械。本章讨论异步电动机，介绍异步电动机的结构、工作原理、特性及使用方法。

【学习目标】
- 了解理想变压器的定义、电路符号和基本结构，了解变比的定义。
- 了解和掌握阻抗变换的意义，会进行阻抗变换计算。
- 理解三相异步电动机工作原理，了解其结构特点、转矩特性、机械特性和额定值。
- 掌握三相异步电动机的启动、正反转方法。

3.1 变压器的结构和工作原理

变压器是根据电磁感应原理制成的一种电气设备，它具有变换电压、变换电流和变换阻抗的功能，因而在各领域中获得广泛的应用。

变压器是电力系统中不可缺少的重要设备。在发电厂或电站，当输送一定的电功率、且线路的 $\cos\varphi$ 一定时，由于 $P=UI\cos\varphi$，则电压 U 越高、线路电流 I 就越小。可见高压送电既减小了输电导线的截面积，也减少了线路损耗。所以电力系统中均采用高电压输送电能，再用变压器将电压降低供用户使用。

在电子线路中，变压器可用来传递信号和实现阻抗匹配。此外，还有用于调节电压的自耦变压器、电加工用的电焊变压器和电炉变压器、测量电路用的仪用变压器等。变压器的种类很多，但是它们的基本构造和工作原理是相同的。

3.1.1　变压器的主要结构

虽然变压器种类繁多、形状各异，但其基本结构是相同的。变压器的主要组成部分是铁芯和绕组。

铁芯构成变压器的磁路。按照铁芯结构的不同，变压器可分为芯式和壳式两种。图 3-1（a）、（c）所示为芯式铁芯的变压器，其绕组套在铁芯柱上，容量较大的变压器多为这种结构。图 3-1（b）所示为壳式铁芯的变压器，铁芯把绕组包围在中间，常用于小容量的变压器中。

绕组是变压器的电路部分。与电源连接的绕组称为一次绕组（也叫作原绕组或原边），与负载连接的绕组称为二次绕组（也叫作副绕组或副边）。原绕组与副绕组及各绕组与铁芯之间都进行绝缘。为了减小各绕组与铁芯之间的绝缘等级，一般将低压绕组绕在里层，将高压绕组绕在外层，如图 3-1 所示。

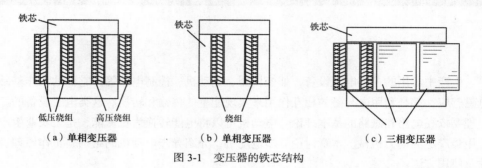

（a）单相变压器　　　　　　（b）单相变压器　　　　　　（c）三相变压器

图 3-1　变压器的铁芯结构

大容量的变压器一般都配备散热装置，例如，三相变压器配备散热油箱、油管等。

3.1.2　变压器的工作原理

下面以双绕组的单相变压器为例介绍变压器的工作原理。

图 3-2（a）所示为变压器工作原理示意图，与电源相连的称为一次绕组（或称为初级绕组、原绕组），与负载相连的称为二次绕组（或称为次级绕组、副绕组）。原绕组的匝数为 N_1，副绕组的匝数为 N_2，输入电压电流为 u_1 和 i_1，主磁电动势 e_1，漏磁电动势 $e_{\sigma 1}$；输出电压电流为 u_2 和 i_2，主磁电动势 e_2，漏磁电动势 $e_{\sigma 2}$，负载为 Z。变压器的符号如图 3-2（b）表示，变压器的名称用字母 T 表示。

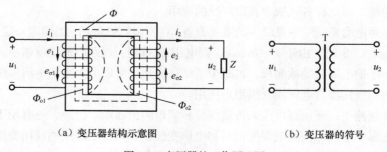

（a）变压器结构示意图　　　　　　　　　　（b）变压器的符号

图 3-2　变压器的工作原理图

1. 变压器的空载运行和变压比

在图 3-2（a）中，如果断开负载 Z，则 $i_2=0$，这时原绕组有电流 i_0，此电流称为空载电流，系维持原、副绕组产生感应电动势 e_1 和 e_2 的电流。i_0 要比额定运行时的电流小得多。

由于 u_1 和 i_0 是按正弦规律交变的，所以在铁芯中产生的磁通 Φ 也是正弦交变的。在交变磁通的作用下，原、副绕组感应电动势的有效值为

$$E_1 = 4.44 f N_1 \Phi_m$$
$$E_2 = 4.44 f N_2 \Phi_m$$

由于采用了铁磁材料作磁路，所以漏磁很小，可以忽略。空载电流很小，原绕组上的压降也可以忽略，这样，原副绕组两边的电压近似等于原副绕组的电动势，即

$$\left.\begin{array}{l} U_1 \approx E_1 \\[2pt] U_2 \approx E_2 \\[2pt] \dfrac{U_1}{U_2} \approx \dfrac{E_1}{E_2} = \dfrac{4.44 f N_1 \Phi_m}{4.44 f N_2 \Phi_m} = \dfrac{N_1}{N_2} = K \end{array}\right\} \qquad (3\text{-}1)$$

式中，K 称为变压器的变压比。

当 $K>1$ 时，$U_1>U_2$，$N_1>N_2$，变压器为降压变压器；反之，$K<1$ 时，$U_1<U_2$，$N_1<N_2$，变压器为升压变压器。

在一定的输出电压范围内，从副绕组上抽头，可输出不同的电压，得到多输出变压器，如图 3-3 所示。

图 3-3　多输出变压器

2. 变压器负载运行时的变流比

当变压器接上负载 Z_L 后，副绕组中的电流为 i_2，原绕组上的电流将变为 i_1，原、副绕组的电阻、铁芯的磁滞损耗、涡流损耗都会损耗一定的能量，但该能量通常都远小于负载消耗的电能，可以忽略。这样，可以认为变压器输入功率等于负载消耗的功率，即

$$U_1 I_1 = U_2 I_2$$

结合式（3-1）可得

$$\frac{I_1}{I_2} = \frac{U_2}{U_1} = \frac{N_2}{N_1} = \frac{1}{K} \qquad (3\text{-}2)$$

由式（3-2）可知，变压器带负载工作时，原、副边的电流有效值与它们的电压或匝数成反比。变压器在变换了电压的同时，电流也跟着变换。

3. 变压器的阻抗变换作用

变压器不仅能变换电压和电流，还有变换阻抗的作用，如图 3-4 所示。

在变压器副边接负载阻抗，当忽略原、副边的阻抗和励磁电流和损耗，把变压器看作是一个理想的变压器时，根据交流电路的欧姆定律，电流、电压的有效值关系可表示为

$$|Z_L| = \frac{U_2}{I_2}$$

又因为

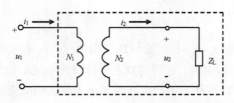 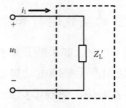

图 3-4　变压器的阻抗变换

$$U_1 = KU_2, \quad I_1 = \frac{I_2}{K}$$

则有

$$|Z_L'| = \frac{U_1}{I_1} = K^2 \frac{U_2}{I_2} = K^2 |Z_L| \tag{3-3}$$

$|Z_L'|$ 称为 $|Z_L|$ 折算到变压器原边上的等效阻抗。只要改变 K，就可以得到不同的等效阻抗。

阻抗变换对于电子线路，如收音机电路，可以把它看成一个信号源加一个负载。要使负载获得最大功率，其条件是负载的电阻等于信号源的内阻，此时，称之为阻抗匹配，但实际电路中，负载电阻并不等于信号源内阻，这时就需要用变压器来进行阻抗变换。

【例 3-1】　有一交流电源的电动势为 $u = 100 \text{ V}$，内阻为 $R_0 = 800\ \Omega$，负载电阻为 $R_L = 8\Omega$。（1）当 R_L 折算到原边的等效电阻 $R_L' = R_0$，求变压器的匝数比和电源输出功率。（2）当负载 R_L 直接连接到电源上时，求电源输出的功率。

解：

（1）变压器的匝数比为

$$K = \frac{N_1}{N_2} = \sqrt{\frac{R_L'}{R_L}} = \sqrt{\frac{800}{8}} = 10$$

电源输出的功率为

$$P = I^2 R_L' = \left(\frac{U}{R_0 + R_L'}\right)^2 R_L' = \left[\left(\frac{100}{800 + 800}\right)^2 \times 800\right] \text{W} = 3.125 \text{ W}$$

（2）当负载 R_L 直接连接到电源上时，电源输出的功率为

$$P = I^2 R_L = \left(\frac{U}{R_0 + R_L}\right)^2 R_L = \left[\left(\frac{100}{800 + 8}\right)^2 \times 8\right] \text{W} \approx 0.123 \text{ W}$$

3.1.3　电力变压器的铭牌数据

额定值是正确使用变压器的依据，在额定状态下运行，可保证变压器长期安全有效的工作。

（1）额定容量 S_N：指变压器的视在功率，对三相变压器指三相容量之和，单位为伏安（V·A）、千伏安（kV·A）。

（2）额定电压 U_N：指线电压，单位伏［特］（V）、千伏（kV），U_{1N} 指电源加到原绕组上的电压，U_{2N} 是副边开路即空载运行时副绕组的端电压。

（3）额定电流 I_N：由 S_N 和 U_N 计算出来的电流，即为额定电流。

对单相变压器　$I_N = \dfrac{S_N}{U_{1N}}$；　$I_{2N} = \dfrac{S_N}{U_{2N}}$

对三相变压器　$I_{1N} = \dfrac{S_N}{\sqrt{3}U_{1N}}$；　$I_{2N} = \dfrac{S_N}{\sqrt{3}U_{2N}}$

（4）额定频率：我国规定标准工业用电频率为 50 Hz，有些国家采用 60 Hz。

此外，额定工作状态下变压器的效率、温升等数据均属于额定值。图 3-5 所示为一变压器铭牌。

产品型号	SL7- 1000/10	产品编号	
额定容量	1000kVA	使用条件	户外式
额定电压	1000±5%/400V	冷却方式	油浸自冷
额定频率	50Hz	短路电压	4%
相　　数	三相	油　重	715kg
组　　别	Y，yn0	总　重	3440kg
制造厂商		生产日期	

图 3-5　变压器铭牌

3.1.4　几种常见的特殊变压器

下面介绍几种常见的变压器。

1．自耦变压器

自耦变压器的铁芯上只有一个绕组，原、副绕组是共用的，副绕组是原绕组的一部分，它可以输出连续可调的交流电压，如图 3-6（a）所示。调节箭头所示滑动端的位置，就改变了 N_2，即改变了输出电压 U_2，如图 3-6（b）所示。

自耦变压器也叫调压变压器，原、副绕组之间仍然满足电压、电流、阻抗变换关系。

自耦变压器在使用时，原、副绕组的电压一定不能接错。使用前，先将输出电压调至零，接通电源后，再慢慢转动手柄调节出所需的电压。

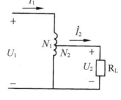

（a）自耦变压器　　　（b）原理图

图 3-6　自耦变压器及其原理图

2．小型变压器

小型变压器广泛地应用于工业生产中，如在机床电路中输入 220 V 的交流电，通过电源变压器可以得到 36 V 的安全电压，12 V 或 6 V 的指示灯电压等。图 3-7 所示为小型变压器的原理图，它在副绕组上制作了多个引出端，可以输出 3 V、6 V、12 V、24 V、36 V 等不同电压。

3．电压互感器

电压互感器是用来测量电网高压的一种专用变压器，它能把高电压变成低电压进行测量，它的构造与双绕组变压器相同。在使用时，原绕组并联在高压电源上，副绕组接低压电压表，如图 3-8 所示，只要读出电压表的读数 U_2，就可得到待测高压：$U_1 = KU_2$。

实际使用时，电压互感器的额定电压为 100 V，需要根据供电线路的电压来选择电压互感器。

例如，互感器标有 10 000 V/100 V，电压表的读数为 66 V，则

$$U_1 = KU_2 = (100 \times 66) \text{ V} = 6\ 600 \text{ V}$$

在使用电压互感器时，副绕组的一端和铁壳应可靠接地，以确保安全。

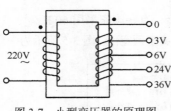

图 3-7　小型变压器的原理图

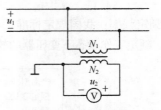

图 3-8　电压互感器

4．电流互感器

电流互感器是用来专门测量大电流的专用变压器。使用时原绕组串接在电源线上，将大电流通过副绕组变成小电流，由电流表读出其电流值，接线方法如图 3-9 所示。

电流互感器的原绕组匝数很少，只有一匝或几匝，绕组的线径较粗。副绕组匝数较多，通过的电流较小，但副绕组上的电压很高，它的工作原理也满足双绕组的电流、电压变换关系，即

$$I_1 = \frac{I_2}{K}$$

通常电流互感器副绕组的额定电流为 5 A，如某电流互感器标有 100/5 A，电流表的读数为 3 A，则

$$I_1 = \frac{I_2}{K} = \left(\frac{100 \times 3}{5}\right) \text{A} = 60\text{A}$$

电流互感器的副绕组的电压很高，使用时严禁开路。副绕组的一端和外壳都应可靠接地。

钳形表是电流互感器使用的一个例子，当电流不是很大，电路又不便分断时，可用钳形表卡在导线上，如图 3-10 所示，由钳形表上的电流表可直接读出被测电流的大小。

钳形表的量程为 5～100 A，使用方便，但测量误差较大。

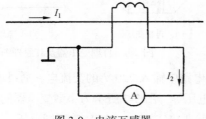

图 3-9　电流互感器

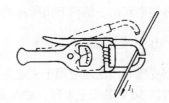

图 3-10　钳形电流表

3.2　变压器绕组的极性

使用变压器时，绕组必须正确地连接，否则不仅不能正常工作，甚至会损坏变压器。为了保证正确地连接变压器的绕组，因此引出同极性端的概念。确定变压器的同极性端是为了正确地进行变压器绕组的连接。下面分别介绍变压器的同极性端和变压器绕组的连接。

1.　变压器的同极性端

所谓同极性端，是指感应电动势极性相同的不同绕组的两个出线端，或者当电流从两个同极性端同时流进（或同时流出）时，产生的磁通方向一致。

在图 3-11（a）中，若电流分别从绕组的 1 端和 3 端流入，那么铁芯中产生的磁通方向是一致的，所以 1 端和 3 端是这两个绕组的同极性端，用标记"●"表示。显然 2 端与 4 端也是同极性端。用同样的方法可以判断出 5 端和 8 端是同极性端。

图 3-11（a）中 1—2 和 3—4 为原边绕组，5—6 和 7—8 为副边绕组，图 3-11（a）可以用图 3-11（b）所示的符号表示。

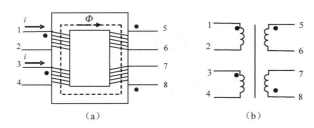

图 3-11　多绕组变压器

2.　变压器绕组的连接

确定变压器的同极性端才能正确地进行变压器绕组的连接。

【例 3-2】　图 3-11（a）所示的变压器有 2 个相同的原绕组，每个绕组的额定电压为 110 V，副绕组的额定电压为 200 V，则：（1）当电源电压为 110 V 时，原绕组的 4 个接线端应如何连接？（2）当电源电压为 220 V，原绕组的 4 个接线端应如何连接？（3）在前面两种情况下，副绕组的端电压是否改变？（4）如果把接线端 2 和 4 相连，而把 1 和 3 接到 220 V 电源上，试分析这时将会发生什么情况？

解：

（1）当电源电压为 110 V 时，图 3-11（a）所示的变压器应将原绕组 1、3 端相连，2、4 端相连后，再将两个连接点接入电源。此时两个线圈并联，每个线圈的电压也是 110 V，每个绕组中的电流仍为额定值。两个绕组产生的磁通方向一致，它们共同作用产生额定工作磁通。

（2）当电源电压为 220 V 时，则应将 2 与 3 端连接，1 与 4 端接电源，此时两个线圈的电压都是 110 V，产生的磁通方向一致，它们共同作用产生额定工作磁通。

（3）不论电源电压为 220 V 还是 110 V，只要正确连接绕组，都可以保证磁路中为额定工作磁通，从而使副绕组中的电压和电流不变。

（4）如果 2 端与 4 端连接，从 1 端和 3 端接入电源，那么任何瞬间两绕组中产生的磁通都将互相抵消，这时磁路中没有交变磁通，所以线圈中将没有感应电动势，原边绕组中的电流将会很大（只取决于电压和线圈电阻），变压器绕组会迅速发热而烧毁。

练习题

（1）有一台单相双绕组变压器数据如下：$S_N = 5600 \text{kVA}, U_{1N}/U_{2N} = 6.6/3.3\text{kV}$，今改为自耦变压器，电压为 9.9V/3.3V，请画出接线图，并标明自耦变压器一、二次侧的首、末端；自耦变压器与双绕组变压器的容量之比。

（2）一台单相变压器，铁芯中的剩磁为零。该变压器在电网电压瞬时值为零时空载合闸，问合闸后绕组中是否会产生冲击电流？一般情况下，如何限制空载合闸的冲击电流？以上回答必须说明理由。

3.3 三相异步电动机的结构和转动原理

电动机的作用是将电能转换成机械能，是工农业生产中应用最广泛的动力设备之一。本节主要讨论三相异步电动机，理解三相异步电动机的工作原理及其结构特点、转矩特性、机械特性和额定值等，掌握三相异步电动机的启动方法。

3.3.1 三相异步电动机的基本结构

三相异步电动机由静止的定子和转动的转子两大部分组成。图 3-12 所示为三相异步电动机，三相异步电动机的构造如图 3-13 所示。

图 3-12　三相异步电动机

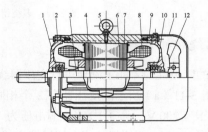

图 3-13　封闭式三相笼型异步电动机结构

1—轴承；2—前端盖；3—转轴；4—接线盒；5—吊环；6—定子铁芯；7—转子；
8—定子绕组；9—机座；10—后端盖；11—风罩；12—风扇

1. 定子

定子是电动机的固定部分，主要由定子铁芯、定子绕组和机座等组成。

（1）定子铁芯。

定子铁芯是电动机磁路的组成部分。定子铁芯片如图 3-14 标号 1 所示。为了减少铁损，定子铁芯一般由优质硅钢片叠成一个圆筒，圆筒内表面有均匀分布的槽，这些槽用于嵌放定子绕组。

（2）定子绕组。

三相异步电动机具有三相对称的定子绕组，定子绕组一般采用高强度漆包线绕成。三相绕组的 6 个出线端（首端 U_1、V_1、W_1，末端 U_2、V_2、W_2）通过机座的接线盒连接到三相电源上。根据铭牌规定，定子绕组可接成星形或三角形，如图 3-15 所示。

2. 转子

转子是电动机的旋转部分，由转子铁芯、转子绕组、转轴等组成。

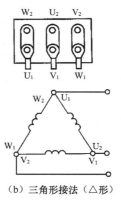

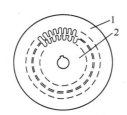

图 3-14　定子铁芯片 1 和转子铁芯片 2

（a）星形接法（Y形）　　　（b）三角形接法（△形）

图 3-15　定子绕组的星形和三角形连接

（1）转子铁芯。

转子铁芯片如图 3-14 标号 2 所示。转子铁芯是由优质硅钢片叠压成的圆柱体，转轴固定在铁芯中央。铁芯外表面有均匀分布的槽。

（2）转子绕组。

在转子铁芯外表面的槽中压进铜条（也称为导条），铜条两端分别焊在两个端环上。图 3-16（b）所示为除去铁芯后的转子绕组，由于其形状像松鼠笼，故称为鼠笼式电动机。

现在中小型电动机一般都采用铸铝转子，即在转子铁芯外表面的槽中浇入铝液，并同时在端环上铸出多片风叶作为散热用的风扇，如图 3-16（c）所示。

铜条

短路铜环

（a）转子冲片　　　（b）笼型绕组　　　（c）铸铝转子

图 3-16　三相异步电动机的转子结构

3.3.2　三相异步电动机的旋转磁场

三相异步电动机之所以能转起来，是因为其磁路中存在旋转磁场。

1.　旋转磁场的产生

图 3-17 所示为三相异步电动机简易模型的定子绕组分布示意图。三相对称绕组 U_1U_2、V_1V_2、W_1W_2 的线圈边嵌放在定子铁芯槽内，其头或尾在空间互差 120°。

为了标注简洁，在下面的图中将三相对称绕组 U_1U_2 用 AX 表示，V_1V_2 用 BY 表示，W_1W_2 用 CZ 表示。

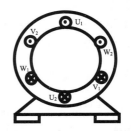

图 3-17　定子绕组分布示意图

在图 3-18（a）中，将三相绕组的尾 X、Y、Z 接在一起形成星形连接，绕组的头 A、B、C 分别接到三相电源上。各绕组中电流的正方向是从绕组的首端流入、末端流出。接通电源后便有对称的三相交变电流通入相应的定子绕组，对称的三相交变电流如图 3-18（b）所示。下面用图 3-18 分析电动机旋转磁场的形成。

当 $\omega t=0$ 时，i_A 为 0，故 AX 绕组中没有电流；i_B 为负，则电流从末端 Y 流入，从首端 B 流出；i_C 为正，则电流从首端 C 流入，从末端 Z 流出。

根据右螺旋法则，其合成磁场如图 3-18（c）所示。对定子铁芯内表面而言，上方相当于 N 极，下方相当于 S 极，即两个磁极，也称一对极。用 P 表示磁极对数，则 $P=1$。

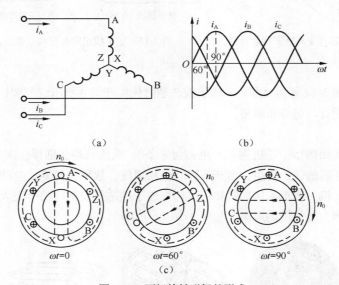

图 3-18　两极旋转磁场的形成

当 $\omega t=60°$ 时，i_C 为 0，故 CZ 绕组中没有电流；i_B 为负，则电流从末端 Y 流入，从首端 B 流出；i_A 为正，则电流从首端 A 流入，从末端 X 流出。合成磁场如图 3-18（c）所示。可见，合成磁场的磁极轴线在空间沿顺时针方向旋转了 60°。

同理，当 $\omega t=90°$ 时，i_A 为正，则电流从首端 A 流入，从末端 X 流出；i_B 为负，则电流从末端 Y 流入，从首端 B 流出；i_C 为负，则电流从末端 Z 流入，从首端 C 流出，可画出对应的合成磁场如图 3-18（c）所示。与 $\omega t=60°$ 时比较，合成磁场的磁极轴线在空间沿顺时针方向又旋转了 30°。

综上所述，当三相对称的定子绕组通入对称的三相电流时，将在电动机中产生旋转磁场，且旋转磁场为一对极时，电流变化电角度为 360°，合成磁场也在空间旋转 360°。

旋转磁场的磁极对数 P 与定子绕组的安排有关。通过适当的安排，也可产生两对、三对等多磁极对数的旋转磁场。

2. 旋转磁场的转速

根据上面的分析，电流变化一个周期，两极旋转磁场在空间旋转一周，若电流的频率为 f，则旋转磁场的转速为每秒 f 转。若以 n_0 表示旋转磁场的每分钟转速，则

$$n_0=60f\ (\text{r/min})$$

如果每相绕组有 2 个线圈（4 个线圈边）适当地安排绕组的分布，可以形成 4 个极的旋

转磁场，即 $P=2$。可以证明，$P=2$ 时，电流变化一个周期，合成磁场在空间只旋转 $180°$，其转速为

$$n_0 = 0.5 \times 60 f \text{（r/min）}$$

由此可以推广到 P 对极的旋转磁场的转速为

$$n_0 = \frac{60 f}{P} \text{（r/min）} \tag{3-4}$$

由式（3-4）可知，旋转磁场的转速 n_0（亦称同步转速）取决于电源频率和电动机的磁极对数 P。我国的电源频率为 50Hz，表 3-1 所示为电动机磁极对数所对应的同步转速。

表 3-1　　　　　　　　　　　　　不同磁极对数时的同步转速

P	1	2	3	4	5	6
n_0/r/min	3 000	1 500	1 000	750	600	500

3. 旋转磁场的方向

旋转磁场的方向取决于通入三相绕组中电流的相序。从图 3-19 可以看出，当通入三相绕组 AX、BY、CZ 中电流的相序依次为 i_A—i_B—i_C 时，旋转磁场的方向是沿绕组首端 A→B→C 的方向旋转，即顺时针旋转。如果把 3 根电源线中的任意两根对调，以改变通入三相绕组中电流的相序，如使 CZ 绕组中通入电流 i_B，BY 绕组中通入电流 i_C，AX 绕组中仍通入电流 i_A，如图 3-19 所示，由分析可知，此时旋转磁场的方向为 A→C→B，即逆时针旋转。可见调换电动机的任意两根电源线就可以使电动机反转。

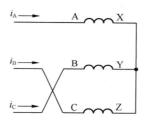

图 3-19　异步电动机的反转

3.3.3　三相异步电动机的转动原理

三相异步电动机的定子绕组中通入如图 3-20 所示的对称三相电流后，就会在电动机内部产生一个与三相电流的相序方向一致的转速为 n_0 的旋转磁场，旋转磁场的转速又称为同步转速。

旋转磁场与静止的转子导体之间存在相对运动，相当于转子导体切割磁力线，故产生感应电动势，则转子绕组中就有感应电流通过。而通电的转子导体在磁场中受到旋转磁场力的作用，这样转子就转起来了，如图 3-21 所示。

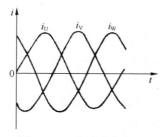

图 3-20　三相交流电流

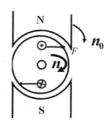

图 3-21　三相异步电动机的工作原理

正常情况下，转子的转速 n 略小于旋转磁场的转速 n_0，这也是"异步"电动机名称的由来。

那么为什么说转子的转速 n 略小于旋转磁场的转速 n_0 呢？假设转子转速 n 等于旋转磁场的转速 n_0，则转子与旋转磁场之间没有相对运动，则转子导体不切割磁力线，不产生感应电动势，没有转子电流，没有转矩产生。

通常把同步转速 n_0 与转子转速 n 之差对同步转速 n_0 之比值，称为异步电动机的转差率，有

$$s = \frac{n_0 - n}{n_0}$$

转差率 s 是异步电动机一个重要的参数。当电动机刚启动时，$n=0$，$s=1$；转子转速越高，s 越小。

3.4　三相异步电动机的转矩和机械特性

电磁转矩是三相异步电动机的重要物理量，机械特性则反映了一台电动机的运行性能。

3.4.1　电磁转矩

由三相异步电动机的转动原理可知，驱动电动机旋转的电磁转矩是由转子导条中的电流 I_2 与旋转磁场每极磁通 Φ 相互作用而产生的。因此，电磁转矩的大小与 I_2 及 Φ 成正比。由于转子电路既有电阻，也有感抗存在，故转子电流 I_2 滞后于转子感应电动势 E_2 一个相位差角 φ_2，转子电路的功率因数为 $\cos\varphi_2$。由于只有转子电流的有功分量 $I_2\cos\varphi_2$ 与旋转磁场相互作用才能产生电磁转矩，因此异步电动机的电磁转矩与 Φ、I_2、$\cos\varphi_2$ 成正比。

每相定子绕组都嵌放在定子铁芯中，是典型的交流铁芯线圈电路。根据基本电磁关系式，当每相定子绕组的电压 U_1 和频率 f_1 一定时，旋转磁场的每极磁通量 Φ 基本不变。当转子的转速变化时，由于转子中感应电流的大小和频率都要随之变化，于是转子电路的感抗及 $\cos\varphi_2$ 也随之改变。这就是说，I_2 和 $\cos\varphi_2$ 都因转子转速的变化，即转差率 s 的变化而改变。可以证明，异步电动机的电磁转矩 T 可表示为

$$T = K_T \frac{sR_2U_1^2}{\sqrt{R_2^2 + (sX_{20})^2}} \tag{3-5}$$

式（3-5）中 K_T 为与电动机结构相关的常数，U_1 为定子绕组的相电压，s 为转差率，R_2 为转子电路每相的电阻，X_{20} 为电动机启动时转子尚未转起来时的转子感抗。

由式（3-5）可见，电磁转矩与相电压 U_1 的平方成正比，所以电源电压的波动将对电动机的电磁转矩产生很大的影响。在分析异步电动机的运行特性时，要特别注意这一点。

在式（3-5）中，当电源电压 U_1 和 f_1 一定，且 R_2、X_{20} 都是常数时，电磁转矩 T 只随转差率 s 变化。T 与 s 之间的关系可用转矩特性 $T=f(s)$ 表示，其特性曲线图如图 3-22 所示。

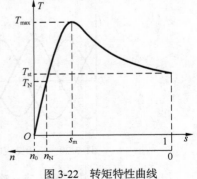

图 3-22　转矩特性曲线

3.4.2　机械特性

在实际工作中，常用异步电动机的机械特性 $n=f(T)$ 来分析问题，机械特性反映了电动机的转速 n 和电磁转矩 T 之间的函数关系。

将图 3-22 转矩特性曲线中的 s 坐标换成 n 坐标，将 T 轴左移到 $s=1$ 处，再将曲线顺时针旋转 $90°$，即得到如图 3-23 所示的机械特性曲线。

由于电磁转矩与定子相电压 U_1 的平方成正比，所以机械特性曲线将随 U_1 的改变而变化，图 3-24 是对应不同定子电压 U_1 时的机械特性曲线。图 3-24 中，$U_1' < U_1$。由于 U_1 的改变不影响同步转速 n_0，所以两条曲线具有相同的 n_0。

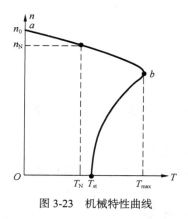

图 3-23　机械特性曲线

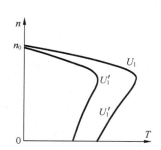

图 3-24　U_1 对机械特性的影响

电动机的负载是其轴上的阻转矩。电磁转矩 T 必须与阻转矩 T_c 相平衡，即 $T = T_c$ 时电动机才能等速运行。当 $T>T_c$ 时，电动机加速；当 $T<T_c$ 时，电动机减速。

阻转矩主要是轴上的机械负载转矩 T_2，此外还包括电动机的机械损耗转矩 T_0。若忽略很小的 T_0，则阻转矩为

$$T_c=T_2+T_0 \approx T_2$$

因此可近似认为，只要电动机的电磁转矩与轴上的负载转矩相平衡，即 $T=T_2$ 时，电动机就可以等速运行。下面讨论关于机械特性曲线的相关问题。

1.　三个重要的转矩

（1）额定转矩 T_N。

电动机的额定转矩是电动机带额定负载时输出的电磁转矩。由于电磁转矩必须与轴上的负载转矩相等才能稳定运行，由机械原理可得

$$T = T_2 = \frac{P_2}{\Omega} = \frac{P_2 \times 10^3}{2\pi n/60} = 9\,550\,\frac{P_2}{n}(\text{N} \cdot \text{m}) \tag{3-6}$$

式（3-6）中，P_2（千瓦）是电动机轴上输出的机械功率，n（转/分）是电动机的输出转速。当 P_2 为电动机输出的额定功率 P_{2N}，n 为额定转速 n_N 时，由式（3-6）计算出的转矩就是电动机的额定转矩 T_N。电动机的额定功率和额定转速可从其铭牌上查出。

（2）最大转矩 T_m。

107

T_m 是三相异步电动机所能产生的最大转矩。一般允许电动机的负载转矩在较短的时间内超过其额定转矩，但是不能超过最大转矩。因此，最大转矩也表示电动机允许短时过载的能力，用过载系数 λ_m 表示为

$$\lambda_m = \frac{T_m}{T_N} \qquad (3\text{-}7)$$

一般三相异步电动机的过载系数为 1.8～2.2。

（3）启动转矩 T_{st}。

电动机接通电源瞬间（$n=0$）的电磁转矩称为启动转矩。电动机的启动转矩必须大于静止时其轴上的负载转矩才能启动。通常用 T_{st} 与 T_N 之比表示异步电动机的启动能力，用启动系数 λ_s 表示为

$$\lambda_s = \frac{T_{st}}{T_N} \qquad (3\text{-}8)$$

一般三相异步电动机的启动系数约为 0.8～2。

2. 电动机的运行状态分析

电动机的机械特性曲线分为两个区段，即 ab 段和 cb 段。电动机只能在 ab 段稳定地运行，cb 段是不能稳定运行的。

设电动机的负载转矩为 T_{21}。当电动机接通电源后，只要启动转矩大于轴上的负载转矩，转子便由静止开始旋转。由图 3-25 可见，cb 段的电磁转矩 T 随着转速 n 的升高而不断增大，于是转子转速由曲线的 c 点开始沿 cb 段逐渐加速。经过 b 点进入 ab 段后，T 随 n 的增加而减小。当加速至 m_1 点时 $T = T_{21}$，之后电动机就以恒定速度 n_1 稳定运行在 m_1 点。

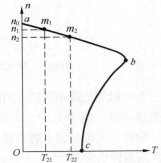

图 3-25　电动机的稳定运行

若由于某种原因负载转矩增加到 T_{22} 的瞬时，由于 T_{22} 大于此时的电磁转矩 T，于是电动机将沿 ab 段减速。在 ab 段电磁转矩 T 随 n 的下降而增大，当运行在 m_2 点时，电磁转矩 T 与负载转矩 T_{22} 相等，电动机就以新的速度 n_2 稳定运行在 m_2 点。同理，若负载转矩变小，电动机将沿曲线 ab 段加速，最后以高于 n_1 的转速稳定运行。

由此可见，在机械特性的 ab 段内，当负载转矩发生变化时，电动机能自动调节电磁转矩的大小以适应负载转矩的变化，从而保持稳定运行的状态，故 ab 段称为稳定运行区。可以说，在稳定运行区电动机的力矩大小取决于负载。

异步电动机的机械特性曲线，其 ab 段比较平坦，转矩变化时产生的转速变化不很大，故称异步电动机有较硬的机械特性。

若电动机长时间过负载（超过额定转矩）运行将会使电动机过热。因为过负载运行时，其转速要低于额定转速，因而转子导条相对于旋转磁场的转速增大，导条中的感应电流也增大。与变压器一样，电动机的转子和定子电路也是通过磁路联系起来的，转子电路相当于变压器的副边，定子电路相当于变压器的原边。根据变压器原理，转子电流增大时定子电流也必随之增加，从而造成电动机过热。由上述分析可知，电动机运行过程中要对其进行过载保护。

在电动机运行过程中，若负载转矩增加太多，致使 $T_2 > T_m$ 时，电动机运行点将越过机械特

性曲线的 b 点而进入 bc 段。由于 bc 段的电磁转矩 T 随 n 的下降而减小，T 的减小又进一步使转速下降，电动机的转速很快会下降到零而停转，又称为堵转。电动机堵转时，其定子绕组仍接在电源上，旋转磁场以同步转速 n。高速切割转子导条，造成定、转子电流剧增，定子电流迅速升高至额定电流的 5~7 倍。此时若不及时切断电源，电动机将迅速过热而烧毁，这种现象称为闷车。由上面的分析可见，电动机在 bc 段不能稳定运行。

在电动机运行过程中，若其负载转矩（T_2）一定而 U_1 下降为 U_1' 时，电动机的机械特性曲线将由图 3-26 中的 1 变为 2，电动机将在曲线 2 的 a 点运行。此时，由于 $n_1<n$，转子导条相对于旋转磁场的转差增大，导致定、转子的电流增加。如果电动机运行在满载情况下，电流的增加将会超过其额定值而使绕组过热。若 U_1 下降过于严重，致使 $T_2>T_m$，则电动机的转速将沿 bc 段急剧下降直至电动机停转，同样会造成闷车事故。

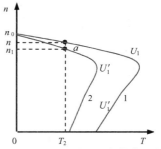

图 3-26　电压对电动机运行状态的影响

【例 3-3】某三相异步鼠笼式电动机，其额定功率 P_N=55kW，额定转速 n_N=1 480 r/min，λ_m=2.2，λ_s=1.3。试求这台电动机的额定转速 T_N、启动转矩 T_{st} 和最大转矩 T_m 各为多少？

解： 由式（3-6）计算电动机的额定转矩得

$$T_N = (9\ 550 \times 55 / 1\ 480)\ \text{N} \cdot \text{m} \approx 354.9\ \text{N} \cdot \text{m}$$

$$T_{st}=(1.3 \times 354.9)\ \text{N} \cdot \text{m} = 461.37\ \text{N} \cdot \text{m}$$

$$T_m=(2.2 \times 354.9)\ \text{N} \cdot \text{m} = 780.78\ \text{N} \cdot \text{m}$$

3.5　三相异步电动机的启动、调速和制动

由三相异步电动机的机械特性可以看出，要更好、更高效地使用电动机，应根据生产机械的负载特性选择合适的电动机。此外，还应考虑电动机的启动、制动、散热、调速、效率等实际问题。在此，仅介绍电动机的启动、调速和制动。

3.5.1　三相异步电动机的启动

三相异步电动机的启动分为全压启动和降压启动。加在定子绕组的启动电压为电动机的额定电压的启动方式称为全压启动。全压启动时，刚接通电源瞬间，旋转磁场和转子间的相对转速较大，由于电磁感应则定子电流也很大，一般为额定电流的 4 ~ 7 倍，如图 3-27 所示。

过大的启动电流会在线路上造成较大的电压降，影响供电线路上其他设备的正常工作。此外，当启动频繁时，过大的启动电流会使电动机过热，影响使用寿命。通常 10kW 以下的异步电动机才采用直接启动方式。

降压启动是指启动时降低加在电动机定子绕组上的电压，待启动结束后再恢复额定值运行。三相异步电动机的降压启动常用串电阻降压启动、星三角降压启动和自耦变压器降压启动等方法，如图 3-28 所示。

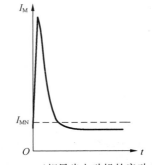

图 3-27　三相异步电动机的启动电流

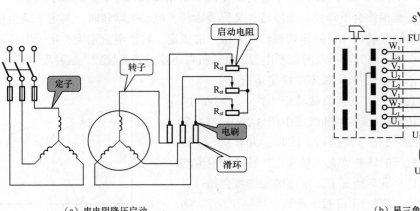

（a）串电阻降压启动　　　　　　　　　　　（b）星三角降压启动

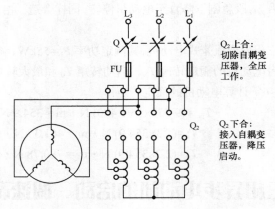

（c）自耦变压器降压启动

图 3-28　各种降压启动示意图

3.5.2　三相异步电动机的调速

负载不变，改变电动机的转速或者负载变化，保持电动机速度不变，称为异步电动机的调速。

电动机调速用得最多的是变频调速，其基本原理是：采用整流电路将交流电转换为直流电，再由逆变器将直流电变换为频率、电压可调的三相交流电，如图 3-29 所示。

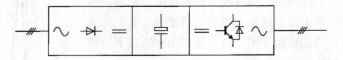

图 3-29　变频调速示意图

对于绕线式电动机，通过改变接到转子电路中的电阻的大小，从而进行调速。

变极调速是改变定子绕组的连接方式，改变磁极对数，使电动机获得不同的转速。

3.5.3　三相异步电动机的制动

在生产中，常要求电动机能迅速而准确地停止转动，所以需要对电动机进行制动。鼠笼电动机常用的电气制动方法有反接制动和能耗制动两种。

1. 反接制动

图 3-30 所示为反接制动的原理图。当电动机须停转时，将 3 根电源线中的任意两根对调位置而使旋转磁场反向，此时产生一个与转子惯性旋转方向相反的电磁转矩，从而使电动机迅速减速。当转速接近零时必须立即切断电源，否则电动机将会反转。

反接制动的特点是设备简单，制动效果较好，但能量消耗大。有些中小型车床和机床主轴的制动采用这种方法。

2. 能耗制动

图 3-31 所示为能耗制动的原理图。当电动机断电后，立即向定子绕组中通入直流电而产生一个固定的不旋转的磁场。由于转子仍以惯性转速运转，转子导条与固定磁场间有相对运动并产生感应电流。这时，转子电流与固定磁场相互作用产生的转矩方向与电动机惯性转动的方向相反，起到制动作用。

能耗制动的特点是制动平稳准确，耗能小，但需配备直流电源。

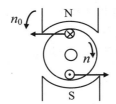

图 3-30　反接制动原理

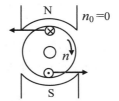

图 3-31　能耗制动原理

3.6　三相异步电动机的铭牌和选择原则

在生产上，三相异步电动机用得最为广泛，正确地选择它的功率、种类、型号，以及正确地选择它的保护电器和控制电器，是极为重要的。正确地选择异步电动机，还要详细了解电动机的铭牌数据，根据铭牌数据可以了解有关这个电动机的结构、电气、机械等性能参数。本节讨论三相异步电动机的铭牌和选择原则。

3.6.1　三相异步电动机的铭牌

每台电动机的机座上都有一个铭牌，标记了电动机的型号、额定值和连接方法等，如图 3-32 所示。

要正确使用电动机，必须能看懂铭牌。按电动机铭牌所规定的条件和额定值运行，称为额定运行状态。

型号指电动机的产品代号、规格代号和特殊环境代号。国产异步电动机的型号一般用汉语拼音字母和一些阿拉伯数字组成，其含义如图 3-33 所示。

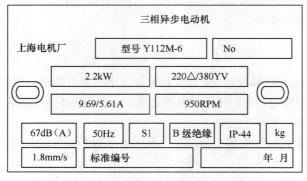

图 3-32　电动机的铭牌

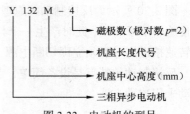

图 3-33　电动机的型号

额定功率 P_N：指电动机在额定运行时轴上输出的机械功率，单位是 kW。图 3-32 中 P_N=2.2 kW。

额定电压 U_N 与接法：指电动机在额定运行时定子绕组应加的线电压，单位为 V。图 3-32 中铭牌标注 220△/380 YV，是指当电源线电压为 220 V 时，定子绕组应采用三角形连接；而电源线电压为 380V 时，定子绕组应采用星形连接。

额定电流 I_N：指电动机在额定运行时定子绕组的线电流，单位为 A。

额定频率 f_N：指加在电动机定子绕组上的允许频率。

额定转速 n_N：指电动机在额定电压、额定频率和额定输出功率情况下，电动机的转速，单位是 r/min。

绝缘等级：指电动机内部所用绝缘材料允许的最高温度等级，它决定了电动机工作时允许的温升。各种等级对应的温度关系如表 3-2 所示。

表 3-2　　　　　　　　　电动机允许温升与绝缘耐热等级关系

绝缘耐热等级	A	E	B	F	H	C
允许最高温度/℃	105	120	130	155	180	180 以上
允许最高温升/℃	60	75	80	100	125	125 以上

此外，三相异步电动机铭牌上还标有定额、防护等级、噪音量等。

3.6.2　三相异步电动机的功率选择原则

功率的选择实际上也就是容量的选择，如果容量选择太大，容量没得到充分利用，既增加投资，也增加运行费用。如选得过小，电动机的温度过高，影响寿命，严重时，可能还会烧毁电动机。对于长期运行（长时工作制）的电动机，可选其额定功率 P_N 等于或略大于生产机械所需的功率；对于短时工作制或重复短时制工作的电动机，可以选择专门为这类工作制设计的电动机，也可选择长时制电动机，但可根据间歇时间的长短，电动机功率的选择要比生产机械负载所要求的功率要小一些。

3.6.3 三相异步电动机的种类和形式的选择原则

下面介绍三相异步电动机的种类和形式的选择原则。

1. 种类的选择

选择电动机的种类是从交流或直流、机械特性、调速与启动性能、维护及价格等方面来考虑的。

因为通常生产场所用的都是三相交流电源，如果没有特殊要求，一般都应采用交流电动机。在交流电动机中，三相笼型异步电动机结构简单，坚固耐用，工作可靠，价格低廉，维护方便。其主要缺点是调速困难，功率因数较低，启动性能较差。因此，要求机械特性较硬而无特殊调速要求的一般生产机械的拖动应尽可能采用笼型电动机。在功率不大的水泵和通风机、运输机、传送带上，在机床的辅助运动机构（如刀架快速移动、横梁升降和夹紧等）上，差不多都采用笼型电动机。一些小型机床上也采用它作为主轴电动机。

绕线型电动机的基本性能与笼型相同。其特点是启动性能较好，并可在不大的范围内平滑调速。但是它的价格比笼型电动机贵，维护亦较不便。因此，对某些起重机、卷扬机、锻压机及重型机床的横梁移动等不能采用笼型电动机的场合，才采用绕线型电动机。

2. 结构形式的选择

由于生产机械种类繁多，它们的工作环境也各不相同。若电动机在潮湿或含有酸性气体的环境中工作，则绕组的绝缘很快受到侵蚀。若在灰尘很多的环境中工作，则电动机很容易脏污，致使散热条件恶化。因此，有必要生产各种结构形式的电动机，以保证在不同的工作环境中能安全可靠地运行。所以设计和生产出了能运行在不同环境条件下的各种类型的异步电动机。

（1）开启式电动机。这种类型的电动机在构造上无特殊防护装置，用于干燥无尘的场所。这种电动机散热效果良好。

（2）全封闭式电动机。这种电动机具有全封闭式的外壳，既防水的滴溅又防粉尘等杂物。散热条件不如开启式电动机。

（3）密闭式电动机。密闭式电动机的外壳严密封闭，有的密闭式电动机具有很好的防水性能（如潜水泵电机）。由于采用密闭结构，所以这种电动机的散热条件较差，多采用外部冷却的方式。

（4）防爆电动机。这种电动机也采用密闭式结构。此外，电机骨架被设计成能够承受巨大的压力。能够将电动机内部的火花、绕组电路短路、打火等完全与外界隔绝。这种电动机用在一些高粉尘、有爆炸气体、燃烧气体环境的场合。

3.6.4 三相异步电动机的电压和转速的选择原则

1. 电压的选择原则

电动机电压等级的选择，要根据电动机的类型、功率以及使用地点的电源电压来决定。Y 系列鼠笼式电动机的额定电压只有 380 V 一个等级。只有大功率的电动机才采用 3 000 V 和 6 000 V 的电压。

2. 转速的选择原则

异步电动机的速度由于受到电源频率和电动机旋转磁场极对数的限制，选择范围并不大。电动机的额定转速是根据生产机械的要求而选定的。但是，通常转速不低于 500 r/min。因为当功率一定时，电动机的转速越低，则其尺寸越大，价格越贵，而且效率也较低。因此就不如购买一台高速电动机，再另配减速器合算。

异步电动机通常采用 4 个极的，即同步转速 n_0=1 500 r/min。

3.7　电动机的分类

由于生产上的需要，设计和生产出了多种电气和机械性能不同的电动机，以适合不同的机械负载的工作要求。

（1）普通启动转矩电动机。

用于一般机械负载的启动，大部分的电动机都属于这个范畴，启动系数从 0.7 ~ 1.3（从 15 ~ 150 kW）。一般情况下，启动电流不超过额定电流的 6.4 倍。这些电动机用在一般的生产机械、驱动风扇和离心泵等。

（2）高启动转矩电动机。

这种电动机用于启动条件非常差的场合，如水泵、活塞式压缩机等。这些负载要求电动机的启动转矩是负载额定转矩的 2 倍，但启动电流同样不超过额定电流的 6.4 倍。一般情况下，通常采用具有良好启动转矩特性的双鼠笼结构电动机。

（3）高转差率电动机。

运行速度通常为同步速度的 85% ~ 90%。这些电机适用于较大惯性负载的启动过程（像离心干燥机、大飞轮）。这种电动机的鼠笼条的电阻值较大，为了防止过热，常常在间歇工作状态下工作。这种随着负载的增加，速度下降较大的电动机也特别适合挤压和冲孔机械。

练习题

（1）当三相异步电动机的负载增加时，为什么定子电流会随转子电流的增加而增加？

（2）三相异步电动机带动一定的负载运行时，若电源电压降低了，此时电动机的转矩、电流及转速有无变化？如何变化？

3.8　实验 1　变压器及其参数测量

1. 实验目的

（1）学习测量变压器的变比及外特性的方法。
（2）学习用实验的方法测定变压器绕组的同极性端。
（3）掌握自耦变压器使用。

2. 实验仪器与器件

（1）自耦变压器 1 台。

（2）单相变压器 1 台。

（3）交流电压表 1 台。

（4）交流电流表 1 台。

（5）白炽灯若干。

（6）开关若干。

3.　实验原理

（1）变压器的空载特性。

变压器的变比是在空载时测得的，变压比 $K = U_1/U_{20}$，其中 U_{20} 为副边空载时的电压。

变压器空载时，原边电压 U_1 与空载电流 I_0 的关系称为空载特性，其变化曲线和铁芯的磁化曲线相似，如图 3-34 所示。空载特性可以反映变压器磁路的工作状态。磁路的最佳工作状态是空载电压等于额定电压时，工作点在空载特性曲线接近饱和而又没有达到饱和的拐点（边缘）处。如果工作点偏低，空载电流很小，磁路远离饱和状态，可以适当减少铁芯的截面积或者适当减少线圈匝数；如果工作点偏高，空载电流太大，则磁路已达到饱和状态，应适当增大铁芯的截面积或者增加线圈匝数。

（2）变压器的外特性。

变压器的原副绕组都具有内阻抗，即使原边电压 U_1 数值不变，副边电压 U_2 也将随着负载电流 I_2 的变化而变化。当 U_1 一定，负载功率因数 $\cos\varphi_2$ 不变时，U_2 与 I_2 的关系就是变压器的外特性，其变化曲线如图 3-35 所示。对于电阻性和电感性的负载，U_2 随着 I_2 的增加而减小。

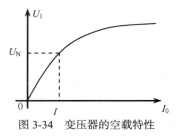

图 3-34　变压器的空载特性

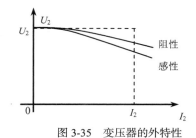

图 3-35　变压器的外特性

（3）变压器绕组的同极性端。

使用变压器时，有时要注意绕组的正确连接。而正确连接的前提是必须判断出绕组的同极性端。通常在绕组上标以记号"●"表示同极性端。同极性端的判断通常用直流法和交流法。

图 3-36 所示为直流法测定同极性端的电路。在 S 闭合瞬间，若电流（毫安）表正向偏转，则 1、3 端为同极性端。若电流表反偏，则 1、4 端为同极性端。

图 3-37 所示为交流法测定同极性端的电路。将两个绕组的任意两端（如 2 端、4 端）连在一起，

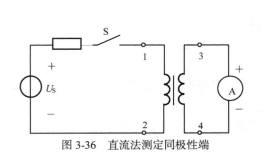

图 3-36　直流法测定同极性端

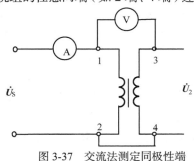

图 3-37　交流法测定同极性端

在其中的一个绕组两端加一个交流电压，用交流电压表分别测出端电压 U_{13}、U_{12} 和 U_{34}。若 U_{13} 是两个绕组端电压之差，则 1、3 是同极性端；若 U_{13} 是两个绕组端电压之和，则 1、4 是同极性端。

4．预习要求

（1）复习变压器空载及有载的工作特性。

（2）了解同极性端定义及测定方法。

（3）自耦变压器和普通变压器有什么不同？

5．实验内容

（1）自耦变压器使用练习。

观察自耦变压器的输出电压随着手柄转动时的变化情况。使用完毕后，将调压器手柄调回零位。

（2）变压器变比的测定。

变压器原边接入额定电压，副边不接负载，测量原边电压 U_1 和副边空载电压 U_{20}，计算变比

$$K = \frac{U_1}{U_{20}}$$。

（3）变压器外特性测试。

保持 U_1 为额定电压不变，副边逐个接上白炽灯，每次均测量 I_1、I_2、U_2，如图 3-38 所示。将测量结果填入表 3-3 中。

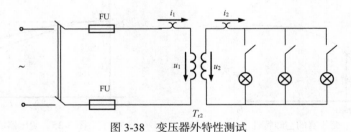

图 3-38　变压器外特性测试

表 3–3　　　　　　　　　　　　变压器外特性测试数据记录表

项　　目	I_1	I_2	U_2
1 个白炽灯			
2 个白炽灯			
3 个白炽灯			

（4）同极性端的测定。

按图 3-38 接好线路，用交流法判断同极性端。

6．注意事项

（1）在整个实验过程中，将一个电流表串接在原绕组中，注意流过原绕组的电流不能超过绕组的额定电流。

（2）切勿将自耦变压器的原、副边接反，使用完毕后一定要将手柄调回到输出电压为 0 的状态。

7. 实验报告要求

（1）计算变压器的变比 K 和空载电流对额定电流的比 I_0/I_N。

（2）根据表 3-3 中的测量数据，作 $U_2=f(I_2)$ 曲线，并计算电压调整率。

（3）判定两绕组同极性端的结果如何？

3.9 实验 2　三相异步电动机的使用与启动

1. 实验目的

（1）熟练掌握电动机直接起、停控制线路的工作原理与接线方法。

（2）熟练掌握电动机直接既能点动又能连续运行的控制线路的工作原理与接线方法。

（3）熟练掌握正、反转控制线路的工作原理及接线方法。

2. 实验设备及器件

（1）三相异步电动机 1 台。

（2）自动空气开关 1 只。

（3）熔断器 3 只。

（4）交流接触器 2 只。

（5）热继电器 1 只。

（6）按钮 3 只。

3. 实验原理

（1）　三相异步电动机的启、停控制电路如图 3-39 所示。

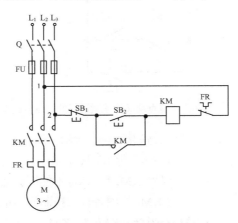

图 3-39　电动机直接启、停控制电路

主电路是从三相电源端点 L_1、L_2、L_3 引来，经过电源开关 Q，三相熔断器 FU、接触器 3 对主触头 KM 以及热继电器 FR 的热元件到电动机。

控制电路由交流接触器 KM 的线圈以及启动按钮 SB_2、停止按钮 SB_1、热继电器 FR 的常闭触点以及接触器 KM 的辅助触头组成。

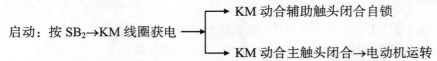

启动：按 SB$_2$→KM 线圈获电 ⟶ KM 动合辅助触头闭合自锁

KM 动合主触头闭合→电动机运转

松开按钮 SB$_2$，由于接在按钮 SB$_2$ 两端的 KM 动合辅助触头闭合自锁，控制回路仍保持接通，电动机 M 继续运转。

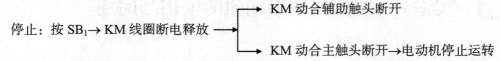

停止：按 SB$_1$→ KM 线圈断电释放 ⟶ KM 动合辅助触头断开

KM 动合主触头断开→电动机停止运转

这种当启动按钮 SB$_2$ 断开后，控制回路仍能自行保持接通的线路，叫作自锁（或自保）的控制线路，与启动按钮 SB$_2$ 并联的这一副动合辅助触头 KM 叫作自锁（或自保）触头。

具有自锁控制线路的另一个重要特点是它具有欠电压与失电压（或零电压）保护作用。

过载保护：FR 为热继电器起过载保护作用。它的热元件串接在电动机的主回路中，动断触头则串接在控制回路中。电动机在运行过程中，如果过载或其他原因，使负载电流超过其额定值时，经过一定时间（其时间长短由过载电流的大小决定），使串接在控制回路中的常闭触头断开，切断控制回路，接触器 KM 的线圈断电，主触头分断。电动机 M 便脱离电源停转，要等热继电器的双金属片冷却恢复原来状态后，电动机才能重新进行工作，达到了过载保护的目的。

（2）三相异步电动机既能点动又能连续运行的控制电路如图 3-40 所示。当 SB$_2$ 按下时，电动机连续运行；当复合按钮 SB$_3$ 按下时，SB$_3$ 的常闭触点先断开，使 KM 自锁触点断开，电动机停转，SB$_3$ 的常开触点后闭合，KM 主触点闭合，电动机点动运行。

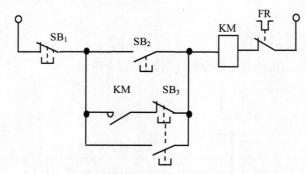

图 3-40　既能点动又能连续运行的控制电路

（3）三相异步电动机的正反转控制电路如图 3-41 所示。图 3-41（a）为主电路，接触器联锁的正、反转控制电路工作原理，如图 3-41（b）所示。图中采用两个接触器 KM$_F$ 和 KM$_R$ 控制电动机的正、反转。需要特别注意的是，接触器 KM$_F$ 和 KM$_R$ 不能同时通电，否则它们的主触头同时闭合，将造成电源短路，为此在 KM$_F$ 与 KM$_R$ 线圈各自的控制回路中相互串联了对方的一副动断辅助触头，以保证两接触器不会同时通电吸合。KM$_F$ 与 KM$_R$ 这两副动断辅助触头在线路中所起的作用称为联锁（或互锁）作用，这两副动断触头就叫作联锁触头。

控制电路中有 3 个按钮：SB 为停转按钮，SB$_F$ 为正转启动按钮，SB$_R$ 为反转启动按钮。

按钮联锁的控制线路如图 3-41（c）所示，该电路在电动机正（反）换反（正）转时，可以不按停转按钮 SB 而直接按反（正）转按钮进行控制。请读者自行分析控制原理。

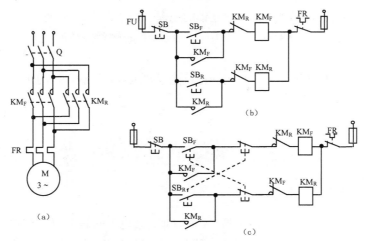

图 3-41　电动机正反转控制电路

4. 预习要求

（1）分析各电路的控制过程。

（2）分析正、反转控制电路中自锁、互锁的作用。

（3）分析各电路的保护作用。

（4）设计一个两地控制一台电动机的控制电路，即在任一地都可以启动和停止电动机。

5. 实验内容

（1）三相异步电动机的起、停控制。

按图 3-39 连接好线路（先接主电路，后接控制电路），并按主电路和控制电路仔细查对电路。确定电路接线无误后，接通电源开关，操作按钮，检查电动机的工作状况和各电器的工作状态是否正常，如属正常，将电路恢复到静止状态，否则应查找原因。

（2）三相异步电动机既能点动又能长动控制。

按图 3-40 连接好线路并仔细检查。确定电路接线无误后，接通电源开关，操作按钮，分别观察电动机的点动运行和长动运行状态。

（3）三相异步电动机的正反转控制。

按图 3-41 连接好线路并仔细检查。确定电路接线无误后，接通电源开关，操作按钮，分别观察电动机的正转和反转有无异常，若有异常现象，查找原因，改接电路。

（4）三相异步电动机的异地控制。

按预习设计电路连线，并检查是否满足设计要求。

6. 注意事项

（1）要按照主电路和控制电路分别连接、检查的原则去接线、查线。

（2）在连接、检查、拆线的过程中一定要断电。

7. 实验报告要求

（1）实验中发生过什么故障？简述排除故障的过程。

（2）接触器互锁与接触器和按钮双重互锁的原理、操作有什么不同？

（3）假设控制线路中没有互锁，当其中一只接触器的触点烧住时，电路将会出现什么故障现象？

（4）熔断器和热继电器两者可否只用一种就能起到短路和过载保护的作用？为什么？

本章小结

变压器具有变换电压、变换电流和变换阻抗的功能，在电工电子技术中获得广泛应用。现代各种生产机械均广泛应用电动机来驱动，理解并掌握一定的电动机方面的知识，对理解各种生产机械在生产过程中的应用具有十分重要的意义。本章首先介绍了变压器的结构和工作原理，介绍了变压器绕组的极性及绕组连接应注意的问题。其次，本章介绍了三相异步电动机的结构和转动原理、转矩和机械特性，三相异步电动机的启动、调速和制动以及如何正确读取三相异步电动机的铭牌数据和如何在生产实践中正确选择三相异步电动机。

习题

1. 有一台 10000/230 V 的单相变压器，其铁芯截面积 $S=120\ \text{cm}^2$，磁感应强度最大值 $B_m=1\text{T}$，电源频率为 $f=50\ \text{Hz}$。求原、副绕组的匝数 N_1、N_2 各为多少？

2. 有一单相照明变压器，容量为 10 kV·A，额定电压为 3300/220 V。① 求原、副绕组的额定电流？② 现在要在副边接上 220 V、40 W 的白炽灯（可视为纯电阻），如果要求变压器在额定情况下运行，这种电灯最多可接多少盏？

3. 将 $R=8\ \Omega$ 的扬声器接在变压器的副边，已知 $N_1=300$，$N_2=100$，信号源电动势 $E=6\ \text{V}$，内阻 $R_0=100\ \Omega$。试求此时信号源输出的功率是多少。

4. 一台 50 kV·A、6000/230 V 的变压器，试求：① 电压变比 K 及 I_{1N} 和 I_{2N}。② 该变压器在满载情况下向 $\cos\varphi=0.85$ 的感性负载供电时，测得副边电压为 220 V，求此时变压器输出的有功功率。

5. 在图 3-42 所示电路中，变压器的同极性端如图 3-42 所示。当 S 接通瞬间，试指出电流表是正向偏转还是反向偏转。

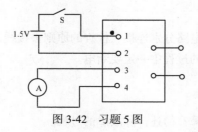

图 3-42　习题 5 图

6. 已知 Y180-6 型电动机的电动机额定功率 P_N=15 kW，额定转差率 S_N=0.03，电源频率 f_1=50 Hz。求同步转速 n_0、额定转速 n_N、额定转矩 T_N。

7. 已知 Y112M-4 型异步电动机的 P_N=4 kW，U_N=380 V，n_N=1 440 r/min，$\cos\varphi$=0.82，η_N=84.5%，设电源频率 f_1=50 Hz，△接法。试计算额定电流 I_N、额定转矩 T_N、额定转差率 S_N。

8. 某三相异步电动机，P_N=30 kW，额定转速为 1 470 r/min，T_m/T_N=2.0，T_{st}/T_N=2.2。① 计算额定转矩 T_N。② 根据上述数据，大致画出该电动机的机械特性曲线。

第4章

继电接触控制线路

继电接触控制线路是把各种有触点的接触器、继电器、按钮和行程开关等电器元件，按一定的方式连接起来进行控制的电路。它主要是实现对电力拖动系统的启动、调速、反转和制动等运行性能的控制，实现对拖动系统的保护，满足生产工艺要求，实现生产过程自动化。

【学习目标】
- 了解常用低压电器的结构和功能。
- 掌握继电—接触控制电路的自锁、互锁以及行程、时间等控制原则。

4.1　常用低压电器

低压电器是电气控制中的基本组成元件，常用低压电器的种类多，一般可以分为手控和自动两类。手控电器必须由人工操作，如闸刀开关、按钮等。自动电器是随某些电信号（如电压、电流等）或某些物理量的变化而自动动作的，如继电器、接触器、行程开关等。

4.1.1　闸刀开关

闸刀开关是一种应用广泛的手控电器。它的结构简单，由刀片（动触点）和刀座（静触点）组成。闸刀开关在低电压电路中，作为不频繁接通和分断电路用或用来将电路与电源隔离。根据闸刀开关按触刀片数多少可分为单极、双极、三极等几种，每种又有单投和双投之别，如图 4-1 所示。

用闸刀开关断开感性电路时，在触刀和静触点之间可能产生电弧。较大的电弧会把触刀和触点灼伤或烧熔，甚至使电源相线间短路而造成火灾和人身事故，所以大电流的闸刀开关应设有灭弧罩。

安装闸刀开关时，要把电源进线接在静触点上，负载接在可动的触刀一侧。这样，当断开电源时触刀就不会带电。闸刀开关一般垂直安装在开关板上，静触点应在上方。

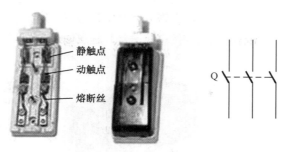

图 4-1　闸刀开关的结构及符号

4.1.2　铁壳开关

铁壳开关，主要由钢板外壳、触刀开关、操作机构、熔断器等组成，如图 4-2（a）所示。闸刀开关带有灭弧装置，能够通断负荷电流，熔断器用于切断短路电流。铁壳开关一般用于小型电力排灌、电热器、电气照明线路的配电设备中，用于不频繁地接通与分断电路，也可以直接用于异步电动机的非频繁全压启动控制。

铁壳开关的操作结构有两个特点：一是采用储能合闸方式，即利用一根弹簧以执行合闸和分闸的功能，使开关的闭合和分断时的速度与操作速度无关。它既有助于改善开关的动作性能和灭弧性能，又能防止触点停滞在中间位置。二是设有联锁装置，以保证开关合闸后便不能打开箱盖，而在箱盖打开后，不能再合开关，起到安全保护作用。其图形符号也是由手动负荷开关 QL 和熔断器 FU 组成，如图 4-2（b）所示。

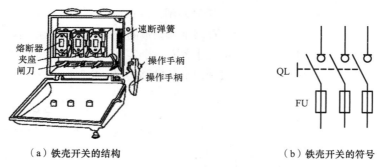

（a）铁壳开关的结构　　　　　　　　　　（b）铁壳开关的符号

图 4-2　铁壳开关的结构及符号

4.1.3　按钮

按钮是广泛使用的控制电器。图 4-3（a）所示为一种按钮的结构示意图，图 4-3（b）所示为一种按钮的外形，图 4-3（c）是其符号。

在未按动按钮之前，上面一对静触点与动触点接通，称为常闭触点；下面一对静触点与动触点是断开的，称为常开触点。

只具有常闭触点或只具有常开触点的按钮称为单按钮。既有常闭触点，也有常开触点的按钮称为复合按钮。

图 4-3 所示为一种复合按钮。当按下按钮时，动触点与上面的静触点分开（称为常闭触点断开）而与下面的静触点接通（称常开触点闭合）。当松开按钮时按钮复位，在弹簧的作用下动触点

恢复原位，即常开触点恢复断开，常闭触点恢复闭合。各触点的通断顺序为：当按动按钮时，常闭触点先断开，常开触点后闭合；当松开按钮时，常开触点先断开，常闭触点后闭合。

（a）按钮的结构　　　　　　　（b）按钮的外形　　　　　　　（c）按钮的符号

图 4-3　按钮的结构示意图、外形及符号

4.1.4　转换开关

转换开关控制柜容量比较小，结构紧凑，常用于空间比较狭小的场所，如机床和配电箱等。转换开关一般用于电气设备的非频繁操作、切换电源和负载以及控制小容量感应电动机和小型电器。转换开关是一种多触点、多位置式可以控制多个回路的控制电器，图 4-4 所示为一种转换开关的结构示意图。它有 3 对静触片，每个触片的一端固定在绝缘垫板上，另一端伸出盒外，连在接线柱上。3 个动触片套在装有手柄的绝缘转动轴上，转动转轴就可以将 3 个触点（彼此相差一定角度）同时接通或断开。根据实际需要，转换开关的动、静触片的个数可以随意组合。常用的有单极、双极、三极、四极等多种，其图形符号同闸刀开关，文字符号为 Q。

在图 4-5 中，3 个圆盘表示绝缘垫板，每层绝缘垫板的边缘上有 2 个接线端子（与静触片连在一起），分别与电源和电动机相接。绝缘垫板中各有一个装在同一个轴上的动触片，当前位置时，各动触片与静触片不相连。当手柄顺时针或逆时针旋转 90° 时，3 个动触片分别与静触片相接触，使电源连到电动机上，电动机启动并运行。

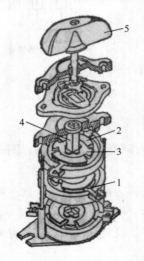

图 4-4　转换开关结构示意图

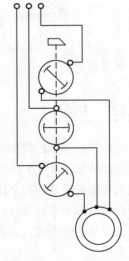

图 4-5　转换开关接通异步电动机示意图

1—接线端子；2—静触片；3—动触片；4—绝缘转动轴；5—手柄

4.1.5　接触器

接触器主要用于控制电动机、电热设备、电焊机和电容器组等，它能频繁地接通或断开交直流主电路，实现远距离自动控制。它具有低电压释放保护功能，在电力拖动自动控制线路中被广泛应用。

根据控制线圈的电压不同，接触器有交流接触器和直流接触器两大类型。二者的工作原理是相同的，不同的是直流接触器的线圈使用直流电，交流接触器的线圈使用交流电。下面来介绍交流接触器。图 4-6（a）所示为交流接触器的结构示意图，图 4-6（b）是其符号。交流接触器常用来接通和断开电动机或其他设备的主电路，它是一种失压保护电器。

电磁铁和触点是交流接触器的主要组成部分。电磁铁是由静铁芯、动铁芯和线圈组成的。触点可以分为主触点和辅助触点（图中没画辅助触点）两类。例如，CJ10-20 型交流接触器有 3 个常开主触点，4 个辅助触点（2 个常开，2 个常闭）。交流接触器的主、辅触点通过绝缘支架与动铁芯连成一体，当动铁芯运动时带动各触点一起动作。主触点能通过大电流，一般接在主电路中，辅助触点通过的电流较小，一般接在控制电路中。

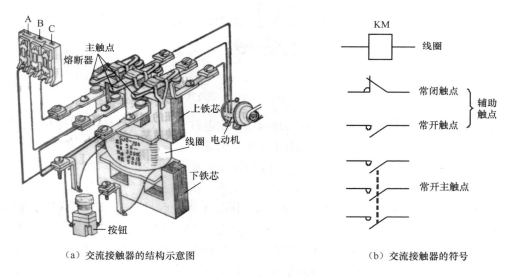

（a）交流接触器的结构示意图　　　　　　　　　　（b）交流接触器的符号

图 4-6　交流接触器的结构示意图及符号

触点的动作是由动铁芯带动的，当线圈通电时动铁芯下落，使常开的主、辅触点闭合，常闭的辅助触点断开。当线圈欠电压或失去电压时，动铁芯在支撑弹簧的作用下弹起，带动主、辅触点恢复常态。

主触点通过主电路的大电流，在触点断开时触点间会产生电弧而烧坏触点，所以交流接触器一般都配有灭弧罩。交流接触器的主触点通常作成桥式，它有两个断点，以降低当触点断开时加在触点上的电压，使电弧容易熄灭。

选用接触器时，应该注意主触点的额定电流、线圈电压的大小、种类及触点数量等。

4.1.6　继电器

继电器是一种电子控制器件，通常应用于自动控制电路中，它实际上是用较小的电流去控制较大电流的一种"自动开关"，所以在电路中起着自动调节、安全保护、转换电路等作用。

中间继电器是一种被大量使用的继电器，它具有记忆、传递、转换信息等控制作用，也可用来直接控制小容量电动机或其他电器。

中间继电器的结构与交流接触器基本相同，只是其电磁机构尺寸较小、结构紧凑、触点数量较多。由于触头通过电流较小，所以一般不配灭弧罩。

选用中间继电器时，主要考虑线圈电压以及触点数量。

1. 热继电器

热继电器主要用来对电器设备进行过载保护，使之免受长期过载电流的危害。

热继电器主要组成部分是发热元件、双金属片、执行机构、整定装置和触点。图 4-7（a）所示为热继电器结构示意图，图 4-7（b）是其符号。

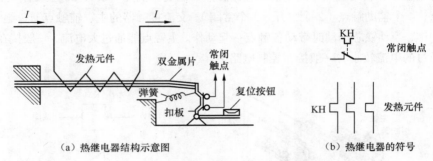

（a）热继电器结构示意图　　　　　　　（b）热继电器的符号

图 4-7　热继电器结构示意图及其符号

发热元件是电阻不太大的电阻丝，接在电动机的主电路中。双金属片是由两种不同膨胀系数的金属碾压而成的。发热元件绕在双金属片上（两者绝缘）。

设双金属片的下片较上片膨胀系数大。当主电路电流超过容许值一段时间后，发热元件发热使双金属片受热膨胀而向上弯曲，双金属片与扣板脱离。扣板在弹簧的拉力作用下向左移动，从而使常闭触电断开。因常闭触点串联在电动机的控制电路中，所以切断了接触器线圈的电路，使主电路断电。发热元件断电后双金属片冷却可恢复常态，这时按下复位按钮使常闭触点复位。

热继电器是利用热效应工作的。由于热惯性，在电动机启动和短时过载时，热继电器是不会动作的，这样可避免不必要的停机。在发生短路时热继电器不能立即动作，所以热继电器不能用作短路保护。

热继电器的主要技术数据是整定电流。所谓整定电流，是指当发热元件中通过的电流超过此值的20%时，热继电器在 20min 内动作。每种型号的热继电器的整定电流都有一定范围，要根据整定电流选用热继电器。例如，JR0-40 型的整定电流从 0.6～40A，发热元件有 9 种规格。整定电流与电动机的额定电流基本一致，使用时要根据实际情况通过整定装置进行整定。

2. 时间继电器

时间继电器是对控制电路实现时间控制的电器，较常见的有电磁式、电动式和空气阻尼式时间继电器。目前电子式时间继电器正在被广泛应用。

图 4-8（a）所示为空气阻尼式时间继电器的结构示意图，图 4-8（b）是其符号。

空气阻尼式时间继电器的主要组成部分是电磁铁、空气室、微动开关。空气室中伞形活塞 5

的表面固定有一层橡皮膜 6，将空气室分为上、下两个空间。活塞杆 3 的下端固定着杠杆 8 的一端。上、下两个微动开关中，一个是延时动作的微动开关 9，一个是瞬时动作的微动开关 13，它们各有一个常开和常闭触点。

空气阻尼式时间继电器是利用空气阻尼作用来达到延时控制目的，其原理如下。

当电磁铁的线圈 1 通电后动铁芯 2 被吸下，使动铁芯与活塞杆 3 下端之间出现一段距离。在释放弹簧 4 的作用下，活塞杆向下移动，造成上空气室空气稀薄，活塞受到下空气室空气的压力，不能迅速下移。当调节螺钉 10 时可改变进气孔 7 的进气量，可使活塞以需要的速度下移。活塞杆移动到一定位置时，杠杆 8 的另一端使微动开关 9 中的触点动作。

当线圈断电时，依靠恢复弹簧 11 的作用使各触点复位。空气由出气孔 12 被迅速排出。

瞬时动作的微动开关 13 中的触点，在电磁铁的线圈通电或断电时均为立即动作。

图 4-8（a）所示为通电延时型的时间继电器，其延时时间为：自电磁铁线圈通电时刻起，到延时动作的微动开关中触点动作所经历的时间。通过调节螺钉 10 调节进气孔的大小，可调节延时时间。

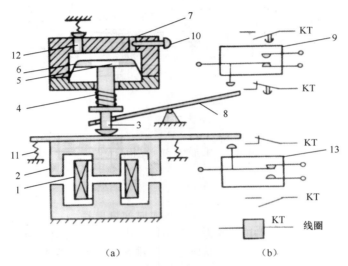

图 4-8　时间继电器结构与符号

1—吸引线圈；2—动铁芯；3—活塞杆；4—释放弹簧；5—伞形活塞；6—橡皮膜；7—进气孔；8—杠杆；

9—微动开关；10—调节螺钉；11—恢复弹簧；12—出气孔；13—微动开关

图 4-8 中的时间继电器触点分为两类：微动开关 9 中有延时断开的常闭触点和延时闭合的常开触点，微动开关 13 中有瞬时动作的常开和常闭触点。要注意它们符号和动作的区别。

时间继电器也可做成断电延时型，读者可查看相关资料。

空气式时间继电器的延时范围有 0.4 ~ 60 s 和 0.4 ~ 180 s 两种。与电磁式和电动式时间继电器比较，其结构较简单，但准确度较低。

电子式时间继电器与空气阻尼式时间继电器比较，前者体积小、重量小、耗电少，定时的准确度高，可靠性好。

近年来，各种控制电器的功能和造型都在不断地改进。例如，LC_1 和 CA_2-DN_1 系列产品，把交流接触器、时间继电器等作成组件式结构。当使用交流接触器而其触点不够用时，可以把一组或几组触点组件插入接触器上固定的座槽里，组件的触点就受接触器电磁机构的驱动，从而节省了中间继电器的电磁机构。当需要使用时间继电器时，可以把空气阻尼组件插入接触器的座槽中，接触器的电磁机构就作为空气阻尼组件的驱动机构。这样，也节省了时间继电器的电磁机构，从而减小了控制柜的体积和重量，也节省了电能。

4.1.7　自动空气开关

自动空气开关是一种常用的低压控制电器，它不仅具有开关作用，还有短路、失压和过载保护的功能。图 4-9 所示为其原理示意图。

在图 4-9 中，主触点是由手动操作机构使之闭合的，其工作原理如下。

（1）正常情况下，将连杆和锁钩扣在一起。过流脱扣器的衔铁释放，欠压脱扣器的衔铁吸合。

（2）过流时，过流脱扣器的衔铁吸合，顶开锁钩，使主触点断开以切断主电路。

（3）欠压或失压时，欠压脱扣器的衔铁释放，顶开锁钩使主电路切断。

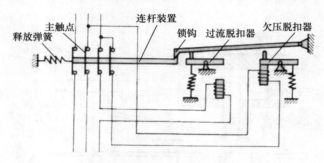

图 4-9　自动空气开关结构示意图

4.1.8　熔断器

熔断器是有效的短路保护电器。熔断器中的熔体是由电阻率较高的易熔合金制作的。一旦线路发生短路或严重过载时，熔断器会立即熔断。故障排除后，更换熔体即可。

图 4-10 所示为常见熔断器的结构图及其符号。

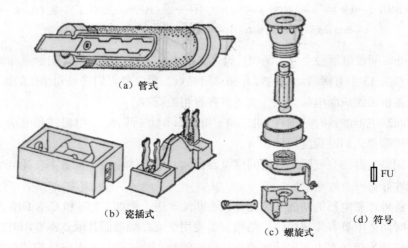

（a）管式

（b）瓷插式

（c）螺旋式

（d）符号

图 4-10　常见熔断器的结构图

熔体的选择方法如下。

电灯支线的熔丝为

$$熔丝额定电流 \geqslant 支线上所有电灯的工作电流$$

一台电动机的熔丝为

为了防止电动机启动时电流较大而将熔丝烧断，熔丝不能按电动机的额定电流来选择，应按下式计算

$$熔丝的额定电流 \geqslant \frac{电动机的启动电流}{2.5}$$

如果电动机启动频繁，则为

$$熔丝的额定电流 \geqslant \frac{电动机的启动电流}{1.6 \sim 2}$$

几台电动机合用的总熔丝一般可粗略地按下式计算：

熔丝额定电流 ＝（1.5 ~ 2.5）×（容量最大的电动机的额定电流+其他电动机的额定电流之和）

熔丝的额定电流有 4 A、6 A、10 A、15 A、20 A、25 A、35 A、60 A、80 A、100 A、125 A、160 A、200 A、225 A、260 A、300 A、350 A、430 A、500 A 和 600 A 等多种。

练习题

（1）闸刀开关的熔丝为何不装在电源侧？安装闸刀开关时应注意什么？

（2）中间继电器与交流接触器有什么区别？什么情况下可用中间继电器代替交流接触器使用？

4.2　常用的基本控制电路

任何复杂的控制电路都是由一些基本的控制电路组成的。掌握一些基本控制单元电路，是阅读和设计较复杂的控制电路的基础。下面来介绍常用的基本控制电路。

4.2.1　点动控制电路

所谓点动控制，就是按下启动按钮时电动机转动，松开按钮时电动机停转。若将图 4-11 中与 SB2 并联的 KM 去掉，就可以实现这种控制。但是这样处理后电动机就只能进行点动控制。

如果既需要点动，也需要连续运行（也称为长动）时，可以对自锁触点进行控制。例如，可与自锁触点串联一个开关 S，控制电路如图 4-11 所示。当 S 闭合时，自锁触点 KM 起作用，可以对电动机实现长动控制；当 S 断开时，自锁触点 KM 不起作用，只能对电动机进行点动控制。

图 4-11 所示的点动控制电路，操作起来不很方便，因此常用图 4-12 所示的电路实现点动控制。

在图 4-12 中，启动、停止、点动各用一个按钮。当按点动按钮时，其常开触点先断开，常闭触点后闭合，电动机启动；当松开按钮时，其常闭触点先断开，常开触点后闭合，电动机停转。

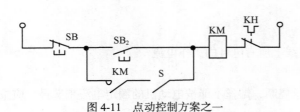

图 4-11　点动控制方案之一

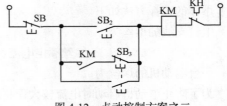

图 4-12　点动控制方案之二

4.2.2　自锁控制电路

图 4-13 所示为接触器控制电动机单向运转电路。图中 Q 为三相转换开关，FU1、FU2 为熔断器，KM 为接触器，FR 为热继电器，M 为三相笼型异步电动机，SB1 为停止按钮，SB2 为启动按钮。其中，三相转换开关 Q、熔断器 FU1、接触器 KM 的主触点、热继电器 FR 的热元件和电动机 M 构成主电路，启动按钮 SB2、停止按钮 SB1、接触器 KM 的线圈及其常开辅助触点、热继电器 FR 的常闭触点和熔断器 FU2 构成控制回路。

电路工作分析：合上电源开关 Q，引入三相电源。按下启动按钮 SB2，KM 线圈通电，其常开主触点闭合，电动机 M 接通电源启动。同时，与启动按钮并联的 KM

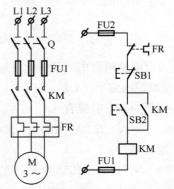

图 4-13　接触器控制电动机单向运转电路

常开触点也闭合。当松开 SB2 时，KM 线圈通过其自身常开辅助触点继续保持通电状态，从而保证了电动机连续运转。当需要电动机停止运转时，可按下停止按钮 SB1，切断 KM 线圈电源，KM 常开主触点与辅助触点均断开，切断电动机电源和控制电路，电动机停止运转。

这种依靠接触器自身辅助触点保持线圈通电的电路，称为自锁控制电路，辅助常开触点称为自锁触点。

4.2.3　互锁控制电路

图 4-14 所示为三相异步电动机可逆运行控制电路。图中 SB1 为停止按钮，SB2 为正转启动按钮，SB3 为反转启动按钮，KM1 为正转接触器，KM2 为反转接触器。

工作原理：在实际工作中，生产机械常常需要运动部件可以正、反两个方向的运动，这就要求电动机能够实现可逆运行。由电机原理可知，三相交流电动机可改变定子绕组相序来改变电动机的旋转方向。因此，借助于接触器来实现三相电源相序的改变，即可实现电动机的可逆运行。

电路工作分析：

（1）图 4-14（b）所示为三相异步电动机无互锁控制电路，按下 SB2，正转接触器 KM1 线圈通电并自锁，主触点闭合，接通正序电源，电动机正转。按下停止按钮 SB1，KM1 线圈断电，电动机停止运转。再按下 SB3，反转接触器 KM2 线圈通电并自锁，主触点闭合，使电动机定子绕组电源相序与正转时相序相反，电动机反转运行。

此电路最大的缺陷在于：从主电路分析可以看出，若 KM1、KM2 同时通电动作，将造成电源两相短路，即在工作中如果按下了 SB1，再按下 SB2 就会出现这一事故现象，因此这种电路不能采用。

（2）图 4-14（c）是在由图 4-14（b）基础上扩展而成的。将 KM1、KM2 常闭辅助触点分别串接在对方线圈电路中，形成相互制约的控制，称为互锁。当按下 SB2 的常开触点使 KM1 的线圈瞬时通电，其串接在 KM2 线圈电路中的 KM1 的常闭辅助触点断开，锁住 KM2 的线圈不能通电，反之亦然。该电路要使电动机由正向到反向，或由反向到正向必须先按下停止按钮，然后再反向启动。

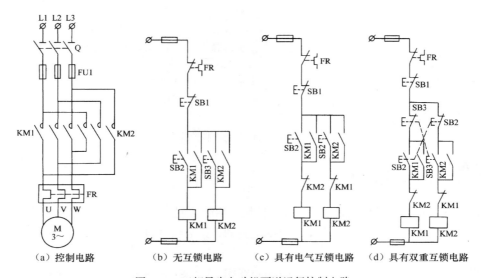

图 4-14　三相异步电动机可逆运行控制电路

这种利用两个接触器（或继电器）的常闭辅助触点互相控制，形成相互制约的控制，称为电气互锁。

（3）对于要求频繁实现可逆运行的情况，可采用图 4-14（d）所示的控制电路。它是在图 4-14（c）电路基础上，将正向启动按钮 SB2 和反向启动按钮 SB3 的常闭触点串接在对方常开触点电路中，利用按钮的常开、常闭触点的机械连接，在电路中形成相互制约的控制。这种接法称为机械互锁。

这种具有电气、机械双重互锁的控制电路是常用的、可靠的电动机可逆运行控制电路，它既可以实现正向—停止—反向—停止的控制，又可以实现正向—反向—停止的控制。

4.2.4　联锁控制电路

在生产实践中，常见到多台电动机拖动一套设备的情况。为了满足各种生产工艺的要求，几台电动机的启、停等动作常常有顺序上和时间上的约束。

图 4-15 所示的主电路有 M_1 和 M_2 两台电动机，启动时，只有 M_1 先启动，M_2 才能启动；停止时，只有 M_2 先停，M_1 才能停。

启动的操作为：先按下 SB_2，KM1 通电并自锁，使 M_1 启动并运行。这时再按下 SB_4，KM2 通电并自锁，使 M_2 启动并运行。如果在按下 SB_2 之前按下 SB_4，由于 KM1 和 KM2 的常开触点都没闭合，KM_2 是不会通电的。

停止的操作为：先按下 SB_3 让 KM_2 断电，使 M_2 先停。再按下 SB_1 使 KM_1 断电，M_1 才能停。由于只要 KM_2 通电，SB_1 就被短路而失去作用，所以在按下 SB_3 之前按下 SB_1，KM_1 和 KM_2 都不会断电。只有先断开与 SB_1 并联的触点 KM_2，SB_1 才会起作用。

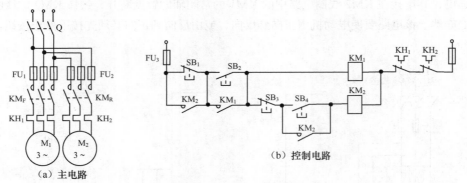

（a）主电路　　　　　　　（b）控制电路

图 4-15　两台电动机联锁控制

4.3　异地控制

所谓异地控制，就是在多处设置的控制按钮，均能对同一台电动机实施启、停等控制。

图 4-16 所示为在两地控制一台电动机的电路图，其接线原则是：两个启动按钮需并联，两个停止按钮需串联。

在甲地：按 SB_2，控制电路电流经过 $KH \rightarrow$ 线圈 $KM \rightarrow SB_2 \rightarrow SB_3 \rightarrow SB_1$ 构成通路，线圈 KM 通电，电动机启动。松开 SB_2，触点 KM 进行自锁。按下 SB_1，电动机停止。

在乙地：按 SB_4，控制电路电流经过 $KH \rightarrow$ 线圈 $KM \rightarrow SB_4 \rightarrow SB_3 \rightarrow SB_1$ 构成通路，线圈 KM 通电，电动机启动。松开 SB_4，触点 KM 进行自锁。按下 SB_3，电动机停止。

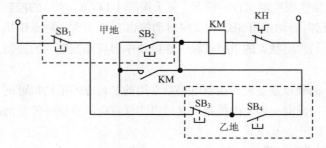

图 4-16　两地控制一台电动机的电路

由图 4-16 可以看出，由甲地到乙地只需引出 3 根线，再接上一组按钮即可实现异地控制。同理，从乙地到丙地也可照此办理。

4.4　时间控制

在自动控制系统中，有时需要按时间间隔要求接通或断开被控制的电路。这些控制要由时间继电器来完成。例如，电动机的 Y-△ 启动，先是 Y 连接，经过一段时间待转速上升接近到额定值时完成△连接。这就要用时间继电器来控制。

鼠笼电动机 Y-△启动的控制电路有多种形式，图 4-17 所示为其中的一种。为了控制星形接法启动的时间，图中设置了通电延时的时间继电器 KT。图 4-17 所示 Y-△启动控制电路的功能可简述如下。

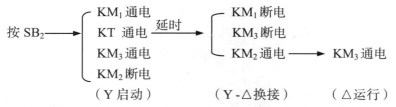

图 4-17 的控制电路是在 KM$_3$ 断电的情况下进行 Y-△换接，这样做有两个好处：其一，可以避免由于 KM$_1$ 和 KM$_2$ 换接时可能引起的电源短路；其二，在 KM$_3$ 断电，即主电路脱离电源的情况下进行 Y-△换接，因而触点间不会产生电弧。

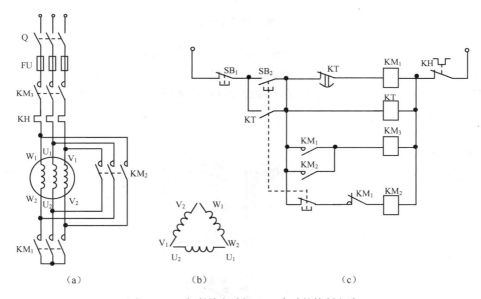

图 4-17 三相鼠笼电动机 Y-△启动的控制电路

图 4-17 中使用了时间继电器的两种触点，一个是延时动作的常闭触点，另一个是瞬时动作的常开触点，请注意两种触点动作的区别。

4.5 行程控制

行程开关是根据运动部件的位移信号而动作的，是行程控制和限位保护不可缺少的电器。

常用的行程开关有撞块式（也称直线式）和滚轮式。滚轮式又分为自动恢复式和非自动恢复式。非自动恢复式需要运动部件反向运行时撞压使其复位。运动部件速度慢时要选用滚轮式。

撞块式和滚轮式行程开关的工作机理相同，下面以撞块式行程开关为例说明行程开关的工作原理。

图 4-18（a）所示为撞块式行程开关的结构示意图，图 4-18（b）是其符号。图 4-18 中撞块要由运动机械来撞压。撞块在常态时（未受压时），其常闭触点闭合，常开触点断开。撞块受压时，常闭触点先断开，常开触点后闭合。撞块被释放时，常开和常闭触点均复位。

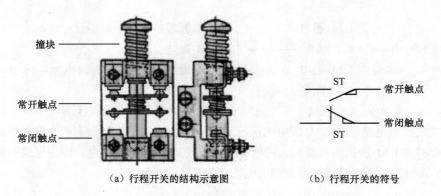

（a）行程开关的结构示意图　　　　（b）行程开关的符号

图 4-18　行程开关结构示意图及符号

利用行程开关可以对生产机械实现行程、限位、自动循环等控制。

图 4-19 所示为一个简单的行程控制的例子。A 由一台三相鼠笼电动机 M 拖动，滚轮式行程开关按图 4-19（a）设置，ST_a 和 ST_b 分别安装在工作台的原位和终点，由装在 A 上的挡块来撞动。控制电路如图 4-19（c）所示。

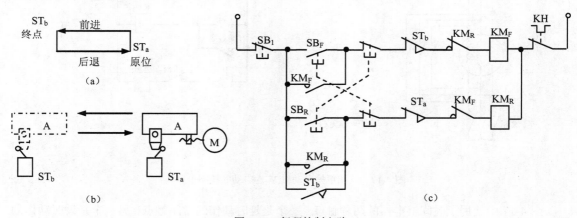

图 4-19　行程控制电路

图 4-19 对生产机械的运动部件 A 实施如下控制。

（1）A 在原位时，启动后只能前进不能后退。

（2）A 前进到终点立即往回退，退回原位自停。

（3）在 A 前进或后退途中均可停，再启动时既可进也可退。

① 若暂时停电后再复电时，A 不会自行启动。

② 若 A 运行途中受阻，在一定时间内拖动电动机应自行断电。

图 4-19 的控制原理如下。

（1）A 在原位时压下行程开关 ST_a，使串接在反转控制电路中的常闭触点 ST_a 断开。这时，即使按下反转按钮 SB_R，反转接触器线圈 KM_R 也不会通电，所以在原位时电动机不能反转。当按

下正转启动按钮 SB_F 时，正转接触器线圈 KM_F 通电，使电动机正转并带动 A 前进。可见 A 在原位只能前进，不能后退。

（2）当工作台达到终点时，A 上的撞块压下终点行程开关 ST_b，使串接在正转控制电路中的常开触点 ST_b 闭合，使反转接触器线圈 KM_R 得以通电，电动机反转并带动 A 后退。A 退回原位，撞块压下 ST_a，使串接在反转控制电路中的常闭触点 ST_a 断开，反转接触器线圈 KM_R 断电，电动机停止转动，A 自动停在原位。

（3）在 A 前进途中，当按下停止按钮 SB_1 时，线圈 KM_F 断电，电动机停转。再启动时，由于 ST_a 和 ST_b 均不受压，因此可以按正转启动按钮 SB_F 使 A 前进，也可以按反转启动按钮 SB_R 使 A 后退。同理，在 A 后退途中，也可以进行类似的操作而实现反向运行。

（4）若在 A 运行途中断电，因为断电时自锁触点都已经断开，再复位时，只要 A 不在终点位置，A 是不会自行启动的。

（5）若 A 运行途中受阻，则拖动电动机出现堵转现象。其电流很大，会使串联在主电路中的热元件 KH 发热，一段时间后，串联在控制电路中的常闭触点 KH 断开而使两个接触器线圈断电，使电动机脱离电源而停转。

行程开关不仅可用作行程控制，也可常用于进行限位或终端保护。例如，在图 4-19 中，一般可在 ST_a 的右侧和 ST_b 的左侧再各设置一个保护行程开关，两个用于保护的行程开关的触点分别与 ST_a 和 ST_b 的触点串联。一旦 ST_a 或 ST_b 失灵，则 A 会继续运行而超出规定的行程，但当 A 撞动这两个保护行程开关时，由于保护行程开关动作而使电动机自动停止运行，从而实现了限位或终端保护。

4.6　速度控制

在机械设备电气控制系统中，有时也需要根据电动机或主轴转速的变化来自动转换控制动作。如在电动机反接制动线路中，为避免电动机制动后反向转动，要根据电动机的转速来自动切除电源。用来反映转速高低的控制电器，称为速度继电器。

1. 速度继电器

感应式速度继电器的结构示意图如图 4-20 所示。速度继电器由转子、定子及触点 3 部分组成。图中的永久磁铁就是转子，它与电动机（或机械）转轴相连接，并随之转动。在内圈装有鼠笼绕组的外环就是定子，它能绕转轴转动。当永久磁铁随转轴转动时，在空间产生一个旋转磁场，在定子绕组中必然产生感应电流。定子因受磁力的作用，朝转子转动的方向转动一个角度。当速度达到一定值时，定子带动顶块使触点动作。触点接在控制电路中，使控制电路改变控制状态。随电动机的转向，外环可左转也可右转。顶块两侧各装有一个常开触点和一个常闭触点。一般情况下，当轴上转速高于 100r/min 时，触点动作，而低于 100r/min 时，触点恢复原位。

实际上，触点动作所需转轴的速度可以人为调整。因为，外环的转动角度不但与转速有关，而且还与外环的重量以及外环所

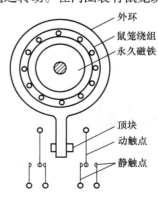

图 4-20　速度继电器

受的阻力有关。外环越重，受的阻力越大，使其转动同样角度所需转速越高。一般通过改变加在动触点上的压力来调整速度继电器的整定速度。加在动触点上的力越大，使其动作所需的顶力就越大。只有提高旋转磁场的转速，外环才能有足够的力量使触点动作。

2. 速度控制

利用速度继电器实现三相异步电动机反接制动控制线路。为了使电动机迅速停止，可采用图4-21 所示的鼠笼式电动机反接制动控制线路。电动机正常工作时，接触器 KM_1 通电，其常闭触点断开，常开触点闭合。同时，速度继电器 KS 的常开触点闭合，为制动做好准备。

按下反接制动按钮 SB_1，对电动机实施反接制动。控制线路动作次序如下：

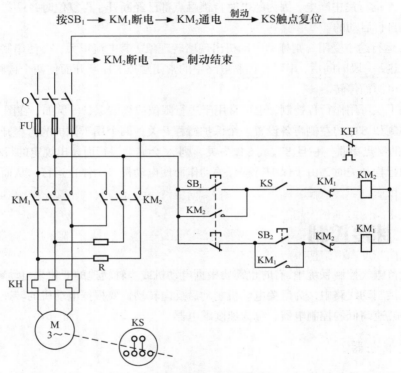

图 4-21　电动机反接制动控制线路

练习题

（1）在电动机控制线路中，已装有接触器，为什么还要装电源开关？它们的作用有何不同？

（2）在电动机控制接线中，主电路中装有熔断器，为什么还要加装热继电器？它们各起何作用，能否互相代替？而在电热及照明线路中，为什么只装熔断器而不装热继电器？

4.7　实训　异步电动机变频调速实验

1. 实验目的

（1）掌握异步电动机变频调速原理。

（2）熟悉 SVF 系列变频器的使用方法。

（3）加深理解变频调速机械特性。

2. 实验内容

测定闭环变频调速机械特性。

3. 实验线路

实验线路图如图 4-22 所示。

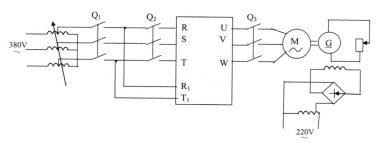

图 4-22 实验线路图

4. 变频器操作步骤

（1）变频器面板 RUN/STOP 开关置于 STOP 位置。

（2）逆时针旋转面板的频率设置按钮 FREQSET，转至最低频率。

（3）电源送至变频器预工作，此时频率显示 00。

（4）将变频器面板 RUN/STOP 开关置于 RUN 位置。

（5）稍微转动 FREQSET 按钮，使电动机开始旋转，然后按表 4-1 所示进行调节，测出转速 5 ~ 6 点。

表 4-1   变频器调速

频率	$T_L=20\%T_N$	$T_L=40\%T_N$	$T_L=60\%T_N$	$T_L=0\%T_N$
f/Hz	n	n	n	n
60				
55				
50				
40				
30				
20				

5. 实验步骤和方法

（1）电源通过三相变压器输出 380V 电压输入至变频器 R_1 和 T_1 端，使变频器内部先工作（即合上开关 Q_1）。

（2）将开关 Q_2 闭合，然后再将开关 Q_3 合上接通异步电动机。调节变频器频率至表中所要求点。

（3）在相同频率下调节励磁电流，使测功机转矩为给定大小，测出转速，改变转矩（20%、40%、60%、0）T_N，测出不同转速填入表 4-1 中。

（4）改变频率 f =（60、55、50、40、30、20）Hz，重做步骤（3）。

6. 实验报告

（1）画出给定负载时的变频调速曲线。
（2）画出不同频率时电机的机械特性曲线。

7. 思考题

（1）频率变化时机械特性硬度如何变化？为什么？
（2）根据机械特性分析低频时电动机的过载能力。

本章小结

就现代机床和其他生产机械而言，它们的运动部件大多是由电动机来带动的。因此，在生产过程中要对电动机进行自动控制，使生产机械各部件的动作按顺序进行，保证生产过程和加工工艺合乎预定要求。对电动机或其他电气设备的接通或断开，当前国内还较多的采用了继电器、接触器及按钮等低压控制电器来实现自动控制。本章首先介绍了常用的低压控制电器，然后介绍常用的基本控制线路。通过本章的学习，读者应学会使用常用的低压电器和设计常用的基本控制线路。

习题

1. 图 4-23 所示电路是能在两处控制一台电动机启、停、点动的控制电路。
（1）说明在各处启、停、点动电动机的操作方法。
（2）该图作怎样的修改，可以在 3 处控制一台电动机？

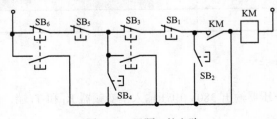

图 4-23　习题 1 的电路

2. 在图 4-24 中，运动部件 A 由电动机 M 拖动，主电路同正、反转控制电路。原位和终点各设计行程开关 ST1 和 ST2，试回答下列问题。

（1）简述控制电路的控制过程。

（2）电路对 A 实现何种控制？

（3）电路有哪些保护措施，各由何种电器实现？

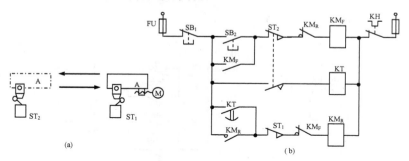

图 4-24　习题 2 的电路

3. 图 4-25 所示电路的主电路与图 4-19 相同，试回答下列问题。

（1）简述控制电路的控制过程。

（2）电路对电动机实现何种控制？

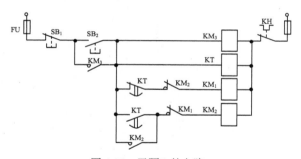

图 4-25　习题 3 的电路

4. 图 4-26 所示为是电动葫芦的控制线路。电动葫芦是一种小起重设备，它可以方便地移动到需要的场所。全部按钮装在一个按钮盒中，操作人员手持按钮盒进行操作，试回答下列问题。

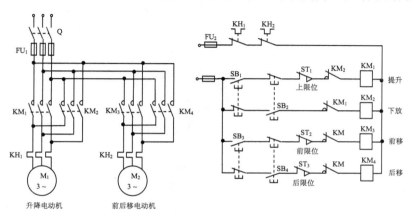

图 4-26　习题 4 的电路

（1）提升、下放、前移、后移各怎样操作？

（2）该电路完全采用点动控制，从实际操作的角度考虑有何好处？

（3）图中的几个行程开关起什么作用？

（4）两个热继电器的常闭触点串联使用有何作用？

5. 试指出图 4-27 正反转控制电路的错误之处。

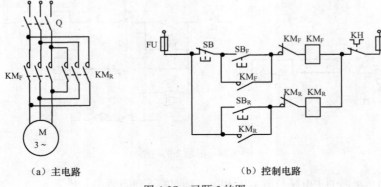

（a）主电路　　　　　　　　　　　（b）控制电路

图 4-27　习题 5 的图

第5章

晶体二极管电路

晶体二极管是一种常用的半导体器件，它是由 PN 结外加引线后，用塑料、玻璃等材料封装后制成的。学习晶体二极管，必须先了解半导体以及 PN 结的知识。

【学习目标】

- 了解半导体和 PN 结的基本知识。
- 掌握晶体二极管的符号、性质及伏安特性。
- 了解晶体二极管的主要参数。
- 掌握各种整流电路的工作原理。
- 掌握稳压二极管电路的工作原理。

5.1 晶体二极管

晶体二极管是最简单的半导体器件，它用半导体材料制成，其主要特性是单向导电性。

5.1.1 半导体和 PN 结

自然界中的物质按导电能力强弱的不同，可分为导体、绝缘体和半导体 3 大类。

1. 半导体的定义及分类

半导体是导电能力介于导体和绝缘体之间的物质。常用的半导体材料有锗（Ge）、硅（Si）和砷（As）等。完全纯净的、不含杂质的半导体叫作本征半导体。如果在本征半导体中掺入其他元素，则称为杂质半导体。

本征半导体有两种导电的粒子，一种是带负电荷的自由电子，另一种是相当于带正电荷的粒子——空穴。自由电子和空穴在外电场的作用下都会定向移动而形成电流，所以人们把它们统称为载流子。在本征半导体中，每产生一个自由电子，必然会有一个空穴出现，自由电子和空穴成对出现，这种物理现象称为本征激发。由于常温下本征激发产生的自由电子和空穴的数目很少，所以本征半导体的导电性能比较差。但当温度升高或光照增强时，本征半导体内的自由电子运动加剧，载流子数目增多，导电性能提高，这就是半导体的热敏特性和光敏特性。在本征半导体中掺入微量元素后，导电性能会大幅提高，这就是半导体的掺杂特性。在本征半导体中掺入不同的微量元素，就会得到导电性质不同的半导体材料。根据半导体掺杂特性的不同，可制成两大类型的杂质半导体，即 P 型半导体和 N 型半导体。

（1）P 型半导体。

如果在本征半导体硅或锗的晶体中掺入微量三价元素硼（或镓、铟等），那么半导体内部空穴的数量将得到成千上万倍的增加，导电能力也将大幅提高。这类杂质半导体称为 P 型半导体，也称为空穴型半导体。在 P 型半导体中，空穴成为半导体导电的多数载流子，自由电子为少数载流子。而就整块半导体来说，它既没有失去电子也没有得到电子，所以呈电中性。

（2）N 型半导体。

如果在本征半导体硅或锗的晶体中掺入微量五价元素磷（或砷、锑等），半导体内部的自由电子的数量将增加成千上万倍，导电能力大幅提高，这类杂质半导体称为 N 型半导体，也称为电子型半导体。在 N 型半导体中，自由电子成为半导体导电的多数载流子，空穴成为少数载流子。就整块半导体来说，它同样既没有失去电子也没有得到电子，所以也呈电中性。

2. PN 结及其导电性

把一块 P 型半导体和一块 N 型半导体设法"结合起来"，在交界面处将形成一个特殊的带电薄层——PN 结。

P 型半导体中的多数载流子空穴和 N 型半导体中的多数载流子电子因浓度差将发生扩散，结果使 PN 结中靠 P 区的一侧带负电，靠 N 区的一侧带正电，形成了一个由 N 区指向 P 区的电场，即 PN 结的内电场。内电场的存在将阻碍多数载流子继续扩散，所以又称为阻挡层，如图 5-1 所示。

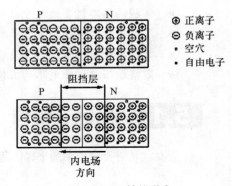

图 5-1　PN 结的形成

（1）正向偏置。

在 PN 结两端加上电压，称为给 PN 结偏置。如果使 P 区接电源正极，N 区接电源负极，称为正向偏置，如图 5-2 所示。此时，外加电压对 PN 结产生的外电场与 PN 结的内电场方向相反，削弱了内电场及内电场对多数载流子扩散的阻碍作用，使扩散继续进行，形成了较大的扩散电流，由 P 区流向 N 区，即在 PN 结内、外电路中形成了正向电流，这种现象称为 PN 结的正向导通。

（2）反向偏置。

如果 P 区接负极，N 区接正极，称为反向偏置，简称反偏，如图 5-3 所示。此时，内外电场的方向相同，加强了内电场，也加强了内电场对多数载流子扩散的阻碍作用，反向电流极小，这种现象称为 PN 结的反向截止。

总之，PN 结加正向电压时，形成较大电流，称为导通状态；加反向电压时，有很小的反向电流，称为截止状态。可见 PN 结具有单向导电性。

PN 结两端施加的反向电压增加到一定值时，反向电流急剧增大，称为 PN 结的反向击穿。如果反向电压电流未超过允许值，当反向电压撤除后，PN 结仍能恢复单向导电性。若反向电压、电流增大到超出允许值，会使 PN 结烧坏而造成热击穿。这时，即使撤除反向电压，PN 结也不能恢复单向导电性。

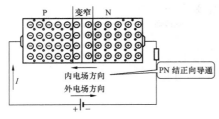

图 5-2　PN 结加正向电压

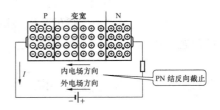

图 5-3　PN 结加反向电压

练习题

（1）下列半导体材料热敏特性突出的是（　　　）。

A．本征半导体　　　　　　　　　B．P 型半导体　　　　　　　　　C．N 型半导体

（2）PN 结的正向偏置接法是：P 型区接电源的＿＿＿极，N 型区接电源的＿＿＿极。

5.1.2　半导体二极管的结构及型号

在 PN 结两端分别引出一个电极，外加管壳即构成晶体二极管，又称为半导体二极管。

1．半导体二极管的结构

按照内部结构的不同，半导体二极管可分为点接触型二极管和面接触型二极管两类。

点接触型二极管结构如图 5-4（a）所示。其特点是 PN 结的面积小、允许通过的电流小，但结电容小，因此，一般用作高频信号的检波和小电流的整流，也可用作脉冲电路的开关管。

面接触型二极管结构如图 5-4（b）所示。其特点是 PN 结的面积大、能承受较大的电流，但结电容大，主要用于低频电路和大功率的整流电路。

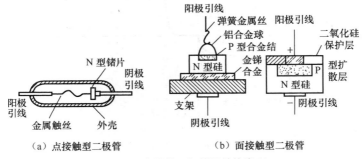

（a）点接触型二极管　　　　　　（b）面接触型二极管

图 5-4　半导体二极管的结构类型

二极管的电路符号如图 5-5 所示。接在 P 型半导体一端的电极称为阳极（正极），N 型的一端称为阴极（负极）。根据所用半导体材料的不同，二极管又可分为硅二极管和锗二极管。

图 5-5　二极管的电路符号

2．半导体二极管的型号

2AP9 二极管的名称含义：

2——代表二极管；

A——代表器件的材料，A 为 N 型 Ge（B 为 P 型 Ge，C 为 N 型 Si，D 为 P 型 Si）；

P——代表器件的类型，P 为普通管（Z 为整流管，K 为开关管）；

9——用数字代表同类器件的不同规格。

练习题 说明二极管 2BZ6 的含义。

5.1.3　半导体二极管的特性

由于二极管是将 P 型和 N 型半导体结合在一起做成 PN 结，再封装起来构成的，所以二极管本身就是一个 PN 结，具有单向导电性，如图 5-6 和图 5-7 所示。

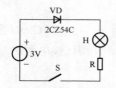

图 5-6　二极管正向导通

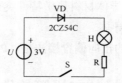

图 5-7　二极管反向截止

二极管的伏安特性是表示二极管两端的电压和流过它的电流之间关系的曲线。通过伏安特性曲线可以说明二极管的工作情况。图 5-8 所示为锗二极管 2CP10 的伏安特性。

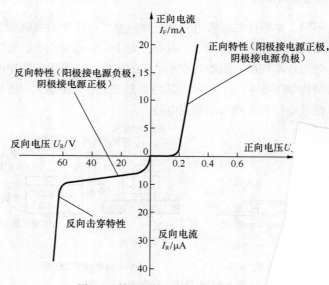

图 5-8　锗二极管 2CP10 的伏安特性

1.　正向特性

二极管的正向电压很小，但流过管子的电流却很大，因此管电压较小时，正向电流很小，几乎为零。只有当电压超过某一值时，值常被称为死区电压或阈电压。常温下硅二极管的死区电压约为 0.5 V，0.2 V。

2. 反向特性

当二极管两端加反向电压时，反向电流很小，这个区域称为反向截止区。当电压增大至零点几伏后，电流达到饱和，称为反向饱和电流或反向漏电流。反向饱和电流是衡量二极管质量优劣的重要参数，其值越小，二极管质量越好，一般硅管的反向电流要比锗管的反向电流小得多。

3. 反向击穿特性

当反向电压继续增加到某一值时，电流将急剧增大，这种现象称为二极管的反向击穿，这时加在二极管两端的电压叫作反向击穿电压。如果反向电压和电流超过允许值而又不采取保护措施，将导致二极管热击穿而损坏。二极管被击穿后，一般不能恢复性能，所以在使用二极管时，反向电压一定要小于反向击穿电压。

5.1.4　二极管主要参数

二极管的主要参数如表 5-1 所示。

表 5-1　　　　　　　　　　　　　　　二极管的主要参数

参　数	名　称	说　明
I_{FM}	最大整流电流	二极管长期运行时，允许通过的最大正向平均电流，其大小与二极管内 PN 结的结面积和外部的散热条件有关。二极管工作时若超过 I_F，将会因过热而烧坏
I_R	反向电流	指室温下加反向规定电压时流过的反向电流，I_R 越小越说明管子的单向导电性好，其大小受温度影响越大。硅二极管的反向电流一般在纳安（nA）级，锗二极管在微安（mA）级
U_{RM}	最高反向工作电压	允许长期加在两极间反向的恒定电压值。为保证管子安全工作，通常取反向击穿电压的一半作为 U_R，工作实际值不超过此值
U_B	反向击穿电压	发生反向击穿时的电压值
f_M	最高工作频率	二极管所能承受的最高频率，主要受到 PN 结的结电容限制，通过 PN 结的交流电频率高于此值，二极管将不能正常工作

【例 5-1】　一个由两个二极管构成的电路如图 5-9（a）所示，输入信号 u_1 和 u_2 的波形如图 5-9（b）所示。忽略二极管的管压降，画出输出电压 u_o 的波形。

解：
当 $u_1 = 0$，$u_2 = 0$ 时，VD$_1$、VD$_2$ 均截止，$u_o = 0$。
当 $u_1 = 0$，$u_2 = U_2$ 时，VD$_1$ 截止、VD$_2$ 导通，$u_o = U_2$。
当 $u_1 = U_1$，$u_2 = U_2$ 时，$\because U_1 > U_2$，$\therefore$ VD$_1$ 导通、VD$_2$ 截止，$u_o = U_1$
输出 u_o 波形如图 5-10 所示。

练习题　一个由二极管构成的"门"电路，如图 5-11 所示，设 VD$_1$、VD$_2$ 均为理想二极管，当输入电压 u_a、u_b 为低电压 0 V 和高电压 5 V 的不同组合时，求输出电压 u_o 的值。

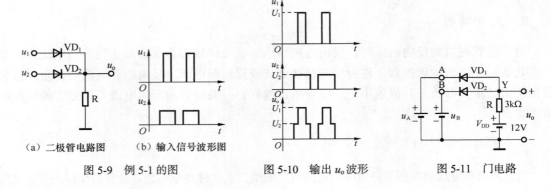

（a）二极管电路图　　　（b）输入信号波形图

图 5-9　例 5-1 的图　　　　　　图 5-10　输出 u_o 波形　　　　　图 5-11　门电路

5.2　二极管整流电路

把交流电转变成直流电的过程称为整流，能完成此过程的电路称为整流电路。利用二极管的单向导电性，可以将交流电变为直流电。常用的二极管整流电路有单相半波整流电路和单相桥式整流电路。

1.　单相半波整流电路

单相半波整流电路如图 5-12 所示。图中，T 为电源变压器，用来将市电 220 V 交流电压变换为整流电路所要求的交流低电压，同时保证直流电源与市电电源有良好的隔离，VD 为整流二极管，R_L 为要求直流供电的负载等效电阻。半波整流电路的工作波形如图 5-13 所示。

由图 5-13 可知，在负载上可以得到单方向的脉动电压。由于电路加上交流电压后，交流电压只有半个周期能够产生与二极管箭头方向一致的电流，这种电路称为半波整流电路。

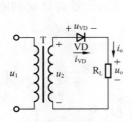

图 5-12　单相半波整流电路的电路图

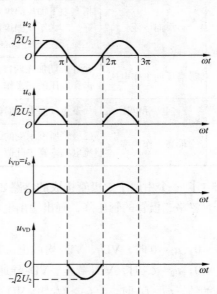

图 5-13　半波整流电路的工作波形

半波整流电路输出电压的平均值 U_o 为

$$U_o = \frac{\sqrt{2}U_2}{\pi} \approx 0.45U_2$$

流过二极管的平均电流 I_D 为

$$I_D = I_o = \frac{U_o}{R_L} = 0.45\frac{U_2}{R_L}$$

二极管承受的反向峰值电压 U_{RM} 为

$$U_{RM} = \sqrt{2}U_2$$

半波整流电路结构简单，使用元件少，但整流效率低，输出电压脉动大。因此，它只适用于对效率要求不高的场合。

2. 单相桥式整流电路

为了克服单相半波整流电路的缺点，常常采用图 5-14 所示的单相桥式整流电路。图中，$VD_1 \sim VD_4$ 4 个整流二极管接成电桥形式，因此称为桥式整流。桥式整流电路的波形如图 5-15 所示。

由图 5-15 可知，桥式整流电路输出电压平均值为

$$U_o = 2 \times 0.45U_2 = 0.9U_2$$

桥式整流电路中，因为每两只二极管只导通半个周期，所以流过每个二极管的平均电流仅为负载电流的一半，如图 5-15（c）所示，即

$$I_D = \frac{1}{2}I_o = \frac{1}{2}\frac{U_o}{R_L} = 0.45\frac{U_2}{R_L}$$

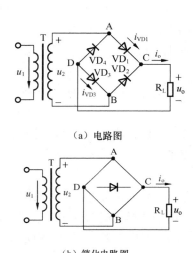

（a）电路图

（b）简化电路图

图 5-14　单相桥式整流电路

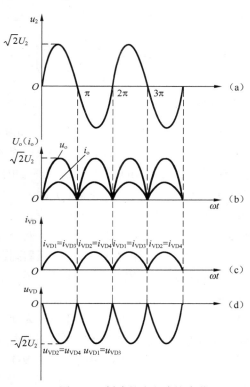

图 5-15　桥式整流电路的波形

其承受的反向峰值电压为

$$U_{RM} = \sqrt{2}U_2$$

桥式整流电路与半波整流电路相比较，具有输出直流电压高，脉动较小，二极管承受的最大反向电压较低等特点，在电源变压器中得到充分利用。

将桥式整流电路的 4 个二极管制作在一起，封装成为 1 个器件就称为整流桥，其外形和实物如图 5-16 和图 5-17 所示。A、B 端接输入电压，C、D 为直流输出端，C 为正极性端，D 为负极性端。

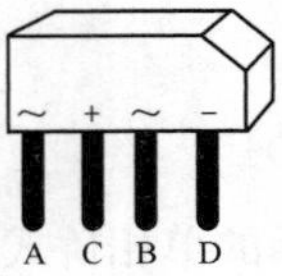

图 5-16　整流桥外形 　　　　　　　　　　图 5-17　整流桥实物

【例 5-2】　图 5-14 所示为单相桥式整流电路，负载电阻 $R_L = 50\Omega$，负载电压 $U_0 = 100V$，试求变压器副边电压，并根据计算结果选择整流二极管的型号。

解：

$$U_2 = \frac{U_0}{0.9} = \left(\frac{100}{0.9}\right) V \approx 111\ V$$

每只二极管承受的最高反向电压：$U_{RM} = \sqrt{2}U_2 = (\sqrt{2} \times 111)\ V \approx 157\ V$

整流电流的平均值：$I_0 = \dfrac{U_0}{R_L} = \left(\dfrac{100}{50}\right) A = 2\ A$

流过每只二极管电流平均值：$I_{VD} = \dfrac{1}{2}I_0 = 1\ A$

根据每只二极管承受的最高反向电压和流过二极管电流平均值可选择整流二极管的型号为 2CZ11C。2CZ11C 整流二极管的最大整流电流为 1 A，反向工作峰值电压为 300 V。

【例 5-3】　一个纯电阻负载单相桥式整流电路接好以后，通电进行实验，一旦接通电源，二极管马上冒烟。试分析产生这种现象的原因。

解：二极管冒烟说明流过二极管电流太大，二极管损坏。从电源变压器副边与二极管负载构成的回路来看，出现大电流的原因有以下两个方面。

（1）负载短路。如果负载短路，变压器副边电压经过二极管构成通路，二极管应过流烧坏。

（2）如果负载没有短路，那就可能是桥路中的二极管接反了。

练习题

（1）某电阻性负载需要一个直流电压为 110 V、直流电流为 3 A 的供电电源，现采用桥式整流电路和半波整流电路，试求变压器的副边电压，并根据计算结果选择整流二极管型号。

（2）试分析桥式整流电路中的二极管 VD_2 或 VD_4 断开时负载电压的波形。如果 VD_2 或 VD_4 接反，后果如何？如果 VD_2 或 VD_4 因击穿或烧坏而短路，后果又如何？

5.3　稳压二极管稳压电路

稳压二极管是应用在反向击穿区的特殊二极管。稳压二极管的电路符号和伏安特性如图 5-18 所示。

从伏安特性可以看出，当稳压二极管工作在反向击穿状态下，工作电流 I_Z 在 I_{Zmax} 和 I_{Zmin} 之间变化时，其两端电压近似为常数。

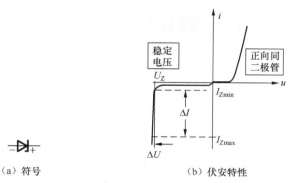

（a）符号　　　　　　　　（b）伏安特性

图 5-18　稳压二极管的电路符号和伏安特性

稳压管的主要参数如表 5-2 所示。

表 5-2　　　　　　　　　　　　稳压管的主要参数

参　数	名　称	说　明
U_Z	稳定电压	稳压管正常工作（反向击穿）时管子两端的电压
α_u	电压温度系数	环境温度每变化 1℃引起稳压值变化的百分数
r_Z	动态电阻	$r_Z = \Delta U / \Delta I$，$r_Z$ 越小，曲线越陡，稳压性能越好
I_{Zmin}	最小稳定工作电流	保证稳压管击穿所对应的电流，若 $I_Z < I_{Zmin}$ 则不能稳压
I_{Zmax}	最大稳定工作电流	超过 I_{Zmax} 稳压管会因功耗过大而烧坏
P_{ZM}	最大允许耗散功率	P_{ZM} 决定于稳压管的温升，$P_{ZM} = U_Z I_{ZM}$

使用稳压管组成稳压电路时，需要注意几个问题。第一，应使外加电源的正极接稳压管子的 N 区，电源的负极接 P 区，以保证稳压管工作在反向击穿区，如图 5-19 所示。第二，稳压管应与负载电阻 R_L 并联，由于稳压管两端电压的变化量很小，因而使输出电压比较稳定。第三，必须限制流过稳压管的电流 I_Z，使其不超过规定值，以免因过热而烧毁管子。

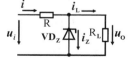

图 5-19　稳压管稳压电路

5.4　发光二极管

当发光二极管的 PN 结上加上正向电压时，电子与空穴的复合过程是以光的形式放出能量的。

不同材料制成的发光二极管会发出不同颜色的光，目前的发光二极管可以发出从红外线到可见波段的光，它的电特性与一般二极管类似。

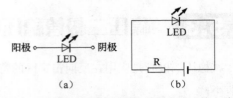

图5-20　发光二极管的电路符号及实际连接电路

发光二极管具有亮度高、清晰度高、电压低（1.5～3 V）、反应快、体积小、可靠性高和寿命长等特点，是一种很有用的半导体器件，常用于信号指示、数字和字符显示。发光二极管的电路符号及实际连接电路如图5-20所示。

5.5　实训　二极管的测试

1. 实训目的

（1）学会正确使用常用电子仪器。
（2）测试二极管的单向导电性。
（3）学习二极管伏安特性曲线的测试方法。
（4）熟悉二极管的外形及引脚识别方法。
（5）练习查阅半导体器件手册，熟悉二极管的类别、型号及主要性能参数。
（6）掌握用万用表判别二极管好坏的方法。

2. 实训器材

万用表1只（指针式），半导体器件手册，不同规格、类型的二极管若干。

3. 实训原理

二极管是由一个单向导电的PN结构成。二极管实物如图5-21所示。

当拿到二极管时，首先从外表上可以判断其正负极性。通常外表有黑圈的为PN结的负极（N端），而无黑圈的为PN结的正极（P端）。

图5-21　二极管

二极管伏安特性是指二极管两端电压与通过二极管电流之间的关系。利用逐点测量法，通过改变输入电压，分别测出二极管两端电压和通过二极管的电流，即可在坐标纸上描绘出它的伏安特性曲线。

4. 实训步骤

（1）观看实物，熟悉二极管的外形。
（2）二极管的识别请查阅手册，记录所给二极管的类别、型号及主要参数。
（3）判别二极管正、负电极。
- 观察法：观察外壳上的符号标记。通常在二极管的外壳上标有二极管的符号，带有三角形箭头的一端是正极，另一端是负极。观察外壳上的色点，在点接触二极管的外壳上，通常标有极性色点（白色或红色），标有色点的一端即为正极。还有的二极管上标有色环，带色环的一端则为负极。

● 测试法：将万用表拨到 R×1 kΩ（或 R×100 Ω）欧姆挡，用黑表笔搭在二极管的一端，用红表笔搭在二极管的另一端时电阻较小。再将黑表笔与红表笔的位置对调时电阻较大，则电阻较小的为二极管加上正向电压，此时黑表笔搭接的端钮为二极管的 P，即二极管的正极。红表笔端钮为二极管的 N，即二极管的负极，如图 5-22 所示。

（4）二极管好坏的鉴别。将万用表拨至电阻挡，量程为 R×100 Ω 或 R×1 kΩ 挡，并将表笔负端（表内电源为正极）接二极管的"+"极，用万用表的正端（表内电源为负极）接二极管的"-"极，如图 5-23 所示。测出其正向电阻，该阻值较低，一般为几十欧至几百欧，表明二极管的正向特性是好的。

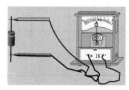 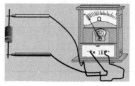

图 5-22 判别二极管正、负电极

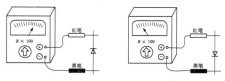

图 5-23 二极管好坏的鉴别

再把两表笔位置倒置，用万用表的正端接二极管的"+"极，用万用表的负端接二极管的"-"极，如图 5-23 所示。此时测出其反向电阻，该阻值较高，一般为几十至几百千欧，这表明二极管的反向特性都是好的。

经过以上检验，如果二极管的正向特性和反向特性都是比较好的，那么这只二极管是好的。当然，两阻值之间的差别越大越好。如果测出其阻值为 0，则表示二极管内部已短路；如果测出其阻值极大，甚至为 ∞，则表示这只二极管内部已断路。这两种情况都说明二极管已经坏了。

硅管的正向与反向电阻值一般都比锗管大。

（5）测试过程。二极管极性、正向电阻和反向电阻的测量，管型和质量的识别如下。

① 在元件盒中取出两只不同型号的二极管，用万用表鉴别极性。

② 将万用表拨到 R×10 Ω 或 R×1 kΩ 电阻挡，测量二极管的正、反向电阻，并判断其性能好坏，把以上测量结果填入表 5-3 中。

表 5-3   二极管的测试

阻 值 型 号	正 向 电 阻	反 向 电 阻	正 向 压 降	管　　　型	质 量 差 别

③ 按图 5-24 接线，稳压电源输出调至 1.5 V，判别二极管的管型（硅管或锗管）。

（6）二极管伏安特性曲线的测试。

① 按图 5-25 所示在面包板上连接线路，经检查无误后，接通 5V 直流电源。

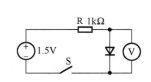 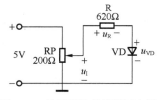

图 5-24 二极管管型判别接线图   图 5-25 伏安特性曲线测试电路

② 调节电位器 RP，使输入电压 u_I 按表所示从零逐渐增大至 5V。

③ 用万用表分别测出电阻 R 两端的电压 u_R 和二极管两端电压 u_{VD}，并根据 $i_{VD} = u_{VD}/R$ 算出通过二极管的电流 i_{VD}，填入表 5-4 中。

表 5-4　　　　　　　　　　　　　　　　二极管的正向特性

u_I/V		0.00	0.4	0.5	0.6	0.7	0.8	1.0	1.5	2.0	3.0	4.0	5.0
第一次测量	u_R/V												
	u_{VD}/V												
第二次测量	u_R/V												
	u_{VD}/V												
平均值	u_R/V												
	u_{VD}/V												
	i_{VD}/mA												

④ 用同样的方法进行两次测量，然后取平均值，即可得到二极管的正向特性。

⑤ 将图 5-25 所示电路的电源正负、极性互换，使二极管反偏，然后调节电位器 RP，按表 5-5 所示的 u_I 值，分别测出对应的 u_R 和 u_{VD} 值。

表 5-5　　　　　　　　　　　　　　　　二极管的反向特性

u_I/V	0.00	0.4	0.5	0.6	0.7	0.8	1.0	1.5	2.0	3.0	4.0	5.0
u_R/V												
u_{VD}/V												
i_{VD}/μA												

5. 预习要求

复习二极管的特点、结构及伏安特性曲线。

6. 实验报告

（1）实验目的、实验内容和测试仪表及材料。

（2）整理表 5-3，列出所测二极管的类别、型号、主要参数、测量数据及质量好坏的判别结果。

（3）整理表 5-4、表 5-5 实验数据，在坐标纸上绘制伏安特性曲线。

7. 注意事项

（1）用万用表 $R×100\ \Omega$ 挡或 $R×1\ k\Omega$ 挡测试，是为了安全。如果使用 $R×1\ \Omega$ 等量程挡，由于这时万用表内阻比较小，测量二极管时，正向电流比较大，可能超过二极管允许电流而使二极管损坏。

（2）如果使用 $R×10\ k\Omega$ 挡，这时万用表内部用的是十几伏以上的电池，测量二极管的反向电阻时，有可能把二极管击穿。

本章小结

制造二极管的主要材料是半导体，如硅和锗等。半导体中存在两种载流子：电子和空穴。纯净的半导体称为本征半导体，它的导电能力很差。掺有少量其他元素的半导体称为杂质半导体。杂质半导体分为两种：N 型半导体——多数载流子是电子；P 型半导体——多数载流子是空穴。当把 P 型半导体和 N 型半导体结合在一起时，在两者的交界处形成一个 PN 结，这是制造各种半导体器件的基础。

二极管就是利用一个 PN 结加上外壳，引出两个电极而制成的。它的主要特点是具有单向导电性，在电路中可以起整流作用。

二极管工作在反向击穿区时，即使流过管子的电流变化很大，管子两端的电压变化也很小，利用这种特性可以做成稳压管。

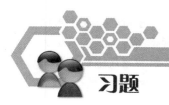

习题

1. 二极管的伏安特性可简单理解为_____导通和_____截止的特性。导通后，硅管的管压降约为_____，锗管的管压降约为_____。

2. P 型半导体中空穴多于自由电子，则 P 型半导体呈现的电性为（　　）。

A. 正电　　　　　　　　B. 负电　　　　　　　　C. 中性

3. 如果二极管的正、反向电阻都很小，则该二极管（　　）。

A. 正常　　　　　　　　B. 已被击穿　　　　　　C. 内部断路

4. 分析图 5-26 所示的电路中，各二极管是导通还是截止？试求 AO 两点间的电压 u_{AO}（设所有二极管均为理想型，即正偏时正向压降为 0，正向电阻为 0；反向电流为 0，反向电阻为∞）。

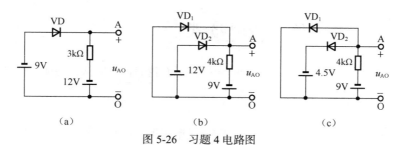

图 5-26　习题 4 电路图

第6章

晶体三极管电路

半导体器件是现代电子技术的重要组成部分，它具有体积小、重量轻、使用寿命长、功率转换效率高等优点，因而得到了广泛应用。晶体三极管（简称为三极管）具有放大作用，使用非常广泛。例如，家庭生活中的电视机、收音机等家用电器都使用晶体三极管。

【学习目标】
- 掌握晶体三极管的电路符号、放大作用及伏安特性，了解晶体三极管的主要参数。
- 了解场效应管的结构、电路符号、伏安特性和主要参数，掌握场效应管的使用方法。
- 掌握晶体三极管共发射极放大电路和射极输出器的原理。
- 掌握放大电路的分析和计算。

6.1 晶体三极管

通过一定的工艺将两个 PN 结结合在一起就构成了晶体三极管。

6.1.1 晶体三极管的结构与分类

晶体三极管是电子电路必不可少的元件，下面我们首先来认识晶体三极管的结构。

1. 晶体三极管的结构

目前最常见的晶体三极管有平面型和合金型两类，如图 6-1 所示。硅管主要是平面型，锗管多为合金型。

晶体三极管由两个 PN 结构成，其连接方法有 PNP 和 NPN 两种，结构示意图及符号如图 6-2 所示。晶体三极管有发射区、集电区和基区 3 个区域。发射区和基区之间的 PN 结称为发射结，基区和集电区之间的 PN 结称为集电结。由 3 个区引入的 3 个电极分别称为发射极 e、集电极 c 和基极 b。图 6-2 所示为 PNP 管和 NPN 管的符号，其发射极箭头方向就是该半导体管发射极正向电流的方向。

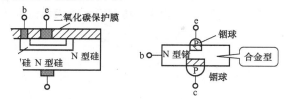

图 6-1　晶体三极管的结构

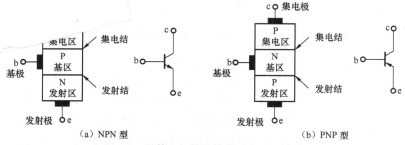

（a）NPN 型　　　　　　　　　　　　　　　（b）PNP 型

图 6-2　晶体三极管的结构示意图及符号

晶体三极管制作时有意使发射区掺杂浓度高，多数载流子浓度大，用来发射多数载流子；基区的掺杂浓度低，而且做得很薄，其宽度小于载流子的扩散长度；集电结的面积比发射结的大，以便用来收集载流子，所以，在实际使用时，集电极和发射极是不可任意交换的。

2. 晶体三极管的分类

按晶体三极管所用半导体材料来分，有硅管和锗管两种；按晶体三极管的导电极性来分，有 PNP 型和 NPN 型两种；按功率大小来分，有小功率管、中功率管和大功率管 3 种（功率在 1 W 以上的为大功率管）；按频率来分，有低频管和高频管两种（工作频率在 3 MHz 以上的为高频管）；按结构工艺来分，主要有合金管和平面管两种；按用途分，有放大管和开关管等。另外，从晶体三极管的封装材料来分，有金属封装、玻璃封装，近年来多用硅铜塑料封装。常用晶体三极管的外形如图 6-3 所示。

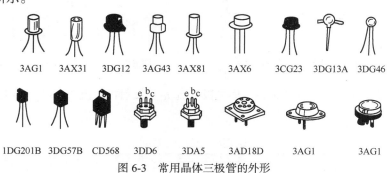

3AG1　　3AX31　　3DG12　　3AG43　3AX81　　3AX6　　3CG23　3DG13A　3DG46

1DG201B　3DG57B　CD568　　3DD6　　3DA5　　3AD18D　　3AG1　　　3AG1

图 6-3　常用晶体三极管的外形

3. 半导体三极管型号

国家标准对半导体器件型号的命名规则如下。

例如：3DG110B

3——三极管。

D——半导体材料。A 表示锗 PNP 管，B 表示锗 NPN 管，C 表示硅 PNP 管，D 表示硅 NPN 管。

G——半导体器件的类型。X 表示低频小功率管、D 表示低频大功率管、G 表示高频小功率管、A 表示高频大功率管、K 表示开关管。

110——同种器件型号的序号。

B——表示同一型号中的不同规格。

6.1.2 晶体三极管的放大原理

晶体三极管是半导体基本元器件之一，具有电流放大作用，下面介绍晶体三极管的放大原理。

1. 三极管的偏置

三极管是电子技术中的核心元件之一，它的主要功能是实现电流放大。三极管要起到放大作用（工作在放大状态），必须具备内部和外部两个条件。内部条件就是三极管自身的内部结构要具备如下特点：①发射区和集电区虽然是同种半导体材料，但发射区的掺杂浓度远远高于集电区的，集电区的空间比发射区的空间大；②基区很薄，并且掺杂浓度特别低。外部条件是要给三极管加合适的工作电压，如图 6-4 所示。

2. 三极管的电流放大作用

三极管是一种电流控制器件，可以实现电流的放大。下面通过实验来说明三极管的电流放大作用。

如图 6-5 所示，E_b 是基极电源，R_b 和 RP 是基极偏置电阻，基极通过 R_b 和 RP 接电源，使发射结有正向偏置电压 U_{BE}。集电极电源 E_c 加在集电极与发射极之间，以提供 U_{CE}。I_C、I_B、I_E 代表集电极电流、基极电流和发射极电流。

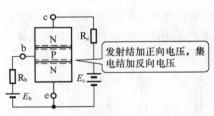

图 6-4 三极管放大作用的外部条件

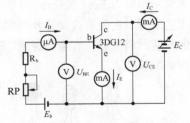

图 6-5 三极管的电流放大作用实验电路

改变可变电阻 RP，则基极电流 I_B、集电极电流 I_C 和发射极电流 I_E 都发生变化，测量结果如表 6-1 所示。

表 6–1 　　　　　三极管的电流分配数据　　　　　单位：mA

项 目	1	2	3	4	5	6	7
I_B	0.003 5	0	0.01	0.02	0.03	0.04	0.05
I_C	−0.003 5	0.01	0.56	1.14	1.14	2.33	2.91
I_E	0	0.01	0.57	1.16	1.17	2.37	2.96

从实验数据可得出如下结论。

（1）电流分配关系：三极管各电极间的电流分配关系满足：$I_E = I_B + I_C$。无论是 NPN 型还是 PNP 型三极管，均符合这一规律。如果将三极管看成节点，那么三极管各电极间的电流关系应满足基尔霍夫节点电流定律，即流入三极管的电流之和等于流出三极管的电流之和。

（2）基极电流变化引起集电极电流变化，但集电极与基极电流之比保持不变，为一常数，用公式表示为

$$\bar{\beta} = \frac{I_C}{I_B}$$

$\bar{\beta}$ 称为直流电流放大系数。

集电极电流随基极电流的变化而变化，说明集电极电流受控于基极电流，而且比基极电流大，三极管的这个特性就是直流电流的放大作用。

（3）基极电流有一微小的变化量ΔI_B 时，集电极电流就会有一个较大的变化量ΔI_C，三极管的这一特性称为交流电流放大作用，用公式表示为

$$\beta = \frac{\Delta I_C}{\Delta I_B}$$

β 称为交流电流放大系数。

三极管的集电极电流受控于基极电流，基极电流的微小变化将引起集电极电流较大的变化，这就实现了电流的放大作用。

【例 6-1】　根据表 6-1 所示的实验数据，试计算这只三极管在 I_B 由 0.01 mA 变化到 0.02 mA 时的电流放大系数。

解：由表 6-1 可知，当 I_B 由 0.01 mA 变化到 0.02 mA 时，I_C 从 0.56 mA 上升到 1.14 mA。

$$\beta = \frac{\Delta I_C}{\Delta I_B} = \frac{1.14 - 0.56}{0.02 - 0.01} = 58$$

练习题

（1）将两个晶体二极管背靠背连接起来，是否能构成一只晶体三极管？

（2）能否将晶体三极管的 c、e 两个电极交换使用，为什么？

6.1.3　晶体三极管的特性

三极管的特性反映了三极管各电极间电压和各电极电流之间的关系，是分析具体放大电路的重要依据，是三极管特性的主要表示形式，其中主要包括输入特性和输出特性。

1. 输入特性

输入特性是指当 U_{CE} 为某一固定值时，输入回路中 i_B 和 u_{BE} 之间的关系。输入特性曲线如图 6-6 所示。

在输入回路中，由于发射结是一个正向偏置的 PN 结，因此输入特性就与二极管的正向伏安特性相似，不同的输出电压 U_{CE} 对输入特性有不同的影响，随着 U_{CE} 的增大，曲线将向右移，但当 $U_{CE} \geqslant 1$ V 时，不同 U_{CE} 值的输入曲线重合。

2. 输出特性

输出特性是指当 I_B 为一固定值时，输出回路中 i_C 和 u_{CE} 之间的关系。输出特性曲线如图 6-7 所示。根据输出特性曲线，三极管的工作区域可以分为截止区、饱和区和放大区 3 种情况。

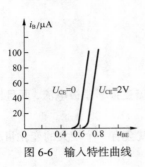

图 6-6　输入特性曲线

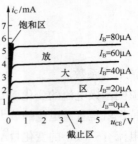

图 6-7　输出特性曲线

（1）截止区。

三极管工作在截止区时，发射结和集电结均为反向偏置，相当于一个开关状态。在此区域，三极管失去了电流放大能力。

（2）饱和区。

三极管工作在饱和区时，发射结和集电结都处于正向偏置。在这个区域，各 I_B 值所对应的输出特性曲线几乎重合在一起，i_C 随 u_{CE} 的升高而增大，当 I_B 变化时，i_C 基本不变，即 i_C 不受 I_B 的控制，三极管失去电流放大作用。在此区域，相当于一个开关闭合状态。

（3）放大区。

三极管处于放大状态时，发射结正向偏置，集电结反向偏置。在这个区域，集电极电流受控于基极电流，体现了三极管的电流放大作用，有 $I_C = I_B$。特性曲线的间隔大小反映了三极管的 β 值，体现了不同三极管的电流放大作用。对于一定的 I_B，i_C 基本不受 u_{CE} 的影响，即无论 u_{CE} 怎样变化，i_C 几乎不变。这说明在放大区，三极管具有恒流特性。

【例 6-2】　根据各个电极的电位，说明图 6-8 所示三极管的工作状态。

解：根据三极管各个电极的电位，可知图 6-8（a）所示的发射结和集电结都反向偏置，所以这个三极管工作在截止状态。图 6-8（b）所示的发射结正向偏置，集电结反向偏置，所以这个三极管工作在放大状态。

练习题　说明图 6-9 所示三极管的工作状态。

图 6-8　例 6-2 图　　　　　　　　　　　图 6-9　练习题图

6.1.4　三极管的主要参数

三极管的主要参数如表 6-2 所示。

表 6-2 三极管的主要参数

参数	名　称	说　明
$\overline{\beta}$	直流放大系数	反映三极管电流放大能力强弱的参数，$\overline{\beta}=\dfrac{I_C}{I_B}$
β	交流放大系数	反映三极管电流放大能力强弱的参数，$\beta=\dfrac{\Delta I_C}{\Delta I_B}$。当放大器的输入信号是正弦信号时，可直接用正弦量的瞬时值表示，$\beta=\dfrac{i_C}{i_B}$
I_{CBO}	集电极-基极反向饱和电流	该电流是三极管发射极开路时，从集电极流到基极的电流。该电流是 PN 结的反向电流，因此具有数值小但受温度变化影响较大的特点。I_{CBO} 的大小标志集电结质量的好坏
I_{CEO}	穿透电流	该电流是三极管基极开路时，集电极与发射极之间加上规定电压，从集电极流到发射极的电流。I_{CBO} 和 I_{CEO} 满足 $I_{CEO}=(1+\beta)I_{CBO}$。I_{CEO} 是衡量三极管质量好坏的主要参数，其值越小越好
I_{CM}	集电极最大允许电流	在实际运用中，三极管集电极电流 I_C 增大到一定数值后，β 值将会明显下降。在技术上规定，当三极管的 β 值下降到正常值的 2/3 时的集电极电流称为集电极最大允许电流。集电极电流若超过此值，三极管性能变差，甚至有烧坏的可能
$U_{(BR)CBO}$	集电极-基极反向击穿电压	在发射极开路时集电结所能承受的最高反向电压
$U_{(BR)EBO}$	发射极-基极反向击穿电压	在集电极开路时发射极与基极之间所能承受的最高反向电压
$U_{(BR)CEO}$	集电极-发射极反向击穿电压	在基极开路时，集电极与发射极之间所能承受的最高反向电压
P_{CM}	集电极最大允许耗散功率	集电极允许的最大功率。使用时若超过此值，将使三极管的性能变差或烧毁
f_T	特征频率	特征频率是指当三极管的 β 值下降到 $\beta=1$ 时所对应的频率。当工作信号的频率升高到特征频率时，三极管就失去了交流电流的放大能力。特征频率的大小反映了三极管频率特性的好坏

6.2　三极管放大电路

能把微弱的电信号放大并转换成较强的电信号的电路称为放大电路，简称放大器。放大器是最基本、最常见的一种电子电路，也是构成各种电子设备的基本单元之一。

6.2.1　共发射极放大电路

为了分析放大电路的工作原理，先从最基本的共发射极放大电路谈起。

1. 放大电路的功能及基本要求

放大作用是一种控制作用，它是用较弱的信号去控制较强的信号，也就是在输入信号的控制下，把电源功率转化为输出信号功率。

放大电路最基本的功能就是放大，即将微弱的电信号变成较强的电信号，也就是说，放大电路能把电压、电流或功率放大到要求的量值。

对放大电路有以下几项基本要求。

（1）一定的输出功率。

在图 6-10 所示的路灯自动开关的电路中，当光照很弱时，电路的输出功率不足以使继电器动作，路灯不会熄灭。只有输出功率达到继电器的动作功率，使继电器动作，路灯电源才断开。

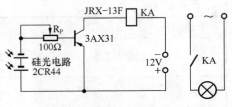

图 6-10　简易路灯自动开关电路

（2）一定的放大倍数。

放大电路的输入信号十分微弱，如果要使它的输出达到额定功率，就要求放大器具有足够的电流放大倍数、电压放大倍数或功率放大倍数。

（3）失真要小。

很多包含放大电路的仪器设备，如示波器、扩音机等，都要求输出信号与输入信号的波形要一样。如果放大过程中波形发生变化了就叫作失真。

（4）工作稳定。

放大电路中的晶体管和其他元件受到外界条件的影响时，放大特性将发生变化。因此，必须采取措施来尽量减少不利因素干扰，保证放大器在工作范围内放大量稳定不变。

2．放大电路的基本参数

放大电路的基本参数，是描述放大电路性能的重要指标。

（1）放大倍数。

放大倍数是衡量放大电路放大能力的指标，用字母 A 表示，常用的表示方法有电压放大倍数、电流放大倍数和功率放大倍数等，其中电压放大倍数应用最多。

放大电路的输出电压有效值 U_o（或变化量 u_o）与输入电压有效值 U_i（或变化量 u_i）之比，称为电压放大倍数 A_u，即

$$A_u = \frac{U_o}{U_i} \text{ 或 } A_u = \frac{u_o}{u_i}$$

（2）输入电阻 r_i。

输入电阻 r_i 为放大电路输入端（不含信号源内阻 R_s）的交流等效电阻，如图 6-11 所示。它的电阻值等于输入电压与输入电流之比，即

$$r_i = \frac{u_i}{i_i}$$

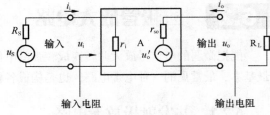

图 6-11　放大电路输入电阻与输出电阻

（3）输出电阻 r_o。

输出电阻 r_o 为放大电路输出端（不包括外接负载电阻 R_L）的交流等效电阻，如图 6-11 所示。其数值等于输出电压与输出电流之比，即

$$r_o = \frac{u_o}{i_o}$$

从放大电路的性能来说，输入电阻越大越好，输出电阻越小越好。

3．共发射极放大电路的基本结构

根据输入和输出回路公共端的不同，放大电路有共发射极放大电路、共集电极放大电路和共

基极放大电路 3 种基本形式，如图 6-12 所示。

图 6-13 所示就是共发射极基本放大电路的常用形式。

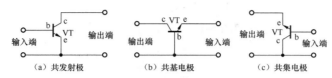

（a）共发射极　　　　　　（b）共基电极　　　　　　（c）共集电极

图 6-12　放大电路中晶体管的 3 种基本形式

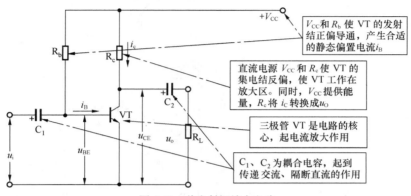

V_{CC} 和 R_b 使 VT 的发射结正偏导通，产生合适的静态偏置电流 i_B

直流电源 V_{CC} 和 R_c 使 VT 的集电结反偏，使 VT 工作在放大区。同时，V_{CC} 提供能量，R_c 将 i_C 转换成 u_O

三极管 VT 是电路的核心，起电流放大作用

C_1、C_2 为耦合电容，起到传递交流、隔断直流的作用

图 6-13　共发射极放大电路

这个电路的信号由三极管的基极输入、集电极输出，发射极是输入、输出回路的公共端，所以这个电路称为共发射极放大电路。C_1、C_2 常选几微法至几十微法的电解电容器。

4. 共发射极放大电路的工作原理

（1）设置静态工作点的必要性。

放大电路输入端未加交流信号（即 $u_i = 0$）时的工作状态称为直流状态，简称静态，如图 6-14 所示。将设有偏置的图 6-13 所示电路去掉基极电阻 R_b 的电路的工作波形如图 6-15 所示。从波形图上可以看出三极管的非线性特性是造成失真的主要原因，因此这种波形失真称为放大电路的非线性失真。

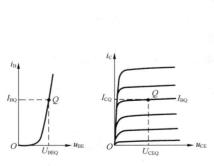

图 6-14　静态工作点

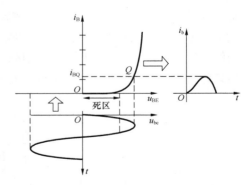

图 6-15　不加基极偏置电压的放大器输出波形失真

为了避免放大电路产生非线性失真，必须设置静态工作点，即在信号输入前先给三极管发射结加上正向偏置电压 U_{BEQ}，使基极有一个起始直流 I_{BQ}，如图 6-16 所示。

三极管具有非线性特性，Q 点过高或者过低，都将产生失真。要使放大电路正常工作，不产生信号失真，就必须设置合理的静态工作点，I_{BQ} 一般选在输入特性曲线的线性区中间。

（2）共发射极放大电路的工作原理。

共发射极放大电路的工作原理如图 6-17 所示。

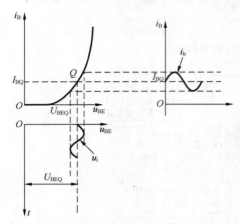

图 6-16　工作点合适的放大器输出波形

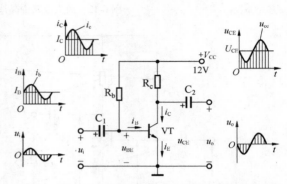

图 6-17　共发射极放大电路的工作原理

输入交流电压信号后，各电极电流和电压的大小均发生了变化，都在直流量的基础上叠加了一个交流量，但方向始终不变。输出电压比输入电压大，电路具有电压放大作用。输出电压与输入电压在相位上相差 180°，即共发射极电路具有反相作用。

实现放大的条件如下：

- 晶体管必须工作在放大区，发射结正偏，集电结反偏；
- 正确设置静态工作点，使晶体管工作于放大区；
- 输入回路将变化的电压转化成变化的基极电流；
- 输出回路将变化的集电极电流转化成变化的集电极电压，经电容耦合只输出交流信号。

【例 6-3】　当输入电压为正弦波时，图 6-18 所示三极管有无放大作用？

解：图 6-18（a）所示的电路中，V_{BB} 经 R_b 向三极管的发射结提供正偏电压，V_{CC} 经 R_c 向集电结提供反偏电压，因此三极管工作在放大区，但是，由于 V_{BB} 为恒压源，对交流信号起短路作用，因此输入信号 u_i 加不到三极管的发射结，放大器没有放大作用。

图 6-18（b）所示的电路中，由于 C_1 的隔断直流作用，V_{CC} 不能通过 R_b 使管子的发射结正偏，即发射结零偏，因此三极管不工作在放大区，无放大作用。

练习题　图 6-19 所示电路能否起到放大作用？若不具有放大作用，该如何改正使它具有放大作用？

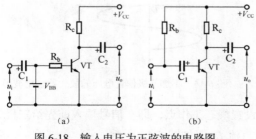

图 6-18　输入电压为正弦波的电路图

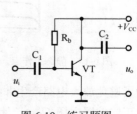

图 6-19　练习题图

5. 放大电路的直流通路和交流通路

放大电路实际工作时，可以把电流量分为直流分量和交流分量。为了便于分析，常将直流分量和交流分量分开来研究，将放大电路划分为直流通路和交流通路。

（1）直流通路。

直流通路是指放大电路未加输入信号时，放大电路在直流电源 V_{CC} 的作用下，直流分量所流过的路径。直流通路是静态分析所依据的等效电路，画直流通路的原则为：放大电路中的耦合电容、旁路电容视为开路，电感视为短路。图 6-13 所示的共发射极放大电路直流通路如图 6-20 所示。

（2）交流通路。

交流通路是指在交流信号 u_i 作用下，交流电流所流过的路径。交流通路是放大电路动态分析所依据的等效电路，画交流通路的原则有两点，即放大电路的耦合电容、旁路电容都看作短路；电源 V_{CC} 对交流的内阻很小，可看作短路。图 6-13 所示共发射极放大电路的交流通路如图 6-21 所示。

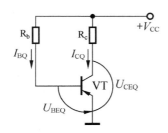

图 6-20 共发射极放大电路的直流通路

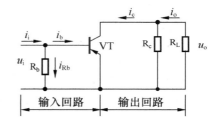

图 6-21 共发射极放大电路的交流通路

6. 放大电路的静态分析

对放大电路有了初步的认识后，就需要考虑静态工作点怎样设置才合适以及电路的放大倍数如何估算等问题，解决这一问题的方法称为放大电路的分析方法。对一个电路进行分析时，首先要进行静态分析，即分析未加输入信号时的工作状态，估算电路中各处的直流电压和直流电流，然后进行动态分析，即分析加上交流输入信号时的工作状态，估算放大电路的各项动态技术指标，如电压放大倍数、输入电阻和输出电阻等。

放大电路的静态分析用于确定放大电路的静态值，即静态工作点 Q：I_{BQ}、I_{CQ}、U_{CEQ}。采用的分析方法是估算法、图解法，分析的对象是各极电压电流的直流分量，所用电路是放大电路的直流通路。静态是动态的基础，设置 Q 点是为了使放大电路的放大信号不失真，并且使放大电路工作在较佳的工作状态。

（1）用图解法确定静态值。

图解法就是用作图的方法确定静态值。这个方法能直观地分析和了解静态值的变化对放大电路的影响。

用图解法确定静态值的步骤如下。

① 在 i_C、u_{CE} 平面坐标上作出晶体管的输出特性曲线。

② 根据直流通路列出放大电路直流输出回路的电压方程式：$U_{CE} = V_{CC} - I_C R_C$。

③ 根据电压方程式,在输出特性曲线所在坐标平面上作直流负载线。所以分别取（$I_C = 0$，$U_{CE} = V_{CC}$）和（$U_{CE} = 0$，$I_C = V_{CC}/R_C$）两点，这两点也就是横轴和纵轴的截距，连接两点，便得到直流负载线。

④ 根据直流通路中的输入回路方程求出 I_{BQ}。

⑤ 找出 $I_B = I_{BQ}$ 这条输出特性曲线，它与直流负载线的交点即为 Q 点（静态工作点），Q 点直观地反映了静态工作点（I_{BQ}、I_{CQ}、U_{CEQ}）的 3 个值，即为所求静态值。

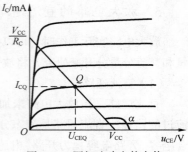

图 6-22　图解法确定静态值

用图解法确定静态值如图 6-22 所示。

（2）用估算法确定静态值。

由图 6-20 所示直流通路估算 I_{BQ}、I_{CQ}、U_{CEQ}。

由基尔霍夫电压定律得

$$I_{BQ} = \frac{V_{CC} - U_{BE}}{R_b}$$

一般情况下

$$U_{BE} << V_{CC}, \quad I_{BQ} = \frac{V_{CC}}{R_b}$$

根据电流放大作用

$$I_{CQ} = \bar{\beta} I_{BQ} + I_{CEO} \approx \bar{\beta} I_{BQ} \approx \beta I_{BQ}$$

由基尔霍夫电压定律得

$$U_{CEQ} = V_{CC} - I_{CQ} R_C$$

【例 6-4】　用估算法确定图 6-13 所示电路的静态工作点。其中 $V_{CC} = 12$ V，$R_b = 300$ kΩ，$R_c = 4$ kΩ，$\beta = 37.5$。

解：

$$I_{BQ} = \frac{V_{CC}}{R_b} = \left(\frac{12}{300000}\right)A = 0.04 \text{mA}$$

$$I_{CQ} \approx \beta I_{BQ} = (37.5 \times 0.04) \text{mA} = 1.5 \text{ mA}$$

$$U_{CEQ} = V_{CC} - I_{CQ} R_C = (12 - 0.001\ 5 \times 4\ 000) V = 6 \text{ V}$$

练习题　用估算法计算图 6-23 所示电路的静态工作点（用表达式表示）。

7. 放大电路的动态分析

放大电路的动态分析是指放大电路有信号输入（$u_i \neq 0$）时的工作状态，用于计算电压放大倍数 A_u、输入电阻 r_i 和输出电阻 r_o 等。采用的分析方法是微变等效电路法和图解法，分析的对象是各极电压电流的交流分量，所用电路是放大电路的交流通路。动态分析的目的是为了找出 A_u、r_i、r_o 与电路参数的关系，为电路设计打好基础。

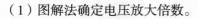

图 6-23　练习题图

（1）图解法确定电压放大倍数。

根据直流负载线的 Q 点和交流等效负载 R_L'（$R_L' = R_C // R_L = \dfrac{R_C R_L}{R_C + R_L}$）确定交流负载线，如图 6-24 所示。

图解法确定电压放大倍数如图 6-25 所示。由 u_o 和 u_i 的峰值（或峰峰值）之比可得放大电路的电压放大倍数。

如果 Q 设置不合适，晶体管进入截止区或饱和区工作，将造成非线性失真。若 Q 设置过高，晶体管进入饱和区工作，造成饱和失真，如图 6-26 所示。适当减小基极电流可消除饱和失真。若 Q 设置过低，晶体管进入截止区工作，造成截止失真，如图 6-27 所示。适当增加基极电流可消除截止失真。

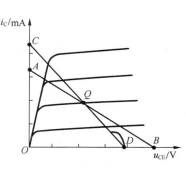

图 6-24　交流负载线

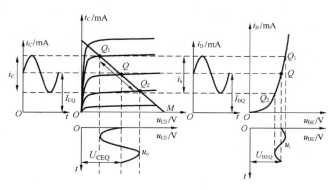

图 6-25　图解法确定电压放大倍数

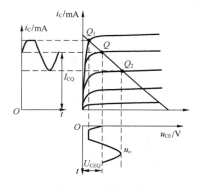

图 6-26　饱和失真

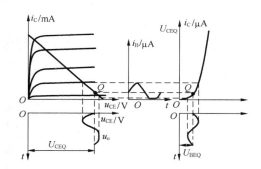

图 6-27　截止失真

如果 Q 设置合适，信号幅值过大也可产生失真，减小信号幅值可消除失真。

（2）微变等效电路法。

微变等效电路法是把非线性元件晶体管所构成的放大电路等效为一个线性电路，即把非线性的晶体管线性化，等效为一个线性元件。由于晶体管是在小信号（微变量）情况下工作，因此，在静态工作点附近小范围内的特性曲线可用直线近似代替。利用放大电路的微变等效电路可以分析计算放大电路电压放大倍数 A_u、输入电阻 r_i 和输出电阻 r_o 等。

三极管输入回路可以等效为一个电阻，用 r_{be}（三极管的等效输入电阻）表示。三极管输出回路可以用一个大小为 $i_c = \beta i_b$ 的理想电流源来等效。三极管微变等效电路如图 6-28 所示。

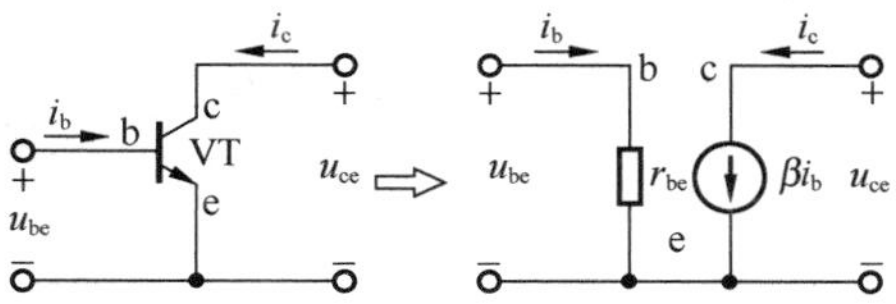

理论和实践证明，在低频小信号时，共发射极接法的三极管输入电阻 r_{be} 可用下列经验公式估算。

图 6-28　三极管的微变等效电路

$$r_{be} = 360 + (1+\beta)\frac{26}{I_{EQ}}$$

8. 用微变等效电路法进行放大电路的动态分析

（1）微变等效电路法分析步骤。

① 画出放大电路的交流通路。

② 用三极管的微变等效电路代替交流通路中的三极管，画出放大电路的微变等效电路。

③ 根据微变等效电路列方程，计算电路的 A_u、r_i 和 r_o。

【例 6-5】 画出图 6-13 所示电路的微变等效电路。

解： 画出图 6-13 所示电路的交流通路，如图 6-29 所示。根据交流通路画出微变等效电路，如图 6-30 所示。

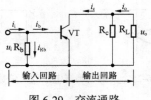

图 6-29 交流通路　　　　　图 6-30 微变等效电路

（2）计算动态性能指标。

① 计算电压放大倍数 A_u。交流电压放大倍数是指输出交流信号电压与输入交流信号电压值之比，用 A_u 表示，即 $A_u = \dfrac{u_o}{u_i}$。

由图 6-30 共发射极放大电路的微变等效电路得

$$A_u = \frac{u_o}{u_i} = \frac{-\beta i_b R'_L}{i_b r_{be}} = -\beta \frac{R'_L}{r_{be}} \qquad R'_L = R_C /\!/ R_L = \frac{R_C R_L}{R_C + R_L}$$

电路空载时，即 $R_L = \infty$，电压放大倍数 $A_u = -\beta \dfrac{R_C}{r_{be}}$。

② 计算输入电阻。由图 6-30 共发射极放大电路的微变等效电路得 $r_i = R_b /\!/ r_{be}$。

若 $r_{be} \ll R_b$，则输入电阻 $r_i \approx r_{be}$。

③ 计算输出电阻。由图 6-30 所示共发射极放大电路的微变等效电路得 $r_o = r_{ce} /\!/ R_c$。

因 $r_{ce} \gg R_c$，则输出电阻 $r_o \approx R_c$。

【例 6-6】 在图 6-30 所示的共射极基本放大电路的微变等效电路中，已知三极管的 $\beta = 100$，$r_{be} = 1\,k\Omega$，$R_b = 400\,k\Omega$，$R_c = 4\,k\Omega$，求：负载 $R_L = 4\,k\Omega$ 时的放大倍数，输入电阻 r_i，输出电阻 r_o。

解：

$$R'_L = R_c /\!/ R_L = \frac{R_c R_L}{R_c + R_L} = \left(\frac{4 \times 4}{4 + 4}\right) k\Omega = 2k\Omega; \quad A_u = -\beta \frac{R'_L}{r_{be}} = -100 \times \frac{2}{1} = -200$$

$$r_i \approx r_{be} = 1k\Omega$$

$$r_o \approx R_c = 4k\Omega$$

练习题 在图 6-30 所示的共射极基本放大电路的微变等效电路中，已知三极管的 $\beta = 50$，$r_{be} = 1\,k\Omega$，$R_b = 200\,k\Omega$，$R_c = 2\,k\Omega$，求：（1）负载空载时的放大倍数。（2）输入电阻 r_i。（3）输出电阻 r_o。

9. 共发射极放大电路的应用

共发射极放大电路在实际工作中电源电压的波动、元器件的老化以及温度都会对稳定静态工作点有影响。特别是温度升高对静态工作点稳定的影响最大。当温度升高时，三极管的 β 值将增大，穿透电流 I_{CEO} 增大，U_{BE} 减小，从而使三极管的特性曲线上移。温度升高对三极管参数的影响最终导致集电极电流 I_C 增大，U_{CE} 减小。因此为了稳定静态工作点，在实际使用时要采用偏置电路，如图 6-31 所示。

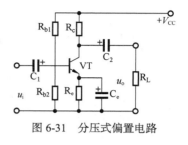

图 6-31　分压式偏置电路

6.2.2　共集电极放大电路

共集电极放大电路如图 6-32 所示。输入电压加在基极与集电极之间，而输出信号电压从发射极与集电极之间取出，集电极成为输入、输出信号的公共端，所以称为共集电极放大电路。又由于它们的负载位于发射极上，被放大的信号从发射极输出，所以又叫作射极输出器。共集电极放大电路的交流通路如图 6-33 所示。

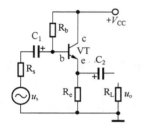

图 6-32　共集电极放大电路

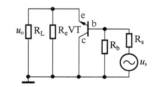

图 6-33　共集电极放大电路的交流通路

1. 共集电极电路（射极输出器）的特点

（1）输出电压与输入电压同相且略小于输入电压。

（2）输入电阻大。

（3）输出电阻小。

2. 共集电极电路（射极输出器）的应用

共集电极电路（射极输出器）的 3 个特点，决定了它在电路中得到广泛的应用。

（1）用于高输入电阻的输入级。由于它的输入电阻高，向信号源吸取的电流小，对信号源影响小。因此，在放大电路中多用它做高输入电阻的输入级。

（2）用于低输出电阻的输出级。放大电路的输出电阻越小，带负载能力越强，当放大电路接入负载或负载变化时，对放大电路影响就小，这样可以保持输出电压的稳定。射极输出器输出电阻小，正好适用于多级放大电路的输出级。

（3）用于两级共发射极放大电路之间的隔离级。在共发射极放大电路的级间耦合中，往往存在着前级输出电阻大、后级输入电阻小这种阻抗不匹配的现象，这将造成耦合中的信号损失，使放大倍数下降。利用射极输出器输入电阻大、输出电阻小的特点，将它接入上述两级放大电路之间，这样就在隔离前级的同时起到了阻抗匹配的作用。

6.2.3　差动放大电路

差动放大电路，又称差分放大电路，其输出电压与输入电压之差成正比。它是另一类基本放大电路，由于它在抑制零点漂移等性能方面有很多优点，因而广泛应用于集成电路中。电路构成差动放大电路如图 6-34 所示，其中各元器件的作用如下。

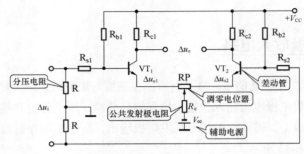

图 6-34　差动放大电路

● 差动管：电路由两个完全对称的单管共射极放大电路结合而成，即 $R_{c1} = R_{c2}$，$R_{b1} = R_{b2}$，$R_{s1} = R_{s2}$，VT_1 和 VT_2 的特性与参数基本一致。

● 电路有两个输入端（输入信号分别加到两差动管的基极）和两个输出端（输出信号取自两差动管的集电极）。输出电压 $\Delta u_o = \Delta u_{o1} - \Delta u_{o2}$。

● 调零电位器：引入调零电位器来抵消元器件参数的不对称，从而弥补电路不对称造成的失调。

● 公共发射极电阻 R_e：稳定静态工作点及抑制零漂。

● 辅助电源 V_{ee}：R_e 越大，抑制零漂效果越好，但 R_e 过大会使其直流压降过大，造成静态电流值下降，差动管输出动态范围减小。为保证放大电路的正常工作，电路中需要接入辅助电源。

1．电路输入方式

差动放大电路输入信号分为共模信号和差模信号两种。

（1）共模信号。

两个大小相等且极性相同的输入信号称为共模输入信号，即 $\Delta u_{i1} = \Delta u_{i2}$，如图 6-35 所示。

（2）差模信号。

两个大小相等但极性相反的输入信号称为差模输入信号，即 $\Delta u_{i1} = -\Delta u_{i2}$，如图 6-36 所示。

为了全面衡量差动放大电路放大差模信号、抑制共模信号的能力，需引入一个新的量——共模抑制比，用 K_{CMR} 表示，其定义式为

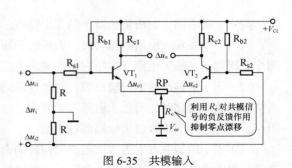

图 6-35　共模输入

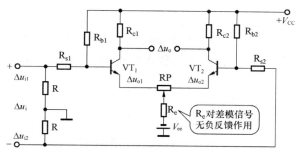

图 6-36 差模输入

$$K_{CMR} = \left| \frac{\Delta A_{ud}}{\Delta A_{uc}} \right|$$

此定义表示共模抑制比愈大，差动放大电路放大差模信号（有用信号）的能力越强，抑制共模信号（无用信号）的能力也越强。

差动放大电路是利用电路的对称性和负反馈电阻 R_e 进行抑制零点漂移的，只有在输入差模信号时电路才进行放大，输出端才能输出放大了的信号，"差动"名称也由此而来。

2. 差动放大电路的应用

在图 6-34 所示的电路中，公共发射电阻 R_e 越大，抑制零点漂移效果越好，但辅助电源 V_{ee} 也越高，这对电路设计不利。因此需要设计一个具有恒流源的差动放大电路。

为了使 R_e 大时 V_{ee} 能低一些，可以用三极管代替 R_e，如图 6-37 所示。这种电路称为晶体管恒流源差动放大电路。

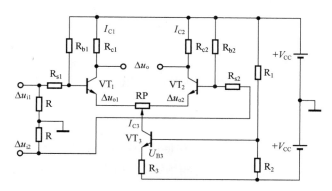

图 6-37 晶体管恒流源的差动放大电路

6.3 场效应管

场效应管（FET）是一种电压控制型器件，它利用电场效应来控制半导体中多数载流子的运动，以实现放大作用。场效应管不仅输入电阻非常高（一般可达到几百兆欧到几千兆欧）、输入端电流接近于零（几乎不向信号源吸取电流），而且还具有体积小、重量轻、噪声低、省电、热稳定性好、制造工艺简单、易集成等优点，是放大电路中理想的前置输入器件。目前广泛应用的是

MOS 场效应管。

场效应管也是由 PN 结构成的，按结构不同可分为结型场效应管（JFET）和绝缘栅型场效应管（MOS）两种；按导电沟道可分为 N 沟道和 P 沟道两种，在电路中用箭头方向区别。

6.3.1 绝缘栅场效应管

栅极和其他电极及硅片之间是绝缘的，称为绝缘栅场效应管。

1. 绝缘栅场效应管的结构和符号

绝缘栅场效应管有耗尽型和增强型两大类，每一类又有 N 沟道和 P 沟道两种。图 6-38 所示为增强型 N 沟道绝缘栅场效应管的结构，图 6-39 是其电路符号。图 6-40 所示为耗尽型 N 沟道绝缘栅场效应管的结构，图 6-41 是其电路符号。

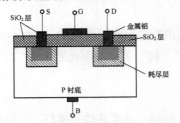

图 6-38 增强型 N 沟道绝缘栅场效应管的结构

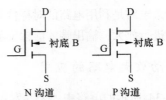

图 6-39 增强型绝缘栅场效应管的电路符号

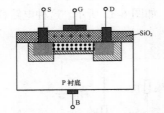

图 6-40 耗尽型 N 沟道绝缘栅场效应管的结构

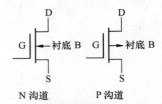

图 6-41 耗尽型绝缘栅场效应管的电路符号

2. 绝缘栅场效应管的伏安特性

增强型 N 沟道绝缘栅场效应管的转移特性和输出特性如图 6-42 所示。

在一定的漏—源电压 U_{DS} 下，使绝缘栅场效应管由不导通变为导通的临界栅源电压称为开启电压 U_{GS}。

耗尽型 N 沟道绝缘栅场效应管的转移特性和输出特性如图 6-43 所示。

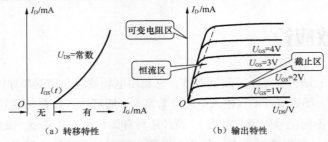

（a）转移特性　　　　　（b）输出特性

图 6-42 增强型 N 沟道绝缘栅场效应管的伏安特性

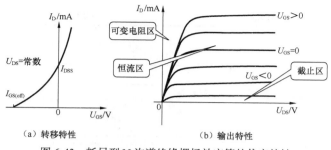

（a）转移特性　　　　　　　　　（b）输出特性

图 6-43　耗尽型 N 沟道绝缘栅场效应管的伏安特性

6.3.2　场效应管的主要参数

场效应管的主要参数如表 6-3 所示。

表 6-3　　　　　　　　　　　场效应管的主要参数

参　数	名　　称	说　　明
$U_{GS(off)}$	夹断电压	在漏源电压 U_{DS} 为某一固定值时，结型或耗尽型绝缘栅场效应管的 I_D 小到近于零时的 U_{GS} 值为夹断电压
$U_{GS(th)}$	开启电压	当 U_{DS} 为某一确定值时，增强型 MOS 场效应管开始导通（I_D 达到某一值）时的 U_{GS} 值为开启电压
I_{DSS}	饱和漏电流	对于结型和耗尽型场效应管，当 $U_{GS}=0$，且 $U_{DS}>|U_{GS(off)}|$ 时的漏极电流，即管子用作放大时的最大输出电流为饱和漏极电流。它反映了零偏压时原始沟道的导电能力
g_m	跨导	U_{DS} 为定值时，漏极电流变化量 I_D，与引起这个变化的栅—源电压变化量 U_{DS} 之比，定义为跨导，单位为 μA/V

6.3.3　场效应管和三极管

场效应管和三极管的比较如表 6-4 所示。

表 6-4　　　　　　　　　　　场效应管和三极管的比较

项目 器件	半导体三极管	场 效 应 管
导电机构	两种载流子导电，为双极性器件	一种载流子导电，为单极性器件
控制方式	I_C 受 I_B 控制，为电流控制器件	I_D 受 U_{GS} 控制，为电压控制器件
类型	PNP 型：硅管、锗管 NPN 型：硅管、锗管	N 沟道：结型、绝缘栅耗尽型与增强型 P 沟道：结型、绝缘栅耗尽型与增强型
对应电极	e、b、c	S、G、D
输入电阻	低（102～104 Ω）	极高（107～1 015 Ω）
放大参数	β（30～200）	g_m（0.1～20 μA/V）
放大能力	较大	较小
电压极性	U_{BE}、U_{CE} 为同极性	U_{GS}、U_{DS} 增强型为同极性；耗尽型一般为反极性
温度影响	温度影响大	温度影响小，且存在一个零温度系数的工作点

续表

项目 器件	半导体三极管	场 效 应 管
噪声	较大	小
灵活性	c、e 极不能互换使用，否则 β 大为下降；另一方面，管子的 U_{BE} 不能改变极性	有的 D、S 极可互换使用，绝缘栅耗尽型的 U_{GS} 可正可负，灵活性强
保存方式	一般无特殊要求	应小心防止绝缘栅型管的栅源间被击穿
应用场合	广泛	作为高内阻信号源或低噪声放大器的输入级；适合环境条件变化大的场合；MOS 管适用于大规模集成电路

6.3.4　MOS 场效应管的使用

　　MOS 场效应管的输入电阻很高，如果在栅极上感应了电荷，就不易泄放，这样就容易将 PN 结击穿损坏，为了避免 PN 结击穿损坏，存放时应将各电极短接。

　　MOS 场效应管中，有些产品将衬底引出（4 脚），用户可以根据需要正确连接。此时，漏极与源极可互换使用，但有些产品出厂时已经将衬底与源极连在一起则不可以互换。

6.3.5　场效应管放大电路

　　场效应晶体管具有输入电阻高及噪声低等优点，常用于多级放大电路的输入级以及要求噪声低的放大电路。场效应管的源极、漏极、栅极相当于双极型晶体管的发射极、集电极、基极。场效应管的共源极放大电路和源极输出器与双极型晶体管的共发射极放大电路和射极输出器在结构上也相类似。场效应管放大电路的分析与双极型晶体管放大电路一样，包括静态分析和动态分析。

　　共源极分压式偏置放大电路如图 6-44 所示，源极输出器如图 6-45 所示。

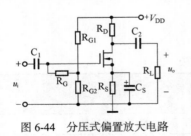

图 6-44　分压式偏置放大电路

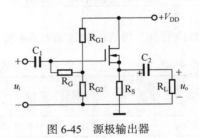

图 6-45　源极输出器

6.4　实训 1　三极管和场效应管的测试

1．实训目的

（1）熟悉三极管和场效应官的外形及引脚识别方法。

（2）练习查阅半导体器件手册，熟悉三极管和场效应管的类别、型号及主要性能参数。

（3）掌握用万用表判别三极管和场效应管引脚、管型与质量的方法。

2．实训器材

万用表 1 只（指针式），半导体器件手册，不同规格、类型的三极管和场效应管若干。

3．实训步骤

（1）观看实物，熟悉三极管的外形，如图 6-46 所示。

（2）二极管的识别。查阅手册，记录所给二极管的类别、型号及主要参数。

（3）判别基极。对于 NPN 型三极管，将万用表拨到 $R \times 1\ k\Omega$（或 $R \times 100\ \Omega$）欧姆挡。如图 6-47 所示，假定任一引脚为基极，用黑表笔搭在其上，而用红表笔分别搭接另两个引脚，若阻值一大一小，则假定不对。再假定另一引脚为基极，直到用同样的方法测得两阻值均较小，则黑表笔所接的就是三极管的基极。若为 PNP 型三极管，测试方法相同。

图 6-46　三极管

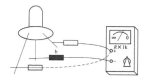

图 6-47　万用表判别基极

按实验室提供的三极管，用万用表判别三极管的引脚和管型，记录于表 6-5 中。

表 6-5　　　　　　　　　　　　　　　　三极管基极与管型的判别

型　　号	引　脚　图	管　　型

（4）集电极和发射极的判别。基极判断出来后，如图 6-48 所示，将万用表的两个表笔搭接到另外两个引脚上测试，用手捏住基极和假定的集电极，但两电极一定不能相碰。然后将表笔进行对调测试，比较两次的阻值大小，阻值小的一次测试中，黑表笔所接的引脚为集电极，另一引脚为发射极。

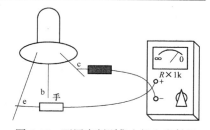

图 6-48　万用表判别集电极和发射极

对于 PNP 型三极管，也可采用同样的方法进行判断，只是以红表笔接假定的基极，测得两阻值均较小时，红表笔所接的引脚就是基极。判断发射极与集电极时，阻值小的一次测试中，红表笔所接的引脚为集电极，另一引脚为发射极。

按实验室提供的三极管，用万用表判别三极管的发射极和集电极的引脚，记录于表 6-6 中。

表 6-6　　　　　　　　　　　　　三极管发射极与集电极引脚的判别

型号	红表笔	黑表笔	阻值/kΩ	假定的结论	合格否
NPN 型	假定的发射极 "e"	假定的集电极 "c"			
	假定的集电极 "c"	假定的发射极 "e"			
PNP 型	假定的发射极 "e"	假定的集电极 "c"			
	假定的集电极 "c"	假定的发射极 "e"			

（5）三极管性能判别。

① 穿透电流。如图 6-49 所示，选用万用表 $R\times1\,k\Omega$（或 $R\times100\,\Omega$）欧姆挡，用红、黑表笔分别搭接在集电极和发射极上测三极管的反向电阻。较好的三极管的反向电阻应大于 $50\,k\Omega$，阻值越大，说明穿透电流越小，三极管性能也就越好。若测量的限值为 0，说明三极管被击穿或引脚短路。

② 电流放大系数。将万用表置于 $R\times1\,k\Omega$（或 $R\times100\,\Omega$）欧姆挡，黑表笔接集电极，红表笔接发射极。在基极—集电极间接入 $100\,k\Omega$ 的电阻，如图 6-50 所示。万用表的指针向右偏转越大，说明电流放大系数越大。

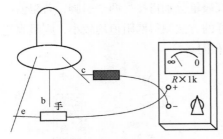

图 6-49　万用表测量穿透电流

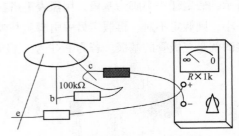

图 6-50　万用表测量电流放大系数

③ 稳定性能。在测试穿透电流的同时，用手捏住管壳，三极管将受人体温度的影响，所测的反向电阻将减小。若万用表指针变化不大，说明三极管的稳定性较好；若万用表指针迅速右偏，说明三极管稳定性差。

根据实验室提供的三极管，用万用表检测其质量性能，并将实验数据填入表 6-7 中。

表 6-7　　　　　　　　　　　　　　三极管质量性能的检测

型号	b、e 间正向电阻/kΩ	b、c 间正向电阻/kΩ	c、e 间电阻/kΩ	合格否

（6）观看实物，熟悉场效应管的外形，如图 6-51 所示。

（7）场效应管的识别。查阅手册，记录所给场效应管的类别、型号及主要参数。

（8）结型场效应管的引脚识别。场效应管的栅极相当于三极管的基极，源极和漏极分别对应于三极管的发射极和集电极。将万用表置于 $R\times1\,k\Omega$ 挡，用两表笔分别测量每

（a）3DJ 管脚

（b）结型场效应管

（c）绝缘栅场效应管

图 6-51　场效应管的外形

两个引脚间的正、反向电阻。当某两个引脚间的正、反向电阻相等，均为数千欧姆时，则这两个引脚为漏极 D 和源极 S（可互换），余下的一个引脚即为栅极 G。对于有 4 个引脚的结型场效应管，另外一极是屏蔽极（使用中接地）。

（9）判定栅极。用万用表黑表笔碰触场效应管的一个电极，红表笔分别碰触另外两个电极。若两次测出的阻值都很小，说明均是正向电阻，该管属于 N 沟道场效应管，黑表笔接的也是栅极。

（10）估测场效应管的放大能力。将万用表拨到 $R\times100\,\Omega$ 挡，红表笔接源极 S，黑表笔接漏极 D，相当于给场效应管加上 1.5 V 的电源电压。这时表针指示出的是 D-S 极间电阻值。然后用手

指捏栅极 G，将人体的感应电压作为输入信号加到栅极上。由于场效应管的放大作用，U_{DS} 和 I_D 都将发生变化，也相当于 D-S 极间电阻发生变化，可观察到表针有较大幅度的摆动。如果手捏栅极时表针摆动很小，说明场效应管的放大能力较弱；若表针不动，说明管子已经损坏。

　　按实验室提供的场效应管，用万用表判别场效应管的引脚和管型，记录于表 6-8 中。

表 6-8　　　　　　　　　　　　　　场效应管的判别

型　　号	引　　脚	管　　型	质　　量

4. 预习要求

复习三极管和场效应管的特点、结构及伏安特性曲线。

5. 实验报告

（1）实验目的、实验内容和测试仪表及材料。

（2）整理表 6-5、表 6-7、表 6-8，列出所测三极管的类别、型号、主要参数、测量数据及质量好坏的判别结果。

（3）列出所测场效应管的类别、型号及质量好坏的判别结果。

6. 注意事项

（1）用万用表 $R \times 100\ \Omega$ 挡或 $R \times 1\ k\Omega$ 挡测试，是为了安全。如果使用 $R \times 1\ \Omega$ 等量程挡，由于这时万用表内阻比较小，测量二极管时，正向电流比较大，可能超过二极管允许电流而使二极管损坏。

（2）如果使用 $R \times 10\ k\Omega$ 挡，这时万用表内部用的是十几伏以上的电池，测量二极管的反向电阻时，有可能把二极管击穿。

（3）由于人体感应的 50 Hz 交流电压较高，而不同的场效应管用电阻挡测量时的工作点可能不同，因此用手捏栅极时表针可能向右摆动，也可能向左摆动。少数的场效应管 RDS 减小，使表针向右摆动，多数场效应管的 RDS 增大，表针向左摆动。无论表针的摆动方向如何，只要能有明显的摆动，就说明场效应管具有放大能力。

（4）为了保护 MOS 场效应管，必须用手握住螺钉旋具绝缘柄，用金属杆去碰栅极，以防止人体感应电荷直接加到栅极上，将场效应管损坏。

（5）MOS 管每次测量完毕，G-S 结电容上会充有少量电荷，建立起电压 U_{GS}，再接着测时表针可能不动，此时将 G-S 极间短路一下。

（6）由于场效应管的源极和漏极是对称的，可以互换使用，并不影响电路的正常工作，所以不必加以区分。源极与漏极间的电阻约为几千欧姆。

（7）注意不能用上述法判定绝缘栅型场效应管的栅极。因为这种场效应管的输入电阻极高，栅—源间的极间电容又很小，测量时只要有少量的电荷，就可在极间电容上形成很高的电压，容易将场效应管损坏。

6.5 实训2 单管电压放大电路组装与调试

1. 实训目的

（1）了解放大电路的工作过程。

（2）掌握放大电路工作点的调试与测量方法。

（3）掌握示波器测试交流信号波形的方法及交流毫伏表的使用方法。

（4）定性了解静态工作点对放大电路输出波形的影响。

（5）学习单管电压放大电路故障的排除方法，培养独立解决问题的能力。

2. 实训器材

直流稳压电源、低频信号发生器、示波器、万用表、毫伏表，实训线路板。元器件品种和数量如表6-9所示。

表6-9 元器件表

编 号	名 称	参 数	编 号	名 称	参 数
VT	放大管	3DF6	R_{b1}	电阻	20 kΩ
R_{b2}	电阻	20 kΩ	R_e	电阻	1 kΩ
R_c	电阻	2.4 kΩ	R_L	电阻	2.4 kΩ
RP	可调电阻	100 kΩ	C_1	电解电容	10 μF
C_2	电解电容	10 μF	C_e	电解电容	50 μF

3. 预习要求

（1）单管电压放大电路如图6-52所示。分析电路的工作原理，指出各元器件的作用并说明元器件值的大小对放大电路特性有何影响。

（2）计算放大电路的静态工作点、电压放大倍数、输入电阻和输出电阻。

（3）复习有关电子仪器的使用方法，以及放大电路调整与测试的基本方法。

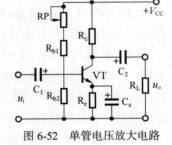

图6-52 单管电压放大电路

4. 实训步骤

（1）检查元器件。

① 用万用表检查元器件，确保质量完好。

② 测量三极管的 β 值。

（2）连接线路。

在实训线路板上连接图6-52所示的电路。

（3）测量静态工作点。

① 把直流电源的输出电压调整到12 V。

② 按图6-52所示接好线路，经检查无误后，将RP调至最大，信号发生器输出旋钮旋至零。

③ 把集电极与集电极电阻 R_c 断开，在其间串入万用表（直流电流挡）或直流毫安表后，接通直流稳压电源，调节偏置电阻 RP，使 I_c 值为 2 mA，再选用量程合适的直流电压表，测出此时的 U_{BE}、U_C、U_E、U_{CE} 的静态值，填入表 6-10 中。

表 6-10　　　　　　　　静态工作点的实测数据（测试要求 I_c = 2 mA）

测 量 值				计 算 值		
U_C/V	U_B/V	U_E/V	R_P/Ω	U_B/V	U_{CE}/V	U_C/V

④ 测量静态值后，先断开直流电源，卸下直流毫安表，把集电极与集电极电阻 R_c 连接好，再接通 12 V 直流稳压电源。

（4）测量电压放大倍数。

在放大电路输入端输入频率为 1kHz 的正弦波信号，并调节低频信号发生器输出信号幅度旋钮，使 u_i 的有效值（U_i）为 10 mV（可用毫伏表进行测量）。用示波器观察不同负载电阻（R_L）的输出信号 u_o 的波形，并在表 6-11 中绘出输入和输出电压波形图，同时在输出波形不失真的情况下用交流毫伏表测量输出电压 u_o 的有效值 U_o，记入表 6-11 中。

表 6-11　　　　　　　　静态工作点的实测数据（测试要求 I_c=2 mA）

E_c = 12 V、I_c = 2 mA f = 1kHz、U_i = 10 mV	集电极电阻 R_c = 2.4 kΩ	负载电阻 R_L	U_o	计算 A_u
		∞		
		2.4 kΩ		
记录一组 u_o 与 u_i 波形				
输入电压 u_i 波形		输出电压 u_o 波形		

（5）观察静态工作点对电压放大倍数的影响。

① 把集电极与集电极电阻 R_c 断开，在其间串入万用表（直流电流挡）或直流毫安表后，接通 12 V 直流稳压电源。

② 断开负载电阻（R_L=∞），调节低频信号发生器输出信号幅度旋钮，使 u_i 为 0，调节偏置电阻 RP，使 I_c 值为 2 mA，测出 U_{CE} 的值。

③ 调节低频信号发生器输出信号幅度旋钮，逐渐增大输入信号 u_i 的幅度，使输出电压 u_o 波形出现失真，绘出输出电压的波形，并测出失真情况下的 U_{CE} 和 I_c 值，记入表 6-12 中。

表 6-12　　　　　　　　静态工作点对电压放大倍数的影响

E_c = 12 V、f = 1kHz、R_c = 2.4 kΩ、R_L= ∞				
I_c/mA	U_{CE}/V	输出电压 u_o 波形	失真情况	管子工作情况
2.0				

5．实训报告

（1）训练目的、测试电路及测试内容。

（2）整理测试数据，分析静态工作点、A_u、R_i、R_o 的测量值与理论值存在差异的原因。

（3）故障现象及处理情况。

6. 思考题

（1）R_L 对放大电路的电压放大倍数有什么影响？

（2）根据实训数据说明设置静态工作点的重要性。

7. 注意事项

（1）电路接线完毕后，应认真检查接线是否正确、牢固。

（2）每次测量时，都要将信号源的输出旋钮旋至零。

本章小结

三极管是由两个 PN 结构成的。工作时，有两种载流子参与导电，称为双极性晶体管。BJT 是一种电流控制电流型的器件，改变基极电流就可以控制集电极电流。三极管的特性可用输入特性曲线和输出特性曲线来描述。其性能可以用一系列参数来表征。三极管有 3 个工作区：饱和区、放大区和截止区。

场效应管分为结型场效应管和绝缘栅型场效应管两种。工作时只有一种载流子参与导电，因此称为单极性晶体管。场效应管是一种电压控制电流型器件。改变其栅源电压就可以改变其漏极电流。场效应管的特性可用转移特性曲线和输出特性曲线来描述。其性能可以用一系列参数来表征。

三极管加上合适的偏置电路就构成共发射极放大电路（偏置电路保证三极管工作在放大区）。放大电路处于交直流共存的状态。为了分析方便，常将两者分开讨论。放大电路有 3 种基本分析方法：估算法、图解法、微变等效电路法。

在多级直接耦合的放大电路中，存在两个特殊问题：①级间静态工作点相互影响（前后级电位互相牵制）的问题；②零点漂移的问题。差动放大电路是抑制零点漂移最有效的电路结构。

场效应管放大电路的偏置电路与三极管放大电路不同，但分析方法与三极管的类似。

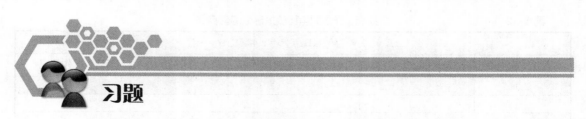

习题

1. 三极管的输出特性曲线可分为 3 个区域，即_____区、_____区和_____区。当三极管工作在_____区时，关系式 $I_C = \bar{\beta} I_B$ 才成立；当三极管工作在_____区时，$I_C = 0$；当三极管工作在_____区时，$U_{CE} \approx 0$。

2. 三极管是一种（　　　）的半导体器件。

A. 电压控制　　　　　　　B. 电流控制　　　　　　C. 既是电压又是电流控制

3. 在三极管的输出特性曲线中，每一条曲线与（　　　）对应。

A. 输入电压　　　　　　　B. 基极电压　　　　　　C. 基极电流

4. 在电路中测得下列三极管各极对地电位如图 6-53 所示。试判断三极管的工作状态（图中 PNP 管为锗材料，NPN 管为硅材料）。

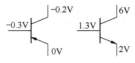

图 6-53　习题 4 图

5. 某三极管电路中，已知三极管工作于放大状态，现用万用笔测得 3 只引脚对地的电位是：1 脚 5 V，2 脚 2 V，3 脚 1.4 V。试判断三极管类型、材料及引脚的极性。

6. 输入电压为 400 mV，输出电压为 4 V，则放大电路的电压增益为 _____。

7. 射极跟随器的特点是 _____、_____、_____。

8. （　　　）交流放大电路工作时，电路中同时存在直流分量和交流分量。直流分量表示静态工作点，交流分量表示信号的变化情况。

9. （　　　）三极管出现饱和失真是由于静态电流 I_{CQ} 选得偏低。

10. （　　　）晶体三极管放大电路接有负载 R_L 后，电压放大倍数将比空载时提高。

11. 为了增大放大电路的动态范围，其静态工作点应选择（　　　）。

A. 截止点　　　　B. 饱和点　　　　C. 交流负载线的中点　　　D. 直流负载线的中点

12. 放大电路的交流通路是指（　　　）。

A. 电压回路　　　　　　　B. 电流通过的路径　　　C. 交流信号流通的路径

13. 共基极放大电路的输入信号加在三极管的（　　　）之间。

A. 基极和发射极　　　　　B. 基极和集电极　　　　C. 发射极和集电极

14. 共发射极放大电路的输入信号加在三极管的（　　　）之间。

A. 基极和发射极　　　　　B. 基极和集电极　　　　C. 发射极和集电极

15. 共集电极放大电路的输入信号加在三极管的（　　　）之间。

A. 基极和发射极　　　　　B. 基极和集电极　　　　C. 发射极和集电极

16. 为什么说三极管工作在放大区时具有恒流特性？

17. 放大器的构成原则有哪些？为什么要设置合适的静态工作点？

18. 图 6-54 所示电路能否起到放大作用吗？如果不能，如何改正？

19. 试画图说明分压式偏置电路为什么能稳定静态工作点。

20. 基本放大电路如图 6-55 所示，已知 $V_{CC} = 12$ V，$\beta = 50$，其余参数如图 6-55 所示，求静态工作点、电压放大倍数、输入电阻和输出电阻。

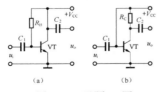

图 6-54　习题 18 图

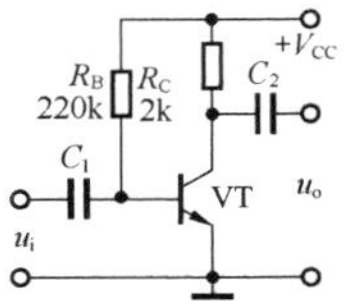

图 6-55　习题 20 图

21. 在图 6-13 所示的电路中，若分别出现下列故障，会产生什么现象？为什么？

（1）C_1 击穿短路或失效；（2）R_b 短路或开路；（3）R_c 短路。

22. 当加在差动放大电路两个输入端的信号_____和_____时，称为差模输入。

23. 在差动放大电路中，R_e 对_____信号呈现很强的负反馈作用，而对_____信号则无负反馈作用。

24. 为什么差动放大电路的零漂比单管放大电路小，而接有 R_e 的差动放大电路的零漂又比未接的差动放大电路小？

25. 场效应管主要有_____和_____两类。

26. 场效应管的工作特性受温度的影响比三极管_____。

第7章

晶闸管电路

晶闸管又叫可控硅，是在三极管基础上发展起来的一种大功率半导体器件。它的出现使半导体器件由弱电领域扩展到强电领域。

【学习目标】
- 了解晶闸管的结构。
- 掌握晶闸管的符号、工作原理和伏安特性。
- 了解晶闸管的可控整流电路、触发电路。
- 掌握双向晶闸管的特点。
- 了解晶闸管的保护与应用。

7.1　晶闸管

晶闸管也像二极管那样具有单向导电性，但它的导通时间是可控的，主要用于整流、逆变、调压及开关等方面。

晶闸管具有体积小、重量轻、效率高、动作迅速、维修简单、操作方便、寿命长、容量大（正向平均电流达千安，正向耐压达千伏）等特点。

7.1.1　单向晶闸管的工作原理

单向晶闸管是一种单向可控整流电子元器件。下面我们来学习单向晶闸管的结构和工作原理。

1. 单向晶闸管的结构

单向晶闸管的外形有平面形、螺栓形和小型塑封形等几种，图 7-1 所示为常见的晶闸管外形，它有阳极 A、阴极 K 和控制极 G 3 个电极，图 7-2 所示为单向晶闸管的图形符号。单向晶闸管的文字符号一般用 SCR、KG、CT 等表示，单向晶闸管的结构如图 7-3 所示，其内部结构相当于两只不同类型的三极管连接在一起，如图 7-4 所示。可把晶闸管等效地看成由 1 个 NPN 型三极管 VT_1 和 1 个 PNP 型三极管 VT_2 组合而成。阳极 A 是 VT_2 的发射极，阴极 K 是 VT_1 的发射极，VT_1 的基极与 VT_2 的集电极相连成为控制极 G，而 VT_2 的基极与 VT_1 的集电极也连在一起，单向晶闸管的等效电路如图 7-5 所示。

图 7-1　单向晶闸管实物图　　　　图 7-2　单向晶闸管符号　图 7-3　单向晶闸管结构图

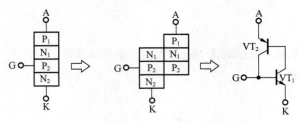　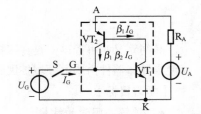

图 7-4　单向晶闸管等效图　　　　　　图 7-5　单向晶闸管等效电路

　　从图形符号看，单向晶闸管很像一只二极管，但比二极管多了一个电极。单向晶闸管跟二极管一样只能正向导通，它与二极管最根本的区别是，它的导通是可控的，或者说是有条件的。

2. 单向晶闸管的工作原理

下面通过实验说明单向晶闸管的工作原理。

（1）单向晶闸管的反向阻断。

单向晶闸管的反向阻断电路如图 7-6 所示。阳极 A 接电源负极，阴极 K 接电源正极，无论开关 S 闭合与否，灯泡 L 都不亮。当单向晶闸管加反向电压时，不管控制极是否加上正向电压，它都不会导通，而是处于阻断状态，这种阻断状态称为反向阻断状态。

（2）单向晶闸管的正向阻断。

单向闸管的正向阻断电路如图 7-7 所示。阳极 A 接电源正极，阴极 K 接电源负极，开关 S 不闭合，灯泡 L 不亮。当单向晶闸管加正向电压而控制极未加正向电压时，晶闸管不会导通，这种状态称为单向晶闸管的正向阻断状态。

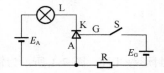　　　　　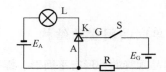

图 7-6　单向晶闸管的反向阻断电路　　　图 7-7　单向晶闸管的正向阻断电路

（3）单向晶闸管的导通。

单向晶闸管的导通电路如图 7-8 所示。阳极 A 接电源正极，阴极 K 接电源负极，开关 S 闭合，灯泡 L 亮。灯亮后，把开关 S 断开，灯泡仍继续发光。

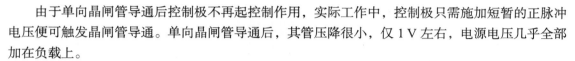

图 7-8　单向晶闸管的导通电路

单向晶闸管导通必须同时具备两个条件。

- 单向晶闸管阳极加正向电压。
- 控制极加适当的正向电压。

由于单向晶闸管导通后控制极不再起控制作用，实际工作中，控制极只需施加短暂的正脉冲电压便可触发晶闸管导通。单向晶闸管导通后，其管压降很小，仅 1 V 左右，电源电压几乎全部加在负载上。

（4）单向晶闸管导通后的关断。

单向晶闸管导通后，若将外电路负载加大，单向晶闸管的阳极电流就会降低。当阳极电流降到某一数值时，单向晶闸管不能维持正反馈过程，单向晶闸管就会关断而呈现正向阻断状态。维持单向晶闸管导通的最小阳极电流，称为单向晶闸管的维持电流。若将已导通的单向晶闸管的外加电压降到零（或切断电源），则阳极电流降到零，单向晶闸管也就自行关断，呈现阻断状态。

3. 晶闸管型号及其含义

KP5-7A 的含义如下。

K——晶闸管。

P——表示晶闸管的类型。P—普通晶闸管，K—快速晶闸管，S—双向晶闸管。

5——额定正向平均电流（I_F）。5 的含义是额定正向平均电流为 5A。

7——额定电压。用百位或千位数表示，取 U_{FRM} 或 U_{RRM} 较小者。7 的含义是额定电压为 700 V。

A——导通时平均电压组别共 9 级，用字母 A～I 表示 0.4～1.2 V。

7.1.2　晶闸管的伏安特性和主要参数

单向晶闸管相当于一个可以控制的单向导电开关。从使用的角度来看，必须了解单向晶闸管的特性，才能正确设计电路。

1. 晶闸管的伏安特性

单向晶闸管的伏安特性如图 7-9 所示。

（1）正向特性。

当 $U_{AK}>0$，$I_G=0$ 时，晶闸管正向阻断，对应特性曲线的 OA 段。此时晶闸管阳极和阴极之间呈现很大的正向电阻，只有很小的正向漏电流。当 U_{AK} 增加到正向转折电压 U_{BO} 时，PN 结被击穿，漏电流突然增大，从 A 点迅速经 B 点跳到 C 点，晶闸管转入导通状态。晶闸管正向导通后工作在 BC 段，电流很大而管压降只有 1 V 左右，此时的伏安特性和普通二极管的正向特性相似。

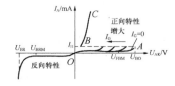

图 7-9　单向晶闸管的伏安特性

晶闸管导通以后，如果减小阳极电流 I_A，则当 I_A 小于维持电流 I_H 时，突然由导通状态变为阻断，特性曲线由 B 点跳到 A 点。

晶闸管的触发电流 I_G 越大，就越容易导通，正向转折电压就越低。不同规格的晶闸管所需的触发电流是不同的，在一般情况下，晶闸管的正向平均电流越大，所需的触发电流也越大。

（2）反向特性。

晶闸管承受反向电压时，晶闸管只有很小的反向漏电流，此段特性与二极管反向特性很相似，晶闸管处于反向阻断状态。当反向电压超过反向击穿电压 U_{BR} 时，反向电流剧增，晶闸管反向击穿，如图 7-9 所示。

2. 单向晶闸管的主要参数

单向晶闸管的参数反映了它的性能，是正确选择和使用单向晶闸管的重要依据。单向晶闸管的主要参数如表 7-1 所示。

表 7-1   单向晶闸管的主要参数

参　数	名　称	说　明
U_{DRM}	正向重复峰值电压	在控制极开路和正向阻断的条件下，重复加在单向晶闸管两端的正向峰值电压
U_{RRM}	反向重复峰值电压	在控制极开路时，允许重复加在单向晶闸管两端的反向峰值电压
I_F	正向平均电流	环境温度为 40℃及标准散热条件下，单向晶闸管处于全导通时可以连续通过的工频正弦半波电流的平均值
I_H	维持电流	在室温下和控制极断路时，单向晶闸管维持导通状态所必需的最小电流
U_G、I_G	控制极触发电压、触发电流	在室温下，阳极加正向电压为直流 6 V 时，使单向晶闸管由阻断变为导通所需要的最小控制极电压和电流

7.2　晶闸管可控整流电路

晶闸管广泛应用在可控整流电路中。

7.2.1　单相半波可控整流电路

晶闸管的主要用在可控整流电路中。下面来分析一下晶闸管的可控整流电路。

1. 单相半波可控整流电阻性负载电路

单相半波可控整流电阻性负载电路及其工作原理分别如图 7-10 和图 7-11 所示。

u_2 的正半周，触发脉冲 u_g 到来时晶闸管导通，负载电压 $u_o=u_2$。u_2 下降到接近于零时晶闸管关断。u_2 的负半周，晶闸管反向阻断。

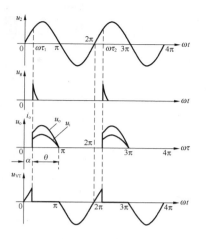

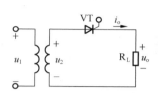

图 7-10　单相半波可控整流电阻性负载电路

图 7-11　电路工作原理

2. 单相半波可控整流电感性负载与续流二极管电路

单相半波可控整流电感性负载电路如图 7-12 所示。在电感性负载中，当晶闸管刚触发导通时，电感元件上产生阻碍电流变化的感应电势，电流不能跃变，将由零逐渐上升。当电压 u_2 过零后，由于电感反电动势的存在，晶闸管在一段时间内仍维持导通，失去单向导电作用，电路工作原理如图 7-13 所示。

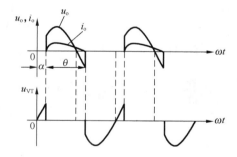

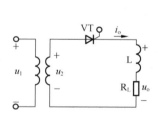

图 7-12　单相半波可控整流电感性负载电路

图 7-13　电路工作原理

u_2 经过零值变负之后，只要 e_L 大于 u_2，晶闸管就继续承受正向电压，电流仍将继续流通。只要电流大于维持电流，晶闸管就不会关断，负载上出现了负电压。当电流下降到维持电流以下时，晶闸管才会关断。

可见，在单相可控半波整流电路接电感性负载时，晶闸管的导通角 θ 将大于 180°。负载电感越大，导通角 θ 越大，在一个周期中负载上负电压所占比重就越大，整流输出电压和电流的平均值就越小。为了使晶闸管在电源电压降到零值时能及时关断，使负载上不出现负电压，必须采取相应的措施。

为了使晶闸管在电源电压降到零值时能及时关断，使负载上不出现负电压，应在电感性负载两端并联一个二极管，如图 7-14 所示。

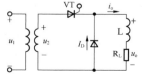

图 7-14　带续流二极管的电路图

7.2.2 单相半控桥式整流电路

单相半控桥式整流电路如图 7-15 所示，工作原理如图 7-16 所示。

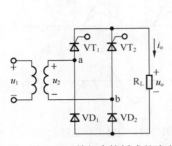

图 7-15　单相半控桥式整流电路

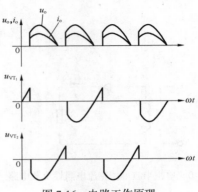

图 7-16　电路工作原理

u_2 的正半周 VT_1 和 VD_2 承受正向电压。这时如对晶闸管 VT_1 引入触发信号，则 VT_1 和 VD_2 导通，电流通路为

$$a \rightarrow VT_1 \rightarrow R_L \rightarrow VD_2 \rightarrow b$$

这时 VT_2 和 VD_1 都因承受反向电压而截止。

u_2 的负半周 VT_2 和 VD_1 承受正向电压。这时如对晶闸管 VT_2 引入触发信号，则 VT_2 和 VD_1 导通，电流通路为

$$b \rightarrow VT_2 \rightarrow R_L \rightarrow VD_1 \rightarrow a$$

这时 VT_1 和 VD_2 截止。

7.3　单结晶体管

1. 单结晶体管的结构

单结晶体管是一种特殊的半导体器件。它具有 1 个 PN 结和 3 个电极，其外形与一般三极管相同。单结晶体管的结构示意图和符号如图 7-17 所示。

2. 单结晶体管的伏安特性

单结晶体管的伏安特性曲线如图 7-18 所示。

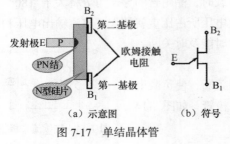

（a）示意图　　（b）符号

图 7-17　单结晶体管

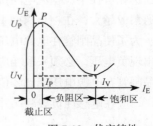

图 7-18　伏安特性

峰点 P 与谷点 V 是单结晶体管工作状态的转折点，当 $U_E \geq U_P$ 时，单结晶体管导通，R_{B1}（基极与 PN 结之间的电阻）急剧减小，U_E 也随之下降；当 $U_E < U_V$ 时，单结晶体管截止。

3. 单结晶体管的触发电路

单结晶体管的触发电路和工作波形分别如图 7-19 和图 7-20 所示。

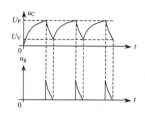

图 7-19　单结晶体管的触发电路

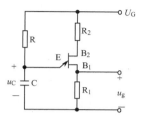

图 7-20　工作波形

接通电源后，电源 U_G 通过 R 向 C 充电，电压 U_E 按指数规律增大。$U_E < U_P$ 时，单结晶体管截止。当 $U_E \geq U_P$ 时，单结管开始导通，R_{B1} 急剧减小，C 向 R_1 放电。由于 R_1 较小，放电很快，放电电流在 R_1 上形成尖脉冲电压。当 $U_E < U_V$ 时，单结晶体管截止。此后电源再次经 R 向 C 充电，然后放电，形成振荡。如此反复，结果在电容 C 上形成锯齿波电压，在电阻 R_1 上得到一系列的尖脉冲电压 u_g。

7.4　双向晶闸管

双向晶闸管又叫作晶闸管，是各种晶闸管派生器件中应用较为广泛的一种。双向晶闸管具有正、反向都能控制导通的特性，并且又具有触发电路简单、工作稳定可靠等优点。因此，双向晶闸管在无触点交流开关电路中有着十分广泛的应用。

1. 双向晶闸管的结构

双向晶闸管是一个具有 N—P—N—P—N 5 层 3 端结构的半导体器件，其图形符号和外形与结构分别如图 7-21 和图 7-22 所示，它也有 3 个电极，但没有阴、阳极之分，统称为第一阳极 A_1、第二阳极 A_2 和控制极 G。它的文字符号用 TLC、SCR、CT、KG、KS 等表示。

图 7-21　双向晶闸管符号

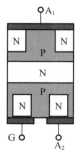

图 7-22　双向晶闸管的结构

2. 双向晶闸管的工作原理

在第一阳极和第二阳极之间所加的交流电压无论是正向电压或反向电压，在控制极上所加的触发脉冲无论是正脉冲还是负脉冲，都可以使它正向或反向导通。所谓正脉冲，就是控制极接触发电源的正端，第二阳极 A_2 接触发电源的负端；而施加负脉冲则与此相反。由于双向晶闸管具有正、反向都能控制导通的特性，所以它的输出电压不像单向晶闸管那样是直流，而是交流形式。

3. 双向晶闸管的特点

（1）双向晶闸管相当于两个晶闸管反向并联，两者共用一个控制极。
（2）晶闸管双向触发导通。

7.5 晶闸管的保护与应用

为了更好地使用晶闸管，必须了解晶闸管的保护措施。

1. 晶闸管的保护

晶闸管的主要缺点是承受过电压、过电流的能力较弱。当晶闸管承受过电压过电流时，晶闸管温度会急剧上升，可能烧坏 PN 结，造成元件内部短路或开路。为了使元件能可靠地长期运行，必须对晶闸管电路中的晶闸管采取保护措施。晶闸管的保护包括过流保护和过压保护。过流保护包括快速熔断器保护、过流继电器保护和过流截止保护。过压保护包括阻容保护和硒堆保护。

2. 晶闸管的应用

电瓶充电电路如图 7-23 所示。该电瓶充电电路使用元件较少，线路简单，具有过充电保护、短路保护和电瓶短接保护。

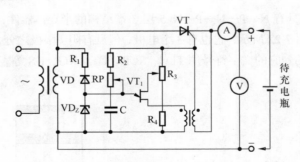

图 7-23　电瓶充电电路

R_2、RP、C、VT_1、R_3、R_4 构成了单结晶体管触发电路。当待充电电瓶接入电路后，触发电路获得所需电源电压开始工作。当电瓶电压充到一定数值时，使得单结晶体管的峰点电压大于稳压管 VD_Z 的稳定电压，单结晶体管不能导通，触发电路不再产生触发脉冲，充电机停止充电。触发电路和可控整流电路的同步是由二极管 VD 和电阻 R_1 来完成的。交流电压过零变负后，电容通过 VD 和 R_1 迅速放电。交流电压过零变正后 VD 截止，电瓶电压通过 R_2、RP 向 C 充电。改变 RP 的值，可设定电瓶的初始充电电流。

练习题　晶闸管和普通二极管在功能上有什么不同？

7.6　实验　晶闸管的测试及导通关断

1. 实验目的

（1）掌握晶闸管的简易测试方法。
（2）验证晶闸管的导通条件及关断方法。

2. 实验线路

晶闸管的导通关断条件实验电路如图 7-24 所示。

3. 实验器材

晶闸管的导通关断条件实验板 1 块，30 V 直流稳压电源 1 台，万用表 1 块，晶闸管（好、坏）各 1 只。

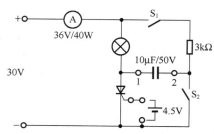

图 7-24　晶体管的导通关断条件实验电路

4. 实验步骤

（1）鉴别晶闸管的好坏。

用万用表 $R\times1\ k\Omega$ 电阻挡测量两只晶闸管的阳极（A）与阴极（K）之间、门极（G）与阳极（A）之间的正、反向电阻。用万用表 $R\times10\ \Omega$ 电阻挡测量两只晶闸管的门极（G）与（K）阴极之间的正、反向电阻，将所测得数据填入表 7-2 中，并鉴别被测晶闸管好坏。

（2）晶闸管的导通条件。

① 实验线路中，将开关 S_1、S_2 处于断开状态。

② 加 30 V 正向阳极电压，门极开路或接−3.5 V 电压，观察晶闸管是否导通，灯泡是否亮。

③ 加 30 V 反向阳极电压，门极开路或接−3.5 V（+3.5 V）电压，观察晶闸管是否导通，灯泡是否亮。

④ 阳极、门极都加正向电压，观察晶闸管是否导通，灯泡是否亮。

⑤ 灯亮后去掉门极电压，观察灯泡是否继续亮；再在门极加−3.5 V 的反向门极电压，观察灯泡是否继续亮。

⑥ 将以上结果填入表 7-3 中。

（3）晶闸管关断条件实验

① 实验线路如图 7-24 所示，将开关 S_1、S_2 处于断开状态。

② 阳极、门极都加正向电压，使晶闸管导通，灯泡亮。断开控制极电压，观察灯泡是否亮。断开阳极电压，观察灯泡是否亮。

③ 重新使晶闸管导通，灯泡亮。然后闭合开关 S_1，断开门极电压，然后接通 S_2，看灯泡是否熄灭。

④ 在 1、2 端换接上 0.22 μF/50 V 的电容再重复步骤③，观察灯泡是否熄灭。

5. 实验结果

按实验室提供的晶闸管，用万用表判别晶闸管的质量，记录于表 7-2 中。

表 7-2　　　　　　　　　　　晶闸管好坏的判断（电阻单位：欧姆）

被测晶闸管电阻	R_{AK}	R_{KA}	R_{AG}	R_{GA}	R_{GK}	R_{KG}	结论
KP₁							
KP₂							

晶闸管导通条件判断的数据记录于表 7-3 中。

表 7-3　　　　　　　　晶闸管导通条件（阳极 A 与阴极 K 之间为 30 V 电压）

序　　号	阳极 A	阴极 K	门极 G	灯泡状态	晶闸管状态
1	正	负	开路		
2	正	负	负电压		
3	正	负	正电压		
4	负	正	开路		
5	负	正	负电压		
6	负	正	正电压		

6. 实验报告

（1）整理数据。
（2）总结晶闸管导通的条件和晶闸管关断条件。
（3）总结简易判断晶闸管好坏的方法。
（4）分析实验中出现的异常现象。

本章小结

　　晶闸管也称可控硅（SCR），是由 3 个 PN 结构成的 1 个大功率半导体器件，多用于可控整流、逆变、调压等单路，也可以称为无触点开关。晶闸管导通的条件是阳极与阴极之间加上正向电压，同时控制极和阴极之间也加上正向电压。当阳极电流小于维持电流时晶闸管将关断，如果在阳极和阴极间加反向电压，晶闸管也将关断。晶闸管的主要参数有额定正向平均电流、维持电流、触发电压、触发电流、正向重复峰值电压和反向重复峰值电压。

单结晶体管的外形和普通三极管相似。它是在一块高电阻率的 N 型硅片一侧的两端各引出一个电极，分别称为第一基极 B_1 和第二基极 B_2，因此单结晶体管也叫双基极二极管。

　　双向晶闸管的外形与普通晶闸管相同，有塑封式、螺栓式和平板式，有 3 个电极，其中一个是门极（控制极）G，另外两个则分别叫做第一阳极 A_1 和第二阳极 A_2。无论从结构还是从特性来看，双向晶闸管都可以看成两个单向晶闸管反向并联。双向晶闸管的触发信号加在门极 G 与第一阳极 A_1 之间。无论触发信号的极性如何，都能被触发。因此，可用交流信号做触发信号。

习题

　　1. 晶闸管又叫＿＿＿＿＿＿＿，它是一种大功率、可以＿＿＿＿＿＿＿的半导体器件，具有用＿＿＿＿＿＿控制＿＿＿＿＿＿的特点。常用的晶闸管种类有＿＿＿＿＿＿、＿＿＿＿＿＿、＿＿＿＿＿＿和＿＿＿＿＿＿。

　　2. 晶闸管的内部有＿＿＿＿＿＿PN 结，外引出 3 个电极，分别为＿＿＿＿＿＿、＿＿＿＿＿＿和＿＿＿＿＿＿。

　　3. 晶闸管具有正向＿＿＿＿＿＿和反向＿＿＿＿＿＿的特性。使晶闸管导通的条件是在＿＿＿＿＿＿，在门极上＿＿＿＿＿＿。

　　4. 晶闸管在导通情况下，当正向阳极电压减小到接近于零时，晶闸管（　　）。

　　A. 导通　　　　　　　　　　　B. 关断　　　　　　　　　　　C. 不确定

　　5. 由（　　）组成的可控整流电路，可以改变输出的电压。

　　A. 晶体三极管　　　　　　　　B. 晶闸管　　　　　　　　　　C. 二极管

　　6. 晶闸管的触发脉冲通常由单结晶体管的（　　）特性和电容充放电而形成的。

　　A. 单向导电　　　　　　　　　B. 正阻　　　　　　　　　　　C. 负阻

　　7. （　　）晶闸管和三极管一样具有放大作用。

　　8. （　　）双向晶闸管可以看成两个性能基本相同的反向并联的普通晶闸管。

　　9. 晶闸管在电路中的主要用途是什么？

　　10. 用万用表可以区分晶闸管的 3 个电极吗？怎样测试晶闸管的好坏？

　　11. 简述单相半波可控整流电路的工作原理。

第8章

集成运算放大电路

集成运算放大电路在各种电子电路中被广泛应用，而且在各种专用、高性能电路中运用得越来越多。

【学习目标】

- 掌握集成运算放大电路的组成、理想模型及电路符号。
- 掌握集成运算放大电路的基本运算电路。
- 掌握集成运算放大电路的负反馈类型。
- 了解集成运算放大电路的应用。
- 了解电压比较器的原理。

8.1 集成运算放大电路简介

随着电子技术的高速发展，继电子管和晶体管两代电子产品产生之后，在 20 世纪 60 年代，人们研制出第三代电子产品——集成电路，使电子技术的发展发生了新的飞跃。

8.1.1 集成运算放大电路的组成

集成运算放大电路简称运放，是一种具有很高放大倍数的多级直接耦合放大电路，是发展最早、应用最广泛的一种模拟集成电路，具有运算和放大作用。集成运算放大电路由输入级、中间级、输出级和偏置电路 4 部分构成，如图 8-1 所示。

（1）输入级：由具有恒流源的差动放大电路构成，输入电阻高，能减小零点漂移和抑制干扰信号，具有较高的共模抑制比。

（2）中间级：由多级放大电路构成，具有较高的放大倍数。一般采用带恒流源

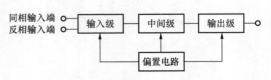

图 8-1 集成运算放大电路的结构框图

的共发射极放大电路构成。

（3）输出级：与负载相接，要求输出电阻低，带负载能力强，一般由互补对称电路或射极输出器构成。

（4）偏置电路：由镜像恒流源等电路构成，为集成运放各级放大电路建立合适而稳定的静态工作点。

集成运放 μA741 的电路原理图如图 8-2 所示。

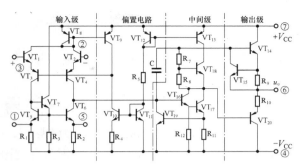

图 8-2 集成运放 μA741 的电路原理图

8.1.2 集成运算放大电路的理想模型和基本特点

集成运算放大电路在实际使用中，一般按理想模型来分析和处理。

1. 集成运算放大电路符号

集成运算放大电路的符号如图 8-3 所示。

（1）反相输入端：表示输出信号和输入信号相位相反，即当同相端接地，反相端输入一个正信号时，输出端输出信号为负。

（2）同相输入端：表示输出信号和输入信号相位相同，即当反相端接地，同相端输入一个正信号时，输出端输出信号也为正。

集成运算放大图形符号的含义对应实际集成运放引脚图，如图 8-4 所示。

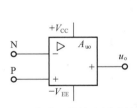

图 8-3 集成运算放大图形符号

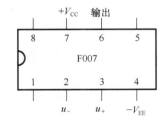

图 8-4 实际引脚图的含义

集成运算放大电路符号中的 "+" "−" 只是接线端名称，与所接信号电压的极性无关。

2. 理想运算放大电路的图形符号

在分析运算放大电路的电路时，一般将它看成是理想的运算放大电路。理想化的主要条件如下。

（1）开环差模电压放大倍数：$A_{uo} \rightarrow \infty$

（2）开环差模输入电阻：$r_i \rightarrow \infty$

（3）开环输出电阻：$r_o \rightarrow 0$

（4）共模抑制比：$K_{CMR} \rightarrow \infty$

理想运算放大电路的图形符号如图 8-5 所示。

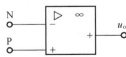

图 8-5 理想运算放大
电路的图形符号

3. 理想运算放大电路的两个重要特点

（1）两输入端电位相等，即 $u_P = u_N$。

放大电路的电压放大倍数为

$$A_{uo} = \frac{u_o}{u_{PN}} = \frac{u_o}{u_P - u_N} \tag{8-1}$$

在线性区，集成运放的输出电压 u_o 为有限值，根据运放的理想特性 $A_{uo} \to \infty$，有 $u_P = u_N$，即集成运放同相输入端和反相输入端电位相等，相当于短路，此现象称为虚假短路，简称虚短，如图 8-6 所示。

（2）净输入电流等于零，即 $I'_{i+} = I'_{i-} \approx 0$。

在图 8-7 中，运算放大电路的净输入电流 I'_i 为

$$I'_i = \frac{u_P - u_N}{r_i} \tag{8-2}$$

根据运放的理想特性电阻 $r_i \to \infty$，有 $I'_{i+} = I'_{i-} \approx 0$，即集成运放两个输入端的净输入电流约为零，好像电路断开一样，但又不是实际断路，此现象称为虚假断路，简称虚断，如图 8-7 所示。

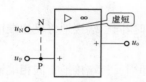

图 8-6　集成运放的虚假短路

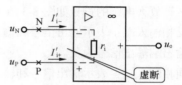

图 8-7　集成运放的虚假断路

由于实际集成运算放大电路的技术指标接近理想化条件，用理想集成运算放大电路分析电路可使问题大为简化。因此，对集成运算放大电路的分析一般都是按理想化条件进行的。

8.1.3　集成运算放大电路的主要技术指标

集成运算放大电路性能的参数很多，主要性能指标如表 8-1 所示。

表 8-1　　　　　　　　　　　集成运算放大电路的主要性能指标

参　数	名　称	含　义
U_{IO}	输入失调电压	为使集成运放的输入电压为零时，输出电压为零，需在输入端施加的补偿电压称为输入失调电压，其值一般为几毫伏
I_{IB}	输入偏置电流	当集成运放输出电压为零时，两个输入端偏置电流的平均值称为偏置电流。若两个输入端电流分别为 I_{BN} 和 I_{BP}，则 $I_{IB} = (I_{BN} + I_{BP})/2$，一般 I_{IB} 为 10 nA ~ 1 μA，其值越小越好
I_{IO}	输入失调电流	当集成运放输出电压为零时，两个输入端偏置电流之差称为输入失调电流，I_{IO} 越小越好，其值一般为 1 nA ~ 0.1 μA
A_{ud}	开环差模电压增益	集成运放在无外加反馈的情况下，对差模信号的电压增益称为开环差模电压增益，其值可达 100 ~ 140 dB
R_{id}	差模输入电阻	集成运放两输入端间对差模信号的动态电阻，其值为几十千欧到几兆欧
R_{od}	差模输出电阻	集成运放开环时，输出端的对地电阻，其值为几十到几百欧

续表

参　　数	名　　称	含　　义
K_{CMR}	共模抑制比	集成运放开环电压放大倍数与其共模电压放大倍数之比值的对数值称为共模抑制比，其值一般大于 80 dB
U_{IdM}	最大差模输入电压	集成运放输入端间所承受的最大差模输入电压。超过该值，其中一只晶体管的发射结将会出现反向击穿现象
U_{IcM}	最大共模输入电压	集成运放所能承受的最大共模输入电压。超过该值，运算放大电路的共模抑制比将明显下降
f_{bw}	开环增益带宽	集成运算放大电路开环差模电压增益下降到直流增益的 $\frac{1}{\sqrt{2}}$ 倍（-3dB）时所对应的频带宽度
SR	转换速率(压摆率)	在集成运算放大电路额定输出电压下，输出电压的最大变化率，即 $SR = \left\| \dfrac{du_o}{dt} \right\|_{max}$。它反映了集成运算放大电路对高速变化信号的响应情况

8.2　基本运算电路

集成运算放大电路与外部电阻、电容和半导体器件等构成闭环电路后，能对各种模拟信号进行运算。

运算放大电路工作在线性区时，通常要引入深度负反馈，所以，它的输出电压和输入电压的关系基本决定于反馈电路和输入电路的结构和参数，而与运算放大电路本身的参数关系不大。改变输入电路和反馈电路的结构形式就可以实现不同的运算。

8.2.1　闭环和负反馈的构成

电子设备中的放大电路，通常要求其放大倍数非常稳定，输入输出电阻的大小、通频带以及波形失真等应满足实际使用的要求。为了改善放大电路的性能，就需要在放大电路中引入负反馈。

反馈是将放大电路输出量的一部分或全部，按一定方式送回到输入端，与输入量一起参与控制，从而改善放大电路的性能。带有反馈的放大电路称为反馈放大电路。反馈的必要条件是要有反馈网络，并且要将输出量送回输入量。反馈网络是连接输出回路与输入回路的支路，多数由电阻元器件构成。

反馈放大电路的一般形式如图 8-8 所示。

当放大电路引入反馈后，反馈电路和放大电路就构成一个闭环系统，使放大电路的净输入量不仅受输入信号的控制，而且也受放大电路输出信号的影响。

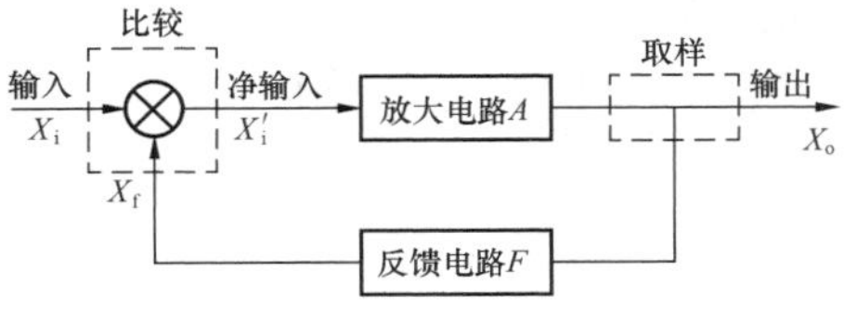

图 8-8　反馈放大电路

8.2.2　集成运算放大电路的负反馈类型

目前电子线路中广泛采用的是集成电路，下面将分析集成运算放大电路的反馈类型。

1.　直流反馈和交流反馈

根据反馈量是交流量还是直流量，可将反馈分为直流反馈与交流反馈。

● 直流反馈：若电路将直流量反馈到输入回路，则称直流反馈。直流反馈多用于稳定静态工作点。

● 交流反馈：若电路将交流量反馈到输入回路，则称交流反馈。交流反馈多用于改善放大电路的动态性能。

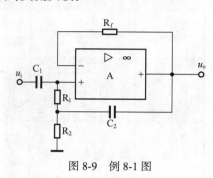

图 8-9　例 8-1 图

【例 8-1】判断图 8-9 所示电路中有哪些反馈回路，是交流反馈还是直流反馈。

解：根据反馈到输入端的信号是交流还是直流还是两种同时存在来进行判别。同时，注意电容的"隔直通交"作用。R_f 构成交、直流反馈，C_2 构成交流反馈。

2.　正反馈和负反馈

● 正反馈：当输入量不变时，引入反馈后使净输入量增加，放大倍数增加的反馈称为正反馈。正反馈多用于振荡电路和脉冲电路。

● 负反馈：当输入量不变时，引入反馈后使净输入量减小，放大倍数减小的反馈称为负反馈。负反馈多用于改善放大电路的性能。

判别正、负反馈时，可以从判别电路各点对"地"交流电位的瞬时极性入手，即可直接在放大电路图中标出各点的瞬时极性来进行判别。瞬时极性为正，表示电位升高；瞬时极性为负，表示电位降低。判别的具体步骤如下。

（1）设接"地"参考点的电位为零。

（2）若电路中某点的瞬时电位高于参考点（对交流为电压的正半周），则该点电位的瞬时极性为正，用"+"表示）；反之为负（用"−"表示）。

（3）若反馈信号与输入信号加在不同输入端或两个电极上，两者极性相同时，净输入电压减小，为负反馈；反之，极性相反为正反馈。

（4）若反馈信号与输入信号加在同一输入端或同一电极上，两者极性相反时，净输入电压减小，为负反馈；反之，极性相同为正反馈。

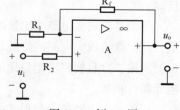

图 8-10　例 8-2 图

【例 8-2】判断图 8-10 所示电路是正反馈还是负反馈。

解：输入电压为正，各电压的瞬时极性如图 8-11 所示。

根据若反馈信号与输入信号加在不同输入端上，两者极性相同时，净输入电压减小，为负反馈。R_f 是反馈元件，该反馈为负反馈。

练习题　判断图 8-12 所示电路是正反馈还是负反馈。

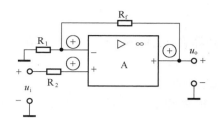

图 8-11　瞬时极性结果

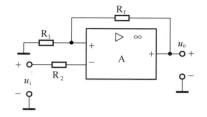

图 8-12　练习题图

3. 电压反馈和电流反馈

根据取自输出端的反馈信号的对象不同，可将反馈分为电压反馈和电流反馈。

● 电压反馈：反馈信号取自输出端的电压，即反馈信号和输出电压成正比，称为电压反馈。电压反馈电路如图 8-13 所示。电压反馈时，反馈网络与输出回路负载并联。

● 电流反馈：反馈信号取自输出端的电流，即反馈信号和输出电流成正比，称为电流反馈。电流反馈电路如图 8-14 所示。电流反馈时，反馈网络与输出回路负载串联。

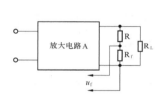

图 8-13　电压反馈

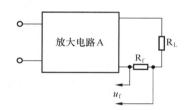

图 8-14　电流反馈

判断电压或电流反馈的方法是将反馈放大电路的输出端短接，即输出电压等于零，若反馈信号随之消失，表示反馈信号与输出电压成正比，所以是电压反馈；如果输出电压等于零，而反馈信号仍然存在，则说明反馈信号与输出电流成正比，所以是电流反馈。

4. 串联反馈和并联反馈

根据反馈电路把反馈信号送回输入端连接方式的不同，可分为串联反馈和并联反馈。

● 串联反馈：在输入端，反馈电路和输入回路串联连接，反馈信号与输入信号以电压形式相加减，如图 8-15 所示。

● 并联反馈：在输入端，反馈电路和输入回路并联连接，反馈信号与输入信号以电流形式相加减，如图 8-16 所示。

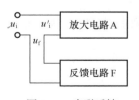

图 8-15　串联反馈

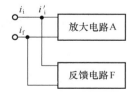

图 8-16　并联反馈

判断串联反馈或并联反馈的方法是将放大电路的输入端短接，即输入电压等于零，若反馈信号随之消失，则为并联反馈；若输入电压等于零，反馈信号依然能加到基本放大电路输入端，则为串联反馈。

【**例 8-3**】 试判别图 8-17 所示放大电路中从集成运算放大电路 A_2 输出端引至 A_1 输入端的是何种类型的反馈电路。

解： 先在图中标出各点的瞬时极性及反馈信号，如图 8-18 所示。

根据反馈信号与输入信号加在不同输入端上，两者极性相同时，净输入电压减小，为负反馈。

将输出端短接，反馈信号消失，所以是电压反馈。

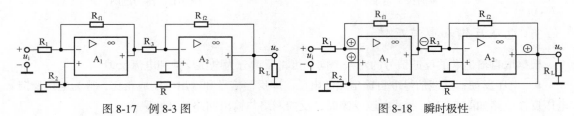

图 8-17　例 8-3 图　　　　　　　图 8-18　瞬时极性

将输入端短接，反馈信号仍然存在，所以是串联反馈。

反馈元件是 R，反馈类型是电压并联负反馈。

练习题　试判别图 8-19 所示放大电路中从集成运算放大电路 A_2 输出端引至 A_1 输入端的是何种类型的反馈电路。

负反馈放大电路具有降低放大倍数，提高放大倍数的稳定性，展宽频带、减小非线性失真、减小内部噪声的特性。

负反馈类型对输入、输出电阻的影响如表 8-2 所示。

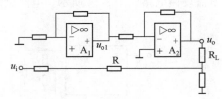

图 8-19　练习题图

表 8-2　　　　　　　　　　　　负反馈类型对输入、输出电阻的影响

反 馈 类 型	输 入 端	输 出 端
	r_{if}	r_{of}
串联负反馈	增大	—
并联负反馈	减小	—
电压负反馈	—	减小
电流负反馈	—	增大

8.2.3　集成运算放大电路的基本运算电路

集成运算放大电路与外部电阻、电容、半导体器件等构成闭环电路后，能对各种模拟信号进行运算。

1. 反相比例运算放大电路

图 8-20 所示为反相比例运算放大电路。

根据虚短（$u_P = u_N$）且 P 点接地，可得 $u_P = u_N = 0$，N 点电位与地相等，所以 N 点称为"虚地"，如图 8-21 所示。

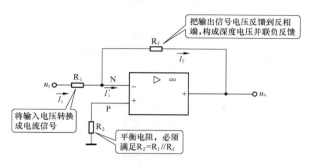

图 8-20　反相比例运算放大电路

根据虚地可得输出电压与输入电压之间的关系为

$$u_{o} = -\frac{R_{f}}{R_{1}}u_{i} \qquad (8\text{-}3)$$

式中，$-\dfrac{R_{f}}{R_{1}}$ 为比例系数。

由式（8-3）可知，输出电压与输入电压成正比例且相位相反。

利用反相比例运算放大电路完成反相器设计，设计的反相器如图 8-22 所示。反相器比例系数为 -1，即 $R_1 = R_f$ 构成反相器。

2.　同相比例运算放大电路

图 8-23 所示为同相比例运算放大电路。

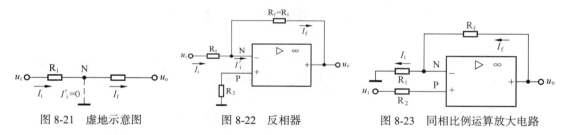

图 8-21　虚地示意图　　　　图 8-22　反相器　　　　图 8-23　同相比例运算放大电路

输出电压与输入电压的关系为

$$u_{o} = \left(1 + \frac{R_{f}}{R_{1}}\right)u_{i} \qquad (8\text{-}4)$$

根据式（8-4）可知，输出电压与输入电压成正比例且相位相同。

利用同相比例运算放大电路完成电压跟随器设计，设计的电压跟随器如图 8-24 和图 8-25 所示。电压跟随器可由比例系数为 $1 + \dfrac{R_{f}}{R_{1}}$ 的同相比例运算放大电路构

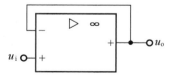

图 8-24　R_f 短路、R_1 开路时的电压跟随器

成，一种情况是 R_f 短路、R_1 开路，这样 $1 + \dfrac{R_{f}}{R_{1}} = 1$；另一种情况是 R_1 开路，这样 $1 + \dfrac{R_{f}}{R_{1}} \approx 1$。

由集成运放电路构成的电压跟随器与分立元件射极输出器相比，具有高输入阻抗和低输出阻抗的特点，性能更加优良。

3. 反相输入加法电路

反相输入加法电路如图 8-26 所示。

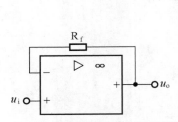

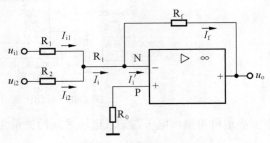

图 8-25　R_1 开路时的电压跟随器　　　　　　　图 8-26　反相输入加法电路

根据理想特性（$I_1' = 0$）及集成运放的反相输入端为虚地，得

$$u_o = -R_f\left(\frac{u_{i1}}{R_1} + \frac{u_{i2}}{R_2}\right) \tag{8-5}$$

如果取 $R_1 = R_2 = R_f$，则

$$u_o = -(u_{i1} + u_{i2}) \tag{8-6}$$

4. 减法运算电路

图 8-27 所示为减法运算电路（减法器），电路同相输入端和反相输入端均有输入信号。当外电路电阻满足 $R_3 = R_f$，$R_1 = R_2$ 时，电路输出电压与输入电压之间的关系为

$$u_o = \frac{R_f}{R_1}(u_{i2} - u_{i1}) \tag{8-7}$$

【例 8-4】　在图 8-28 所示电路中，运放 A_1 和 A_2 都是理想运放，写出输出电压 u_o 与输入电流 i_1 和 i_2 之间的关系式。

解： 经判断两级运放均构成了负反馈，满足"虚短""虚断"的条件。

设运放 A_1 的输出信号为 u_1，运放 A_1 的反相输入端信号为 u_{N1}，运放 A_2 的反相输入端信号为 u_{N2}。由虚断，有

$$i_1 = -\left(\frac{u_1}{R_1} + \frac{u_o}{R_2}\right), \quad i_2 = -\left(\frac{u_1}{R_1} + \frac{u_o}{R_3}\right)$$

$$i_1 - i_2 = -\frac{u_o}{R_2} + \frac{u_o}{R_3} = \frac{R_2 - R_3}{R_2 R_3}u_o \qquad u_o = \frac{R_2 R_3}{R_2 - R_3}(i_1 - i_2)$$

练习题　在图 8-29 所示电路中，运放 A 是理想运放，写出输出电压 u_o 的表达式。

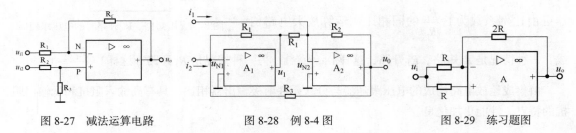

图 8-27　减法运算电路　　　　　　图 8-28　例 8-4 图　　　　　　图 8-29　练习题图

8.2.4　集成运算放大电路的应用

利用集成运算放大电路的特点及输入电压和输出电压关系，外加不同的反馈网络不仅可以实现多种数学运算，而且在物理量的测量、自动调节系统、测量仪表和模拟运算等领域也得到了广泛应用。

1．过温保护电路

图 8-30 所示为由运放构成的过温保护电路。其中 R 是热敏电阻，温度升高时阻值变小。KA 是继电器，当温度升高并超过规定值时，KA 动作，自动切断电源。

2．信号测量电路

在自动控制和非电测量等系统中，常用各种传感器将非电量（如温度、应变、压力、流量）的变化转换为电信号（电压或电流），然后输入系统。但这种非电量的变化是缓慢的，电信号的变化量常常很小（一般只有几毫伏到几十毫伏），所以需要将电信号放大。

测量放大电路的作用是将测量电路或传感器送来的微弱信号进行放大，再送到后面电路去处理。

一般对测量放大电路的要求是输入电阻高，噪声低稳定性好，精度及可靠性高，共模抑制比大，线性度好，失调小，并具有一定的抗干扰能力。

信号测量电路的原理如图 8-31 所示。

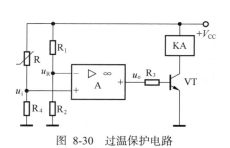

图 8-30　过温保护电路

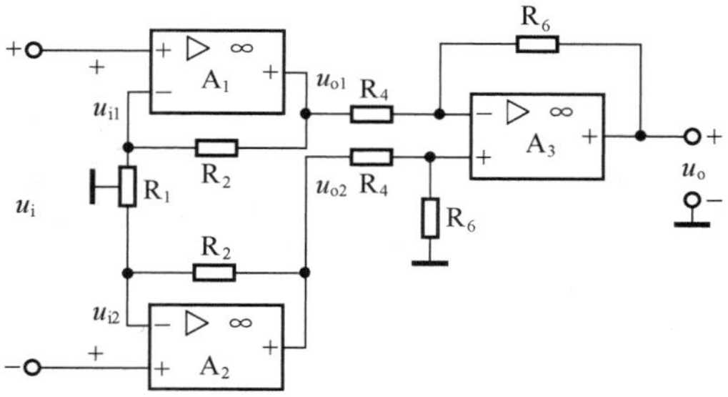

图 8-31　信号测量电路的原理图

3．集成运算放大电路的使用

集成运算放大电路在使用前必须进行测试，使用中应注意其电参数和极限参数要符合电路要求，同时还应注意集成运放的调零、保护及相位补偿问题。

（1）集成运算放大电路的调零。

常用的 μA741 调零电路如图 8-32 所示，其中调零电位器 R_P 可选择 10 kΩ 的电位器。

为了提高集成运放的精度，消除因失调电压和失调电流引起的误差，需要对集成运放进行调零。集成运放的调零电路有两类，一类是内调零，另一类是外调零。集成运放设有外接调零电路的引线端，按说明书连接即可。

（2）集成运算放大电路的保护。

集成运算放大电路的保护包括输入端保护、输出端保护和电源保护。

输入端保护如图 8-33 所示，它可将输入电压限制在二极管的正向压降以内。当输入端所加电压过高时会损坏集成运放，可在输入端加入两个反向并联的二极管。

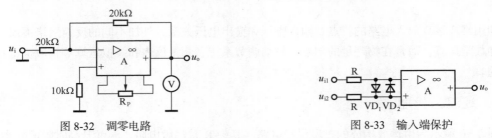

图 8-32　调零电路　　　　　　　　　　　　　图 8-33　输入端保护

输出端保护如图 8-34 所示。为了防止输出电压过大，可利用稳压管来保护，将两个稳压管反向串联，就可将输出电压限制在稳压管的稳压值 U_Z 的范围内。

为了防止正负电源接反，可用二极管进行电源保护。电源保护如图 8-35 所示。若电源接错，二极管反向截止，则集成运放上无电压。

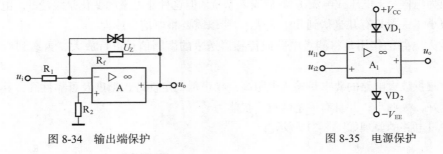

图 8-34　输出端保护　　　　　　　　　　　　图 8-35　电源保护

（3）集成运算放大电路的相位补偿。

集成运放在实际使用中遇到最棘手的问题就是自激。要消除自激，通常是破坏自激形成的相位条件，这就是相位补偿，如图 8-36 所示。其中，图 8-36（a）是针对输入分布电容和反馈电阻过大（＞1 MΩ）引起自激的补偿方法，图 8-36（b）中所接的 RC 为输入端补偿法，常用于高速集成运放中。

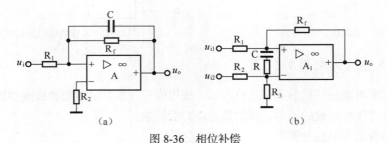

（a）　　　　　　　　　　　　　　　　（b）

图 8-36　相位补偿

8.3　电压比较器

电压比较器是集成运放非线性应用电路，它将一个模拟量电压信号和一个参考电压相比较，在二者幅度相等的附近，输出电压将产生跃变，相应输出高电平或低电平。比较器可以组成非正弦波形变换电路及应用于模拟与数字信号转换等领域。

图 8-37 所示为一最简单的电压比较器，U_R 为参考电压，加在运放的同相输入端，输入电压 u_i 加在反相输入端。

当 $u_i < U_R$ 时，运放输出高电平，稳压管 VD_Z 反向稳压工作。输出端电位被其钳位在稳压管的稳定电压 U_Z，即 $u_o = U_Z$。

当 $u_i > U_R$ 时，运放输出低电平，VD_Z 正向导通，输出电压等于稳压管的正向压降 U_D，即 $u_o = -U_D$。因此，以 U_R 为界，当输入电压 u_i 变化时，输出端反映出两种状态，高电位和低电位。

输出电压与输入电压之间关系的特性曲线，称为传输特性。图 8-37（b）所示为比较器的传输特性。

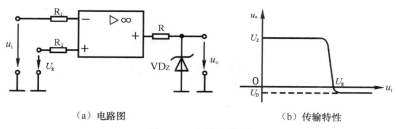

（a）电路图　　　　　　　　　（b）传输特性

图 8-37　电压比较器

常用的电压比较器有过零比较器、具有滞回特性的过零比较器和双限比较器（又称窗口比较器）等。

1. 过零比较器

图 8-38 所示电路为加限幅电路的过零比较器，VD_Z 为限幅稳压管。信号从运放的反相输入端输入；参考电压为零，从同相端输入。当 $u_i > 0$ 时，输出 $u_o = -(U_Z + U_D)$；当 $u_i < 0$ 时，$u_o = +(U_Z + U_D)$。其电压传输特性如图 8-38（b）所示。

过零比较器结构简单，灵敏度高，但抗干扰能力差。

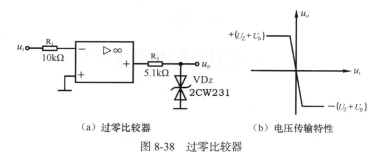

（a）过零比较器　　　　　　　　（b）电压传输特性

图 8-38　过零比较器

2. 滞回比较器

过零比较器在实际工作时，如果 u_i 恰好在过零值附近，则由于零点漂移的存在，u_o 将不断由一个极限值转换到另一个极限值，这在控制系统中，对执行机构将是很不利的。为此，就需要输出特性具有滞回现象。图 8-39 所示为具有滞回特性的过零比较器，从输出端引一个电阻分压正反馈支路到同相输入端，若 u_o 改变状态，$\sum$ 点也随着改变电位，使过零点离开原来位置。当 u_o 为正（记作 $U+$），$U_\Sigma = \dfrac{R_2}{R_f + R_2} U_+$，则当 $u_i > U_\Sigma$ 后，u_o 即由正变负（记作 $U-$），此时 U_Σ 变为 $-U_\Sigma$。故

只有当 u_i 下降到 $-U_\Sigma$ 以下，才能使 u_o 再度回升到 U_+，于是出现图 8-39（b）中所示的滞回特性。$-U_\Sigma$ 与 U_Σ 的差别称为回差。改变 R_2 的数值可以改变回差的大小。

3. 窗口（双限）比较器

简单的比较器仅能鉴别输入电压 u_i 比参考电压 U_R 高或低的情况，窗口比较电路是由两个简单比较器组成，如图 8-40 所示，它能指示出 u_i 值是否处于 U_R^+ 和 U_R^- 之间。如 $U_R^- < U_i < U_R^+$，窗口比较器的输出电压 U_o 等于运放的正饱和输出电压（$+U_{omax}$）；如果 $U_i < U_R^-$ 或 $U_i > U_R^+$，则输出电压 U_o 等于运放的负饱和输出电压（$-U_{omax}$）。

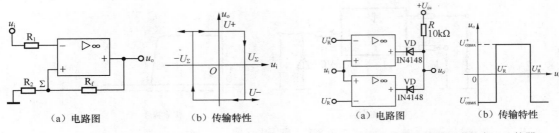

| （a）电路图 | （b）传输特性 | （a）电路图 | （b）传输特性 |

图 8-39 滞回比较器　　　　　图 8-40 由两个简单比较器组成的窗口比较器

目前有专门设计的集成比较器供选用。常用的单电压集成比较器 J631 和四电压集成比较器 CB75339 引脚图如图 8-41 所示。

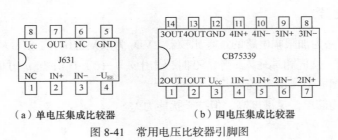

（a）单电压集成比较器　　　　　　（b）四电压集成比较器

图 8-41 常用电压比较器引脚图

8.4　实验 1　集成运算放大电路参数测试

1. 实验目的

（1）通过对集成运算放大电路 μA741 参数的测试，了解集成运算放大电路组件主要参数的定义和表示方法。

（2）掌握运算放大电路主要参数的测试方法。

2. 实验原理

集成运算放大电路是一种使用广泛的线性集成电路器件，和其他电子器件一样，其特性是通过性能参数来表示的。集成电路生产厂家为描述其生产的集成电路器件的特性，通过大量的测试，为各种型号的集成电路制定了性能指标。符合指标的就是合格产品，否则就是不合格产品。要能够正确使用集成电路器件，就必须了解集成电路各项参数的含义及数值范围。集成电路的性能指标可以从产品说明书或器件手册查到，因此，必须学会看产品说明书和查阅器件手册。由于集成电路是半导体器件，而半导体器件的性能参数常常有较大的离散性，因此，还必须掌握各项参数的测试方法，这样才能保证在电路中使用的器件是合格产品，满足电路设计的需要。

运算放大电路的性能参数可以使用专用的测试仪器——"运算放大电路性能参数测试仪"进行测试，也可以根据参数的定义，采用一些简易的方法进行测试。本次实验是学习使用常规仪表，对运算放大电路的一些重要参数进行简易测试的方法。实验中采用的集成运算放大电路型号为

μA741（同类产品有 LM741，CF741，F007 等），它是一种第二代通用运算放大电路。它是一种 8 脚双列直插式器件，其引脚定义如图 8-42 所示。其中 1、5 脚为调零端；2 为反相输入端；3 为同相输入端；4 脚为电源负极；6 脚为输出端；7 脚为电源正极；8 脚为空脚。

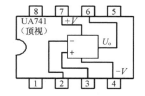

图 8-42　μA741 引脚

（1）输入失调电压。

理想运算放大电路，当输入信号为零时其输出也为零。但在真实的集成电路器件中，由于输入级的差动放大电路总会存在一些不对称的现象（由晶体管组成的差动输入级，不对称的主要原因是两个差放管的 U_{BE} 不相等），使得输入为零时，输出不为零。这种输入为零而输出不为零的现象称为"失调"。为讨论方便，人们将由于器件内部的不对称所造成的失调现象，看成是由于外部存在一个误差电压而造成，这个外部的误差电压叫作"输入失调电压"，即 U_{IO}。

输入失调电压在数值上等于输入为零时的输出电压除以运算放大电路的开环电压放大倍数

$$U_{IO} = \frac{U_{OO}}{A_{od}}$$

式中，U_{IO} 为输入失调电压，U_{OO} 为输入为零时的输出电压值，A_{od} 为运算放大电路的开环电压放大倍数。

本次实验采用的失调电压测试电路如图 8-43 所示。闭合开关 K_1 及 K_2，使电阻 R_B 短接。测量此时的输出电压 U_{O1} 即为输出失调电压，则输入失调电压

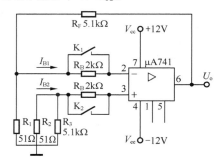

图 8-43　U_{IO}、I_{IO} 一般测试电路

$$U_{IO} = \frac{R_1}{R_1 + R_F} U_{O1}$$

实际测出的 U_{O1} 可能为正，也可能为负。高质量的运算放大电路 U_{IO} 一般在 1 mV 以下。

（2）输入失调电流。

当输入信号为的零时，运放两个输入端的输入偏置电流之差称为输入失调电流，即 I_{IO}。

$$I_{IO} = |I_{B1} - I_{B2}|$$

式中，I_{B1}、I_{B2} 分别是运算放大电路两个输入端的输入偏置电流。

输入失调电流的大小反映了运放内部差动输入级的两个晶体管的失配度，由于 I_{B1}、I_{B2} 本身的数值已很小（μA 或 nA 级），因此它们的差值通常不是直接测量的，测试电路如图 8-43 所示，测试分两步进行。

● 闭合开关 K_1 及 K_2，将两个 R_B 短路。在低输入电阻下，测出输出电压 U_{O1}，如前所述，这是输入失调电压 U_{IO} 所引起的输出电压。

● 断开 K_1 及 K_2，将 R_B 接入两个输入电路中，由于 R_B 阻值较大，流经它们的输入电流的差异，将变成输入电压的差异，会影响输出电压的大小，因此，测出两个电阻 R_B 接入时的输出电压 U_{O2}，从中扣除输入失调电压 U_{IO} 的影响（即 U_{O1}），则输入失调电流 I_{IO} 为

$$I_{IO} = \left| I_{B1} - I_{B2} \right| = \left| U_{O1} - U_{O2} \right| \cdot \frac{R_1}{R_1 + R_F} \cdot \frac{1}{R_B}$$

一般情况下，I_{IO} 在 100nA 以下。

（3）开环差模放大倍数。

集成运放在没有外部反馈时的直流差模放大倍数称为开环差模电压放大倍数，用 A_{od} 表示。它定义为开环输出电压 U_O 与两个差分输入端之间所加差模输入信号 U_{id} 之比。

$$A_{od} = \frac{U_o}{U_{id}} \text{ 或 } A_{od} = 20 \lg \frac{U_o}{U_{id}} \text{（dB）}$$

按定义 A_{od} 应是信号频率为零时的直流放大倍数，但为了测试方便，通常采用低频（几十赫兹以下）正弦交流信号进行测量。由于集成运放的开环电压放大倍数很高，而且在开环情况下 U_O 的漂移量太大，难以直接进行测量，故一般采用闭环测量方法。A_{od} 的测试方法很多，现采用交、直流同时闭环的测试方法，如图 8-44 所示。

被测运放一方面通过 R_F、R_1、R_2 完成直流闭环，以抑制输出电压漂移；另一方面通过 R_F 和 R_S 实现交流闭环，外加信号 U_S 经 R_1、R_2 分压，使 U_{id} 足够小，以保证运放工作在线性区，同相输入端电阻 R_3 应与反相输入端电阻 R_2 相匹配，以减小输入偏置电流影响，电容 C 为隔直电容。被测运放的开环电压放大倍数为

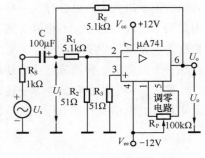

图 8-44 A_{od} 的测试电路

$$A_{od} = \left(1 + \frac{R_1}{R_2}\right) \cdot \left| \frac{U_o}{U_i} \right|$$

A_{od} 一般为 10^5（100 dB）左右。

（4）共模抑制比。

集成运放的差模电压放大倍数 A_{od} 与共模电压放大倍数 A_{oc} 之比称为共模抑制比，即 K_{CMR}。

$$K_{CMR} = \frac{A_{od}}{A_{oc}} \text{ 或 } K_{CMR} = 20 \lg \left| \frac{A_{od}}{A_{oc}} \right| \quad \text{（dB）}$$

式中，A_{od} 为差模电压放大倍数，A_{oc} 为共模电压放大倍数。

共模信号是指加在运算放大电路两个输入端上幅值、相位都相等的输入信号，是一种无用的信号（常因电路结构、干扰和温漂造成）。理想运算放大电路的输入级是完全对称的，其共模电压放大倍数为零，所以当只输入共模信号时，理想运放的输出信号为零；当输入信号中包含差模信号与共模信号两种成分时，理想运放输出信号中的共模成分为零。但在实际的集成运算放大电路中，因为电路结构不可能完全对称，所以其共模电压放大倍数不可能为零，当输入信号中含有共模信号时，其输出信号中必然含有共模信号的成分。输出端共模信号越小，说明电路对称性越好，也就是说运放对共模干扰信号的抑制能力越强。人们用共模抑制比 K_{CMR} 来衡量集成运算放大电路对共模信号的抑制能力。K_{CMR} 越大，对共模信号的抑制能力越强，抗共模干扰的能力就

越强。K_{CMR} 的测试电路如图 8-45 所示。为了便于测试，采用闭环方式。

集成运放工作在闭环状态下的差模电压放大倍数，根据使用的电阻值，用下面公式计算：

$$A_d = -\frac{R_F}{R_1}$$

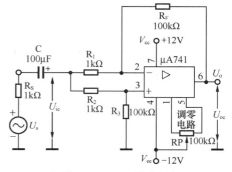

图 8-45　K_{CMR} 测试电路

使用图 8-45 所示的电路可测得共模输入信号 U_{ic} 和共模输出信号 U_{oc}，根据测得的 U_{ic}、U_{oc} 值，用下式计算出共模电压放大倍数。

$$A_c = \frac{U_{oc}}{U_{ic}}$$

由 A_d 和 A_c 计算得共模抑制比：

$$K_{CMR} = \left| \frac{A_d}{A_c} \right| = \frac{R_F}{R_1} \cdot \frac{U_{ic}}{U_{oc}}$$

3.　实验器材

模拟电路实验箱，信号发生器，双踪示波器，交流毫伏表，数字万用表，集成运算放大电路 μF741×1，电阻器 51 Ω×2，51 kΩ×2，1 kΩ×2，2 kΩ×2，10 kΩ×2，100 kΩ×2，电解电容器 100 μF×1。

4.　实验步骤

（1）测量输入失调电压 U_{IO}。

按图 8-43 所示连接实验电路，闭合开关 K_1、K_2，用直流电压表测量输出电压 U_{O1}，并计算 U_{IO}，记入表 8-3 中。

（2）测量输入失调电流 I_{IO}。

实验电路如图 8-43 所示，打开 K_1、K_2，用直流电压表测量 U_{O2}，计算 I_{IO}，记入表 8-3 中。

（3）测量开环差模电压放大倍数 A_{od}。

按图 8-44 所示连接实验电路，运放输入端加频率 100 Hz，大小约为 30～50 mV 正弦信号作为 U_i，用示波器监视输出波形。用交流毫伏表测量 U_o 和 U_i，并计算 A_{od}，记入表 8-3 中。

（4）测量共模抑制比 K_{CMR}。

按图 8-45 所示连接实验电路，运放输入端加 $f=100$ Hz，$U_{ic} = 1 \sim 2$ V 正弦信号，监视输出波形。测量 U_{oc} 和 U_{ic}，计算 A_d、A_c 及 K_{CMR}，记入表 8-3 中。

表 8-3　　　　　　　　　　　　　　测量数据

U_{IO}/mV		I_{IO}/nA		A_{od}		K_{CMR}	
实测值	典型值	实测值	典型值	实测值	典型值	实测值	典型值

5.　实验报告

（1）将所有测得的数据与典型值进行比较。

（2）对实验结果及实验中碰到的问题进行分析、讨论。

6. 预习要求

（1）查阅集成运算放大电路 μA741 典型指标数据及管脚功能。

（2）根据查阅的典型数据，计算可能的数据值（如 U_{o1}，U_{o2} 等），以供实验时参考。

7. 思考题

（1）测量输入失调参数时，为什么运放反相端及同相输入端的电阻要精选，以保证严格对称？

（2）测量输入失调参数时，为什么要将调零端开路，而在进行其他测试时，则要求对输出电压进行调零？

（3）测试信号的频率选取的原则是什么？

8. 注意事项

（1）测量输入失调电压 U_{IO} 时，将运放调零端开路（即不接入调零电路）；电阻 R_1 和 R_2，R_3 和 R_F 的阻值精确配对。

（2）测量输入失调电流 I_{IO} 时将运放调零端开路；两端输入电阻 R_B 应精确配对。

（3）测量开环差模电压放大倍数 A_{od} 时，测试前电路应首先消振及调零；被测运放要工作在线性状态；输入信号频率应较低，一般用 50～100 Hz，输出信号幅度应较小，而且无明显失真。

（4）测量共模抑制比 K_{CMR} 时，注意消振与调零。R_1 与 R_2、R_3 与 R_F 之间阻值严格对称，输入信号 U_{ic} 幅度必须小于集成运放的最大共模输入电压范围 U_{ICM}。

8.5 实验2 集成运算放大电路功能测试

1. 实验目的

（1）了解集成运算放大电路的测试及使用方法。

（2）熟悉由集成运算放大电路构成的各种运算电路的特点、性能和测试方法。

2. 实验原理

（1）运算放大电路的封装。

集成运算放大电路的外形如图 8-46 所示。集成运放常见的封装形式有金属圆形、双列直插式和扁平式等。封装所用的材料有陶瓷、金属、塑料等，陶瓷封装的集成电路气密性、可靠性高，使用的温度范围宽（-55～125℃），塑料封装的集成电路在性能上要比陶瓷封装稍差一些，不过由于其价格低廉而获得广泛应用。

（2）集成运算放大电路的使用。

① 使用前应认真查阅有关手册，了解所用集成运放各引脚排列位置。

② 集成运放接线要正确可靠。由于集成运放外接端点比较多，很容易接错，因此要求集成运放电路接线完毕后，应认真检查，确认没有接错后，方可接通电源，否则有可能损坏器件。另外，因集成运放工作电流很小，如输入电流只有纳安级，因此集成运放各端点接触应良好，否则电路将不能正常工作。接触是否可靠可用直流电压表测量各引脚与地之间的电压值来判定。

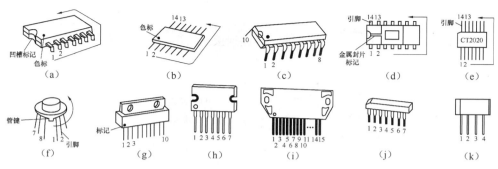

图 8-46　集成运算放大电路的外形

③ 输入信号不能过大。当输入信号过大时，输出升到饱和值，不再响应输入信号，即使输入信号为零，输出仍保持饱和而不回零，必须切断电源重新启动，才能重建正常关系，这种现象叫阻塞现象。输入信号过大可能造成阻塞现象或损坏器件。因此，为了保证正常工作，输入信号接入集成运放电路前应对其幅度进行初测，使之不超过规定的极限，即差模输入信号应远小于最大差模输入电压，共模输入信号也应小于最大共模输入电压。

④ 电源电压不能过高，极性不能接反。

⑤ 集成运放的调零。所谓调零，就是将运放应用电路输入端短路，调节调零电位器，使运放输出电压等于零。集成运放做直流运算使用时，特别是在小信号高精度直流放大电路中，调零是十分重要的。因为集成运放存在失调电流和失调电压，当输入端短路时，会出现输出电压不为零的现象，从而影响到运算的精度，严重时会使放大电路不能工作。

3. 实验器材

直流稳压电源、低频信号发生器、示波器、万用表、毫伏表、实验线路板及各种元器件，如表 8-4 所示。

表 8–4　　　　　　　　　　　　　　　元器件表

编　号	名　　称	参　数	编　号	名　　称	参　数
R_1	电阻	10 kΩ	R_2	电阻	10 kΩ
R_{f1}	电阻	100 kΩ	R_{f2}	电阻	10 kΩ
R_3	电阻	3.3 kΩ	R_4	电阻	10 kΩ
IC	集成运放	μA741			

4. 实验步骤

（1）检测集成运放。

① 检查外观。型号是否与要求相符，引脚有无缺少或断裂及封装有无损坏痕迹等。

② 按图 8-47 所示接线，确定集成运放的好坏。

③ 将 3 脚与地短接（使输入电压为零），用万用表直流电压挡测量输出电压 u_o 应为零，然后接入 $u_i = 5\ V$，测得输出电压 u_o 为 5 V，则说明该器件是好的。

④ 在接线可靠的条件下，若测得 u_o 始终等于 9 V 或 -9 V，则说明该器件已损坏。

（2）验证反相比例关系。

① 在实验线路板上，用 μA741 运算放大电路连接成图 8-48 所示电路。

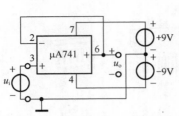

图 8-47　集成运放好坏判别电路

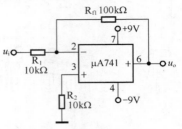

图 8-48　反相比例运算放大电路

② 检查无误后，将 ±9 V 电源接入电路，并按表 8-5 所示数据分别输入 u_i，用毫伏表测出此时电路输出电压 u_o 的值，填入表 8-5 中。

表 8-5　　　　　　　　　　　　　　　　　反相比例运算

电路参数		输入电压 u_i（有效值）/V		1.0	0.8	0.6	0.3	0.0	−0.3	−0.6	−0.8	−1.0
R_{f1}	100 kΩ	输入电压 u_o/V	实测值									
R_1	10 kΩ		计算值									
$\dfrac{R_{f1}}{R_1}$	10		$u_o = -\dfrac{R_{f1}}{R_1}u_i$									

（3）验证比例加法关系。

① 在实验线路板上，用 μA741 运算放大电路连接成图 8-49 所示电路。

② 检查无误后，将 ±9V 电源接入电路，并按表 8-6 所示数据分别输入 u_i，用毫伏表测出此时电路输出电压 u_o 的值，填入表 8-6 中。

表 8-6　　　　　　　　　　　　　　　　　比例加法运算

电路参数		输入电压 u_i（有效值）/V		$U_{i1} = 1V$	$U_{i2} = 0.5V$
R_{f2}	10 kΩ	输入电压 u_o/V	实测值		
$R_1 = R_2$	10 kΩ		计算值 $u_o = -\dfrac{R_{f1}}{R_1}(u_{i1} + u_{i2})$		
R_3	3.3 kΩ				

（4）验证比例减法关系。

① 在实验线路板上，用 μA741 运算放大电路连接成图 8-50 所示电路实验线路板上，用 μA741 运算放大电路连接成如图 8-50 所示电路。

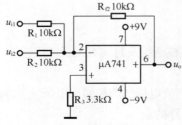

图 8-49　比例加法运算电路

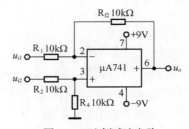

图 8-50　比例减法电路

②　检查无误后，将±9V 电源接入电路，并按表 8-7 所示数据分别输入 u_i，用毫伏表测出此时电路输出电压 u_o 的值，填入表 8-7 中。

表 8-7　　　　　　　　　　　　　　　　　比例减法运算

电路参数		输入电压 u_i（有效值）/V		$U_{i2} = 0.6V$	$U_{i1} = 0.4V$	$U_{i2} = 1V$	$U_{i1} = 0.4V$
R_{f2}	10 kΩ	输 入 电 压 u_o/V	实测值				
R_1	10 kΩ		计算值 $u_o = \dfrac{R_{f1}}{R_1}(u_{i2} - u_{i1})$				
$R_2 = R_3$	10 kΩ						

5.　实验报告

（1）整理反相比例、加法和减法运算电路测试数据，分析测试结果，并分析产生误差的原因。

（2）总结集成运放的使用方法。

（3）说明实验中遇到的问题及解决办法。

6.　思考题

分析内部调零和外部调零的区别。

7.　注意事项

（1）集成运放在外接电路时，特别要注意正、负电源端，输出端及同相、反相输入端的位置。

（2）集成运放的输出端应避免与地、正电源、负电源短接，以免器件损坏。输出端所接负载电阻也不易过小，其值应使集成运放输出电流小于其最大允许输出电流，否则有可能损坏器件或使输出波形变差。

（3）注意集成运放输入信号源能否给集成运放提供直流通路，否则应为集成运放提供直流通路。

（4）电源电压应按器件使用要求，先调整好直流电源输出电压，然后接入集成运放电路，且接入电路时必须注意极性，绝不能接反，否则器件容易受到损坏。

（5）装接集成运放电路或改接、插拔器件时，必须断开电源，否则器件容易受到极大的感应或电冲击而损坏。

（6）集成运放调零电位器应采用工作稳定、线性度好的多圈线绕电位器。

（7）集成运放的电路设计中应尽量保证两输入端的外接直流电阻相等，以减小失调电流、失调电压的影响。

（8）调零时需注意：调零必须在闭环条件下进行；输出端电压应用小量程电压挡测量；若调零电位器输出电压不能达到零值或输出电压不变，则应检查电路接线是否正确。若经检查接线正确、可靠且仍不能调零，则说明集成运放损坏或质量有问题。

本章小结

集成运算放大电路由输入级、中间级、输出级和偏置电路组成。

集成运算放大电路闭环运行时，工作在线性区，存在"虚短"和"虚断"现象。线性应用包括比例、加法和减法等多种运算电路。

集成运算放大电路开环运行时，工作在非线性区。电压比较器就是非线性应用。

习题

1. 运算放大电路具有＿＿＿＿＿＿和＿＿＿＿＿＿功能。

2. 理想集成运放的 $A_u=$＿＿＿＿＿，$r_i=$＿＿＿＿＿，$r_o=$＿＿＿＿＿，$K_{CMR}=$＿＿＿＿＿，$f_{bw}=$＿＿＿＿＿。

3. 电子技术中的反馈是将＿＿＿＿＿端的信号的一部分或全部以某一方式送＿＿＿＿＿端。

4. ＿＿＿＿＿负反馈会使放大电路的输入电阻增大；＿＿＿＿＿负反馈会使放大电路的输出电阻减小；＿＿＿＿＿负反馈会使放大电路既有较大的输入电阻又有较大的输出电阻。

5. 集成运算放大电路是一个（　　　）。

A. 直接耦合的多级放大电路　　　　　B. 单级放大电路

C. 阻容耦合的多级放大电路　　　　　D. 变压器耦合的多级放大电路

6. 集成运放能处理（　　　）。

A. 交流信号　　　　　B. 直流信号　　　　　C. 交流信号和直流信号

7. 试求图 8-51 所示集成运放的输出电压。

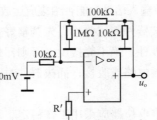

（a）　　　　　　　　　　　　　　（b）

图 8-51　习题 7 图

8. 画出输出电压与输入电压满足下列关系式的集成运放电路。

$$\frac{u_o}{u_{i1}+u_{i2}+u_{i3}}=-20$$

第9章

直流稳压电源

交流电在电能的输送和分配方面有很多优点，因此发电厂生产的是交流电，电力网供给的也是交流电。但是，在某些场合必须使用直流电。例如，电解、电镀、蓄电池充电、直流电机运行、交流发电机的励磁、日常生活中使用的便携式收音机和 CD 机等，都需要直流电源供电，这就需要在这些设备中设计电源电路。能够将交流电压转变成稳定直流电压输出的电路称为直流稳压电源。直流稳压电源由电源变压器、整流电路、滤波电路和稳压电路构成。

由于集成稳压器具有体积小、重量轻、使用方便及工作可靠等优点，应用越来越广泛。国产稳压器种类很多，主要可以分成两大类，即线性稳压器和开关稳压器。稳压器中调整元件工作在线性放大状态的称为线性稳压器，调整元件工作在开关状态的称为开关稳压器。

直流稳压电源是电子设备中的重要组成部分，用来将交流电网电压变为稳定的直流电压。对直流稳压电源的主要要求是：输入电压变化以及负载变化时，输出电压应保持稳定，即直流电源的电压调整率及输出电阻越小越好。此外，还要求纹波电压小。

【学习目标】

- 理解硅稳压管稳压电路的稳压过程。
- 掌握三端集成稳压器的应用常识。
- 掌握桥式整流电容滤波电路的结构及输出电压的估算。
- 掌握带放大环节晶体管串联型稳压电路的结构、稳压过程及输出电压的调节范围。

9.1 滤波电路

交流电压经整流电路整流后输出的是脉动直流，其中既有直流成分又有交流成分。这种输出电压用来向电镀、电解等负载供电还是可以的，但不能作为电子仪器、电视机、计算机等设备的直流电源，原因是这些设备需要平滑的直流电。

要获得平滑的直流电，需要对整流后的波形进行整形。用来对波形整形的电路称为滤波电路。滤波电路利用储能元件电容两端的电压（或通过电感中的电流）不能突变的特性，滤掉整流电路输出电压中的交流成分，保留其直流成分，达到平滑输出电压波形的目的。

　　常用的滤波电路具有图 9-1 所示的 5 种形式，其中比较常用的是电容滤波电路和电感滤波电路。

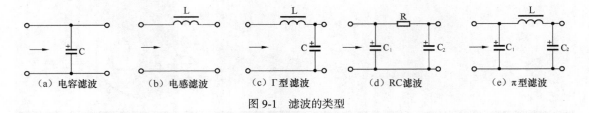

（a）电容滤波　　（b）电感滤波　　（c）Γ型滤波　　（d）RC滤波　　（e）π型滤波

图 9-1　滤波的类型

9.1.1　电容滤波电路

　　单相半波整流电容滤波电路如图 9-2 所示。图 9-2 中电容 C 的作用是滤除单向脉动电流中的交流成分。它是根据电容两端电压在电路状态改变时不能突变的原理制成的。单相半波整流电容滤波电路的工作过程如图 9-3 所示。

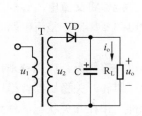

图 9-2　单相半波整流电容滤波电路

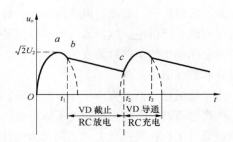

图 9-3　单相半波整流电容滤波电路的工作过程

　　桥式整流加接滤波电容电路及输出电压 u_o 的波形分别如图 9-4 和图 9-5 所示。

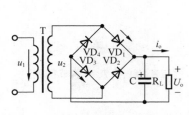

图 9-4　桥式整流加接滤波电容电路

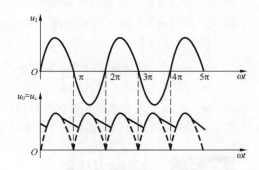

图 9-5　输出电压 u_o 的波形

　　在整流电路中接入滤波电容时，输出电压的平均值如下。

　　半波整流电路

$$U_o = U_2$$

（9-1）

桥式整流电路

$$U_o = 1.2 U_2 \qquad\qquad (9\text{-}2)$$

空载时（输出端开路，$R_L = \infty$）

$$U_o = 1.4 U_2 \qquad\qquad (9\text{-}3)$$

即此时输出电压值接近 u_2 的峰值。

【例 9-1】 在图 9-4 所示的单相桥式整流电容电路中，交流电源频率 $f = 50\text{Hz}$，负载电阻 $R_L = 40\,\Omega$，负载电压 $U_o = 20\,\text{V}$，试求变压器副边电压，并计算滤波电容的耐压值和电容量。

解：

（1）由式（9-2）可得 $U_2 = \dfrac{U_o}{1.2} = \left(\dfrac{20}{1.2}\right)\text{V} = 17\,\text{V}$

（2）当负载空载时，电容器承受最大电压，所以电容器的耐压值为

$$U_{cm} = \sqrt{2}U_2 = \left(\sqrt{2}\times 17\right)\text{V} \approx 24\,\text{V}$$

电容器的电容量应满足 $R_L C \geqslant (3 \sim 5)\,T/2$，取 $R_L C = 2T$，$T = 1/f$，因此

$$C = \frac{2T}{R_L} = \left(\frac{2}{40\times 50}\right)\text{F} = 1000\,\mu\text{F}$$

根据计算结果选择 $1000\mu\text{F}/50\text{V}$ 的电解电容。

9.1.2　电感滤波电路

在负载较重而需要输出较大电流或者负载变化大，又要求输出比较稳定的场合，电容滤波无法满足要求。这时可以采用电感滤波电路。电感滤波电路及桥式整流电感滤波电路的波形分别如图 9-6 和图 9-7 所示。

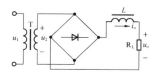

图 9-6　桥式整流电感滤波电路

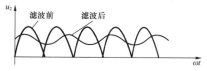

图 9-7　桥式整流电感滤波电路的波形

练习题　桥式整流电容电路如图 9-4 所示，交流电源频率 $f = 50\text{Hz}$，负载电阻 $R_L = 100\,\Omega$，输出电压 $U_o = 1\,520\,\text{V}$，试求变压器副边电压，计算滤波电容的耐压值和电容量，并根据计算结果选择二极管信号和滤波电容。

9.2　稳压电路

整流滤波电路可以把交流电转变为较平滑的直流电，但当电网电压发生波动或负载电流变化比较大时，其输出电压仍会不稳定。为此，在整流滤波电路后面需要加上稳压电路，构成稳压电源。常用的直流稳压电路按电压调整元件与负载 R_L 连接方式的不同分为两类：一类是用硅稳压管作为调整元件的并联型稳压电路，如图 9-8 所示；另一类是用晶体三极管作为调整元件的串联型稳压电路，如图 9-9 所示。

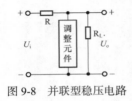

图 9-8　并联型稳压电路

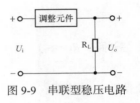

图 9-9　串联型稳压电路

9.2.1　硅稳压管稳压电路

硅稳压管稳压电路是利用稳压管反向击穿电流在较大范围内变化时，稳压管两端电压变化很小的特性进行稳压的。它的电路结构是将硅稳压二极管并联在负载两端，如图 9-10 所示。

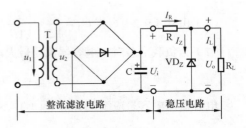

图 9-10　硅稳压管稳压电路

硅稳压管稳压电路的稳压过程可以用符号表示为

$U_o\downarrow \to U_{VD_z}\downarrow \to I_Z\downarrow \to I_R\downarrow \to U_R\downarrow \to U_o\uparrow$（稳定输出电压）

硅稳压管稳压电路结构简单，元件少，成本低，只能用于稳定电压要求不高且不可调、稳定度差的场合。

9.2.2　串联型稳压电路

所谓串联型稳压电路，就是在输入直流电压和负载之间串入一个三极管。当输入直流电压或负载发生变化而使输出电压变化时，通过某种反馈形式使三极管的集电极和发射极之间的电压也随之变化，从而调整输出电压，保持输出电压基本稳定。

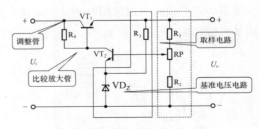

图 9-11　串联型稳压电路

1. 电路基本结构

串联型稳压电路是目前比较通用的稳压电路，其结构如图 9-11 所示，各部分的功能如表 9-1 所示。

表 9-1　　　　　　　　　　　　　串联型稳压电路结构及功能

电　路　结　构	功　　　能
取样电路	取出一部分输出电压的变化量，加到比较放大管 VT$_2$ 的基极，供 VT$_2$ 管进行比较放大
基准电压电路	VD$_z$ 的稳定电压作为基准电压，加到 VT$_2$ 的发射极上
放大比较环节	将稳压电路输出电压的微小变化量先进行放大，再去控制 VT$_1$ 的基极电位
调整控制环节	在比较放大电路输出信号的控制下自动调节 VT$_1$ 集电极和发射极之间的电压降，以抵消输出电压的波动

2. 稳压的工作原理

当电网电压减小（或负载电流升高），使输出电压 U_o 下降时，串联型晶体管稳压电路的稳压过程可以表示为：

$U_o\downarrow\rightarrow U_{B2}$（$VT_2$ 的基极电压）$\downarrow\rightarrow U_{BE2}$（$VT_2$ 的发射极电压被稳压管稳住基本不变，$U_{BE2}=U_{B2}-U_{E2}$）$\downarrow\rightarrow I_{B2}$（$VT_2$ 的基极电流）$\downarrow\rightarrow I_{C2}$（$VT_2$ 的集电极电流）$\downarrow\rightarrow U_{C2}$（$VT_2$ 的发射极集电极电流，$U_{C2}=U_{B1}$）$\uparrow\rightarrow U_{BE1}$（$U_{BE1}=U_{B1}-U_{E1}=U_{C2}-U_o$）$\uparrow\rightarrow I_{B1}$（$VT_1$ 的基极电流）$\uparrow\rightarrow I_{C1}$（$VT_1$ 的集电极电流）$\uparrow\rightarrow U_{CE1}\downarrow\rightarrow U_o\uparrow$（稳定输出电压）。

练习题 当电网电压不变，负载增大，负载电流减小，使输出电压 U_o 升高时，分析串联型稳压电路的稳压过程。

9.3 集成稳压电源

随着集成电路工艺的发展，稳压电源中的调整环节、放大环节、基准环节、取样环节和其他附属电路大都可以制作在同一块硅片内，形成集成稳压组件，称为集成稳压电路或集成稳压器。目前生产的集成稳压器很多，但使用比较广泛的是三端集成稳压器。三端集成稳压器根据输出电压是否可调，可分成固定式三端集成稳压器和可调式三端集成稳压器。

9.3.1 三端固定式集成稳压器

三端固定式集成稳压器 CW7800、CW7900 系列的外形如图 9-12 和图 9-13 所示。

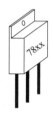

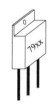

图 9-12　CW7800 系列集成稳压器　　　　图 9-13　CW7900 系列集成稳压器

1. 三端固定式集成稳压器的性能特点

（1）输出电流超过 1.5 A（加散热器）。

（2）不需要外接元件。

（3）内部有过热保护。

（4）内部有过流保护。

（5）调整管设有安全工作区保护。

（6）输出电压容差为 4%。

（7）输出电压额定值有 5 V、6 V、9 V、12 V、15 V、18 V 和 24 V 等。

2. 三端固定式集成稳压器的应用电路

（1）固定输出电压电路。

固定输出电压电路如图 9-14 所示。电容 C_1 的作用是防止自激振荡，而 C_2 的作用是滤除噪声干扰。为了保护稳压器，图 9-14 的电路可修改为图 9-15 所示的电路。

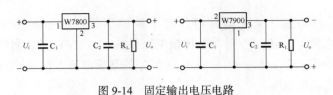

图 9-14   固定输出电压电路

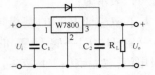

图 9-15   固定输出电压修改电路

（2）输出电压的提高电路。

W7800 系列的最高输出电压为 24 V。如果想提高输出电压，可以采用图 9-16 所示的电路。

（3）输出电流的扩流电路。

当负载所需电流大于稳压器的最大负载电流时，可采用外接电阻或功率管的方法来扩大输出电流，如图 9-17 所示。

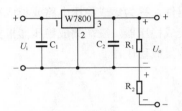

图 9-16   输出电压的提高电路

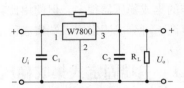

图 9-17   输出电流的扩流电路

（4）输出正、负电压稳压电路。

输出±15 V 电压的电路如图 9-18 所示。

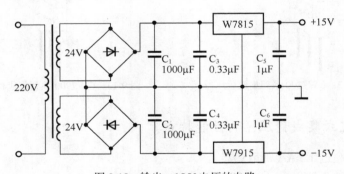

图 9-18   输出 ± 15 V 电压的电路

9.3.2   三端可调式集成稳压器

三端可调式集成稳压器是第二代三端集成稳压器，其电压调整范围为 1.2 ~ 37 V，最大输出电流为 1.5 A。

1.   三端可调式集成稳压器的特点

三端可调式集成稳压器与固定式集成稳压器相比，除电压连续可调外，还具有输出电压稳定度、电压调整率、电流调整率、纹波抑制比等都比固定式集成稳压器的相应参数高的特点。三端可调式集成稳压器的引脚不能接错，接地端不能浮空，否则会损坏稳压器。

2．三端可调式集成稳压器的应用电路

三端可调式集成稳压器的应用电路如图 9-19 所示。其中，电容 C_1 用来防止自激振荡，电容 C_2 用来减小电阻 R_2 上的电压波动，而 VD_1、VD_2 用来保护稳压器。

练习题　在下列几种情况下，可选用什么型号的三端集成稳压器？

（1）$U_o = 15$ V。R_L 最小值为 20。（2）$U_o = -5$ V，最大负载电流为 $I_{omax} = 350$ mA。（3）$U_o = -12$V，输出电流范围为 $I_o = 10 \sim 80$ mA。

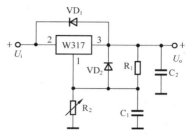

图 9-19　三端可调式集成稳压器的应用电路

9.4　实验　三端集成稳压器的应用

1．实验目的

（1）熟悉三端集成稳压器的使用方法。
（2）了解集成稳压器的性能和特点。

2．实验器材

示波器、万用表、自耦变压器、实训线路板及各种元器件品种，如表 9-2 所示。

表 9-2　　　　　　　　　　　　　　　　元器件表

编　号	名　称	参　数	编　号	名　称	参　数
T	变压器	220 V/24V	$VD_1 \sim VD_6$	整流二极管	1N4007
C_1	电解电容	2200 μF/50V	C_2	电解电容	10μF
C_3	电解电容	470 μF/25V	R_1	电阻	200 Ω
R_2	电阻	510 Ω	CW7815	三端集成稳压器	输出+15 V
RP_1	可调电阻	4.7 kΩ	RP_2	可调电阻	1 kΩ

3．实验步骤

（1）用万用表检查元器件，确保元器件完好。

（2）在实验线路板上连接图 9-20 所示的三端集成稳压器实验电路。

（3）测量稳压电源输出直流电压 U_o 的可调范围。

① 用示波器观察 A、B、C 各点电压波形，并绘制在表 9-3 中，分析其波形的合理性。

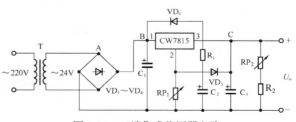

图 9-20　三端集成稳压器电路

表 9-3　　　　　　　　　　　　稳压电源各点的电压波形图

A 点电压波形	B 点电压波形	C 点电压波形

② 将负载接入电路，调节自耦变压器，使输入电压 U_i = 220 V。再调节 RP$_1$，测输出电压 U_o 的最大值 U_{omax} 和最小值 U_{omin}，填入表 9-4 中。

表 9-4　　　　　　　　　　稳压电源输出直流电压 U_o 可调范围

输入电压 U_i	输出电压 U_o	U_{omax}	U_{omin}

（4）测量电路的稳压性能。

① 调节自耦变压器，使 U_i = 220 V，调节 RP$_1$ 使 U_o = 18 V，再调节 RP$_2$，使 I_L = 100 mA。

② 重新调节自耦变压器，使 U_i 在（198～242）[（220±220×10%）]V 的范围变化，测出相应的输出电压值，填入表 9-5 中。

表 9-5　　　　　　　　　　稳压电源输出直流电压的稳压性能

额定输入电压 U_i	220V	
额定输出电压 U_o	18V	
输入电压 U_i		
输出电压 U_o		

4. 预习要求

（1）复习三端稳压器的原理。

（2）了解三端稳压器的应用电路。

5. 实验报告

（1）整理实验数据，并分析各点波形。

（2）分析电路的稳压性能。

（3）说明实验中遇到的问题和解决办法。

（4）写出调整测试过程。

6. 思考题

如果无输出电压或输出电压不可调，试说明原因和解决办法。

7. 注意事项

（1）集成稳压器的输入端与输出端不能反接。若反接电压超过 17V，将会损坏集成稳压器。

（2）输入端不能短路。

（3）防止浮地故障。78 系列三端集成稳压器的外壳为公共端，将其安装在设备上时应可靠接地。79 系列外壳不是接地端。

9.5 实训 1 焊接训练

1. 实训目的

（1）掌握焊接方法。
（2）提高焊接水平。

2. 焊接原理

焊料：常用焊锡作焊料。

焊剂：作用是除去油污，防止焊件受热氧化，增强焊锡的流动性。

焊接工具：电烙铁，选用 20 ~ 50 W 即可。

正确焊点示例如图 9-21 所示。出现虚焊的实例如图 9-22 所示。

图 9-21 标准焊点 　　　　　图 9-22 虚焊点

3. 焊接方法

总思路为：先测量，做好记录。再清洁，挂锡焊接。最后再检查测量。切忌马虎大意。

将加热好的电烙铁头与线路板成 60°，同时接触焊接点和被焊元件脚 1 ~ 2 s，再迅速将焊锡丝触至焊接点与元件脚上，使焊锡溶后顺着被焊接元件脚流至焊点上形成一个圆锥状，这时抬起电烙铁。全过程是 3 s 左右。焊好后要等焊锡完全凝固才可以移动元件。焊接方法如图 9-23 所示。

（a）焊接 　　　　　（b）检查 　　　　　（c）剪短

图 9-23 焊接方法示意图

4. 焊接练习

（1）分立器件焊接练习（学会焊接分立式器件并熟练掌握焊接技巧）。
（2）接插器件焊接练习（认识常用接插件，由于接插件引脚靠得较近，要防止短路）。
（3）拆件练习（学习拆件，以防在检测到有需要拆换的器件时，可以胸有成竹，不至于把电路板焊坏）。

（4）贴片器件焊接练习（进一步提高焊接水平，熟练贴片器件的焊接）。

5．注意事项

（1）防止触电及烫伤人、电源线、衣物等。

（2）电烙铁的温度和焊接的时间要适当，焊锡量要适中，不要过多。

（3）烙铁头要同时接触元件脚和线路板，使二者在短时间内同时受热，达到焊接温度，以防止虚焊。

（4）不可将烙铁头在焊点上来回移动，也不能用烙铁头向焊接脚上刷锡。

（5）焊接二极管、三极管等怕热元件时，应用镊子夹住元件脚，使热量通过镊子散热，不至于损坏元件。

（6）焊接集成电路，一定等技术熟练后方可进行，注意时间要短，在焊接电路板完成后要断开烙铁电源。

9.6 实训2 串联型稳压电源的制作

电子产品通常都需要直流电源供电。当然，在小功率的情况下，也可以用电池作为直流电源。但是，在大型电子设备中都需要直流电源，而这些直流电源都是由交流电源转换而获得。因此我们就从直流稳压电源的设计、装配和调试学起。

1．实训目的

（1）自制串联型稳压电源的印刷电路板。
（2）学习焊接与调试技术。
（3）熟悉直流稳压电路主要技术指标的测试方法。

2．实训电路及原理

用发光二极管设计过载指示并带有短路保护的直流稳压电路，如图9-24所示。这个电路与一般串联反馈式稳压电源相比，有以下4个特点。

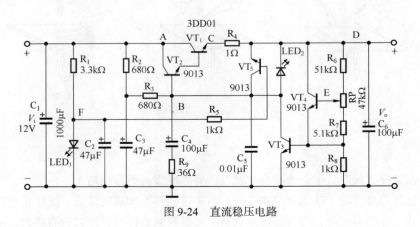

图9-24　直流稳压电路

- 用发光二极管 LED_2 作过载指示和限流保护。
- 由 VT_5 构成短路保护电路，而且具有自动恢复功能。
- 采用有源滤波电路增强滤波效果，同时也减小了直流压降的损失和滤波电容的容量。
- 由 VT_4 构成的可调模拟稳压管电路，电路的稳压特性好。

这个电路由取样环节、基准环节、比较放大环节、调节环节、保护环节五大部分构成，取样环节由 R_6、R_p、R_7、R_8 构成；比较放大环节由 VT_3、VT_4 构成；基准环节由 VT_3、VT_4 的 PN 结构成，基准电压为 1.4V；调整环节由 VT_1、VT_2 构成的复合管构成；短路保护由 R_4、LED_1、C_2、R_5、VT_5 构成；过流保护由 LED_2、R_4 构成；有源滤波电路由 C_4、R_9、VT_1、VT_2 构成，工作原理如下。

（1）当输出电压上升时，取样点 E 的电位也会随之上升，使 VT_3、VT_4 基极电流增加，从而使 VT_3 集电极电流上升，使得 B 点的电压下降。B 点的电压下降，使 VT_1、VT_2 基极电流下降，导致调整管 VT_1 的 C、E 两端的电压上升，使输出电压下降，从而达到了输出电压基本维持不变的目的。

反之，若输出电压下降，E 点的电位随之下降，会导致调整管 VT_1 的 C、E 两端的电压下降，使输出电压上升，达到输出电压基本维持不变的目的。由此可见，为了提高稳压电源的调节能力，在保证调整管所允许承受的 UCE 最大压差和极限电流的前提下，应尽可能提高稳压电源的输入电压。

（2）当改变 RP 的取值范围时，会同时改变 E 点电位与基准电压之间的差值范围，引起调整管 VT_1 的 C、E 两端的电压差值的变化，从而达到改变输出电压的目的。为了保证输出电压 V_o 在 $3 \sim 9$ V 连续可调，调整管 VT_2 的 U_{CE} 至少有 6 V 的变化范围。

（3）由 R_9、C_4 构成的无源滤波器经 VT_1、VT_2 的两级放大后大为增强了滤波效果。因为 R_9、C_4 上的充放电经放大后在输出端会引起强烈的反应，相当于在输出端接了一个很大的电容器。

（4）由 R_4、LED_1、C_2、R_5、VT_5 构成的短路保护电路，在正常的情况下由于 D 点的电位远大于 F 点的电位，即 LED_1 的导通电压 1.7 V（LED_1 导通时可作为稳压电源工作指示灯），所以 VT_5 截止不起作用；当输出短路时 D 点的电位变为 0，此时 F 点的电位 1.7 V 远大于 D 点的电位，VT_5 饱和导通，即加在 VT_2 基极 VT_1 发射极间的电压小于 0.3 V，所以 VT_1 截止，相当于将输入、输出间断开了，输出电流为 0，从而起到保护作用。当短路解除后，D 点的电位又大于 F 点的电位，VT_5 截止电路自动恢复正常。

（5）由 LED_2、R_4 构成的过流保护电路，在正常的情况下工作电流小于或等于 0.3 A，所以 VT_2 基极到 D 点间的电压（VT_1、VT_2 节电压加上 R_4 两端电压）小于 1.7 V，LED_2 处于截止状态；而当输出电流大于 0.3 A 时，VT_2 基极到 D 点间的电压大于 1.7 V，此时 LED_2 导通发光并将 B、D 间电压钳制在 1.7 V，从而限制了输出电流的增加，达到限流的目的。

3. 实训器材

发光二极管、二极管 2CZ55B（1N4001）、三极管 3DG12（9013）、3DD01（BD163）、电解电容 100 μF（耐压 ≥16 V）。

4. 实训电路的技术指标

（1）输出电压 V_o 在 3 V 和 9 V 之间连续可调。

（2）最大输出电流 I_{max} 为 0.3 V，并具有过载保护和指示功能。

（3）输出电压的纹波电压不超过 3 mV。

（4）当输出电流在 0～0.3 A 范围内变化，或输入电压（V_i＝12 V）变化±10%，输出电压变化量的绝对值不超过 0.02 V。

（5）具有短路保护及自动恢复功能。

5. 实训步骤

（1）按图 9-24 所示电路设计元器件布线图，如图 9-25 所示。

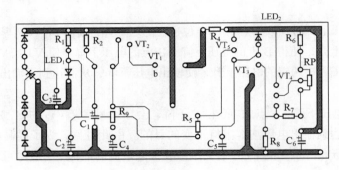

图 9-25　布线图（直流稳压电路）

（2）自制印制电路板。

（3）焊接电路。

（4）按图 9-24 所示电路，认真校对焊接电路，经检查无误，在空载（R_L＝∞）时通电进行调试。当电路工作正常时，测试输出电压 V_o 的调节范围。

（5）空载（R_L＝∞）时 V_o＝6 V，改变 R_L 使 I_o＝0.3 A，测出相应的 V_o 值。

（6）带负载（R_L＝30 Ω、V_o＝6 V）测试。

① 测试各个三极管和 LED 的工作状态。

② 测试输出纹波电压。

③ 改变输入电压 V_i（1±10%），测试输出电压 V_o，并求其变化量的绝对值。

④ 测试直流稳压电路的主要技术指标：稳压系数和输出电阻。

⑤ 改变 R_L，反复观察 LED_2 有无明显的过载保护和过载指示。

⑥ 输出端对地短路，测试 VT_5 管的工作状态并观察自动恢复过程。

6. 简易自制印刷电路板

自制印制电路板，首先要求走线合理（线条要整齐，线条之间要防止重叠）；其次是焊点孔的定位，元器件的尺寸和放置的位置都应适当。

单件生产印制电路板的具体步骤大致如下。

（1）复写印制电路。把设计好的印制电路图用复写纸写到铜箔板上，用圆珠笔或铅笔描好全图，焊点用圆点表示，经过仔细检查后再揭开复写纸。

（2）描板。用笔把黑色调和漆按复写图样描在电路板上。板面要干净，线条要求整齐，不带毛刺。电源线、地线尽可能画宽一些，焊点圆孔外径为 2 mm 左右。

（3）腐蚀印制电路板。用三氯化铁配制三氯化铁溶液。把描好的铜箔板晾干，经检查修整后放入盛有三氯化铁的塑料平盘容器。应把线路板朝上平放，以便腐蚀和观察。如果天气较冷，可将溶液适当加热，加热的最高温度要限制在 40～50℃，否则容易破坏线路板上的保护漆。待裸露的铜箔完全腐蚀干净之后，取出电路板，用清水洗净，擦干后涂上松香水便可进行焊接。

（4）去漆膜。用热水浸泡后，将电路板上的漆膜剥掉。未擦净处用砂纸磨掉。

（5）钻孔。钻孔时选用合适的钻头。钻头要锋利，转速取高速，但进刀不要过快，以免将铜箔挤出毛刺。

（6）表面处理。用砂纸磨掉氧化层。

（7）涂助焊剂。把已配好的酒精松香水助焊剂立即涂在电路板上。助焊剂可以保护电路板板面，提高可焊性。

7．实训报告

（1）分析电路的过载指示、短路保护、有源滤波、稳压工作原理。

（2）定量计算电路的输出电压调节范围，并与实验数据进行比较。

（3）分析整理实验数据。

（4）总结收获与体会。

8．思考题

（1）直流稳压电路如图 9-24 所示。为了保证输出电压 V_o 在 3～9 V 连续可调，那么调整管 VT_2 的 U_{CE} 工作范围有多大？

（2）直流稳压电路为了取得直流输入电压值 $V_i = 12$ V，整流桥前的电源变压器次级电压应选多少伏？为什么？

（3）直流稳压电路的输出电压固定为 4.5 V。如果允许改变直流输入电压值为 12 V、9 V、7 V、5 V、3 V，那么选择哪一挡电压值较为合理，为什么？

9．注意事项

（1）在调试过程中，切勿直接接触 220 V 交流电源，以及做出有可能使其短路的行为，以确保人身安全。

（2）对于靠得很近的相邻焊点，要注意有无金属毛刺相连，必要时可用万用表测量一下是否短路。

（3）如果发现元器件发热过快、冒烟、打火花等异常情况，应先切断电源，仔细检查并排除故障，然后才可以继续通电调试。

本章小结

经过桥式整流、电容滤波电路后可将交流电压变成直流电压。直流输出电压的大小与电路结构和输入的交流电压有效值有关。

硅稳压管稳压电路是最简单的稳压电路，用于稳定性要求不高的场合。它通过限流电阻的电压变化来保持负载上的直流电压稳定。

　　在小功率电路中，采用串联型反馈式稳压电源。电路引入负反馈，使输出电压稳定且可调。

　　集成稳压电路应用广泛，尤其是三端集成稳压器件性能可靠、使用方便。

习题

1. 采用电容滤波时，电容必须与负载_____，它常用于_____的情况。

2. 直流稳压电源的作用是，当交流电网电压变化时，或_____变化时，能保持电压基本稳定。

3. 硅稳压管并联型稳压电路由_____、_____、_____构成。

4. 带有放大环节的串联型晶体管稳压电路一般由_____、_____、_____和_____
4个部分构成。

5. 三端集成稳压器的三端是_____、_____、_____。

6. 串联型稳压电路中的调整管必须工作在（　　　）状态。

A. 截止　　　　　　　　　　　B. 饱和　　　　　　　　　　　C. 放大

7. 要获得9V的稳定电压，集成稳压器的型号应选用（　　　）。

A. W7812　　　　　　　B. W7909　　　　　　　C. W7912　　　　　　　D. W7809

8. 串联型稳压电源主要由哪几部分构成？调整管是如何使输出电压稳定的？

第 10 章

门电路和组合逻辑电路

微型计算机的广泛应用和迅速发展，使数字电子技术进入了一个新的阶段。数字电子技术不仅广泛应用于现代数字通信、自动控制、测控、数字计算机等各个领域，而且已经进入了千家万户的日常生活。可以预料，在人类迈向信息社会的进程中，数字技术将起到越来越重要的作用。

【学习目标】

- 了解数字电路、数制与编码的基本概念。
- 掌握基本逻辑运算方法。
- 掌握逻辑代数和逻辑函数的化简方法。
- 掌握各种门电路的外部特性和参数以及使用时的注意事项。
- 掌握组合逻辑电路的分析和设计方法。
- 掌握常用组合逻辑电路外部特性和参数以及使用时的注意事项。

10.1 数字电路概述

有线电视传输的信号有两种，即模拟电视信号和数字电视信号。世界通信与信息技术的迅猛发展将引发整个电视广播产业链的变革，数字电视是这一变革中的关键环节。数字电视是指拍摄、剪辑、制作、播出、传输、接收等全过程都使用数字技术的电视系统，是广播电视发展的方向。

10.1.1 模拟信号和数字信号

电子电路中的信号可以分为模拟信号和数字信号两大类。

（1）模拟信号是指时间连续，数值也连续的信号。例如，正弦交流电压就是一种典型的模拟信号，如图 10-1 所示。

（2）数字信号是指时间和数值都是"离散"的信号。例如，电子表的秒信号、生产流水线上记录零件个数的计数信号等，它们的变化发生在一系列离散的瞬间，它们的值也是离散的。

数字信号只有两个离散值，常用数字 0 和 1 来表示。数字信号在电路中往往表现为突变的电压或电流，如图 10-2 所示。

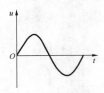

图 10-1　正弦交流电压波形

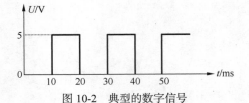

图 10-2　典型的数字信号

数字信号的 0 和 1 没有大小之分，只代表两种对立的状态，称为逻辑 0 和逻辑 1，也称为二值数字逻辑。

数字信号是一种二值信号，用两个电平（高电平和低电平）分别来表示两个逻辑值（逻辑 1 和逻辑 0）。那么究竟用哪个电平来表示哪个逻辑值呢？

在数字信号中一般规定两种逻辑体制。

- 正逻辑体制规定，高电平为逻辑 1，低电平为逻辑 0。
- 负逻辑体制规定，低电平为逻辑 1，高电平为逻辑 0。

10.1.2　数字电路

模拟信号是时间和幅度上都连续的信号，如收音机信号和电话里的声音信号等。所谓模拟电路，就是用来处理模拟信号的电路。与模拟电路相对应的是数字电路，但是模拟电路是数字电路的基础，数字电路的器件都是由模拟电路构成的。

与模拟电路相比，数字电路主要有下列优点。

（1）由于数字电路是以二值数字逻辑为基础的，只有 0 和 1 两个基本数字，易于用电路来实现。例如，可以用二极管、三极管的导通和截止这两个对立的状态，来表示数字信号的逻辑 0 和逻辑 1。

（2）由数字电路构成的数字系统工作可靠，精度较高，抗干扰能力强。它可以通过整形，很方便地去除叠加在传输信号中的噪声和干扰，还可以利用差错控制技术对信号进行查错和纠错。

（3）数字电路不仅能完成数值运算，而且能进行逻辑判断和运算，这在控制系统中是不可缺少的。

（4）数字信息便于长期保存。例如，可以将数字信息存入磁盘和光盘中长期保存。

（5）数字集成电路产品系列多、通用性强、成本低。

10.1.3　数制与编码

人们在生产和生活中，创造了各种不同的计数方法。采用哪一种方法计数，根据人们的需要而定。由数字符号构成，而且表示物理量大小的数字和数字组合称为数码。多位数码中每一位的构成方法以及从低位到高位的进制规则称为计数制，简称数制。常用的计数制有十进制、二进制、八进制、十六进制等。

1. 十进制

十进制数是日常生活中使用最广泛的计数制。组成十进制数的符号有 0、1、2、3、4、5、6、7、8、9 十个数字符号，按"逢十进一""借一当十"的原则计数，10 是它的基数。

十进制数中，数码的位置不同，所表示的值就不相同。例如

$$(6\,834)_{10} = (6×10^3 + 8×10^2 + 3×10^1 + 4×10^0)_{10}$$

式中，脚标 10 表示十进制，也就是说以 10 为基数，每个位对应的数码有一个系数，如 10^3、10^2、10^1、10^0 等与之相对应，这个系数就叫作权或位权。十进制每位数的权为 10 的幂。

2. 二进制

在数字系统中，广泛采用二进计数制。这是因为数字电路工作时，通常只有两种基本状态，如电位高或低，脉冲有或无，导通或截止等。二进制中只有 0 和 1 两个数字符号，按"逢二进一""借一当二"的原则计数，2 是它的基数。二进制每位数的权为 2 的幂。例如

$$(10111001)_2 = (1×2^7 + 0×2^6 + 1×2^5 + 1×2^4 + 1×2^3 + 0×2^2 + 0×2^1 + 1×2^0)_{10} = (185)_{10}$$

3. 十六进制

二进制数在计算机系统中处理很方便，但当位数较多时，比较难记忆而且书写也不方便。为了减小位数，通常将二进制数用十六进制表示。

十六进制是计算机系统中除二进制数之外，使用较多的数制。它遵循的两个规则如下。

（1）十六进制有 0~9、A、B、C、D、E、F 这 16 个数码，分别对应于十进制数的 0~15。

（2）十六进制数按照"逢十六进一""借一当十六"的原则计数，16 是它的基数，每位数的权为 16 的幂。例如

$$(3EC)_{16} = (3×16^2 + 14×16^1 + 12×16^0)_{10} = (1\,004)_{10}$$

在使用中，常将各种数制用简码来表示。例如，十进制数用 D 表示或省略；二进制用 B 表示；十六进制数用 H 表示。

十六进制、十进制、二进制之间的关系如表 10-1 所示。

表 10-1　　　　　　　　　　　　数制之间的关系

十 进 制	二 进 制	十 六 进 制	十 进 制	二 进 制	十 六 进 制
0	0000	0	9	1001	9
1	0001	1	10	1010	A
2	0010	2	11	1011	B
3	0011	3	12	1100	C
4	0100	4	13	1101	D
5	0101	5	14	1110	E
6	0110	6	15	1111	F
7	0111	7	16	10000	10
8	1000	8			

4. 数制转换

（1）二进制、十六进制转换为十进制。

将二进制数、十六进制数按权位展开，然后各项相加，就得到相应的十进制数。

【例 10-1】 将二进制数 10011.101 转换成十进制数。

解：

$$(10011.101)_2 = (1 \times 2^4 + 0 \times 2^3 + 0 \times 2^2 + 1 \times 2^1 + 1 \times 2^0)_{10} = (19)_{10}$$

（2）十进制转换为二进制、十六进制。

将十进制数转换为二进制数、十六进制数的方法，是把要转换的十进制的数除以新的进制的基数，把余数作为新进制的最低位。把上一次得的商再除以新的进制基数，把余数作为新进制的次低位。继续上一步，直到最后的商为零，这时的余数就是新进制的最高位。这种方法称为取余数法。

【例 10-2】 将十进制数 23 转换成二进制数。

解：

$$(23)_{10} = (1\ 0111)_2$$

（3）二进制数和十六进制数之间的转换。

由于十六进制数的基数是 $16 = 2^4$，所以一个 4 位二进制数相当于 1 位十六进制数。二进制数转换为十六进制数的方法，是将一个二进制数从低位向高位，每 4 位分成一组，每组对应转换成 1 位十六进制数。十六进制数转换为二进制数的方法，是从高位向低位，将每一位十六进制数转换成 4 位二进制数。

【例 10-3】 将二进制数 1100101111 转换成十六进制数。

解：

$$(1100101111)_2 = (32F)_{16}$$

5. 编码

数字系统是以二值数字逻辑为基础的。因此，数字系统中的信息（包括数值、文字、控制命令等）都是用一定位数的二进制码表示的，这个二进制码称为代码。

二进制编码方式有多种，二—十进制码，又称 BCD 码，是其中一种常用的编码。BCD 码就是用二进制代码来表示十进制的 0～9 这十个数。

要用二进制代码来表示十进制的 0～9 十个数，至少要用 4 位二进制数。4 位二进制数有 16 种组合，可以从这 16 种组合中选择 10 种组合分别来表示十进制的 0～9 十个数。选哪 10 种组合，有多种方案，这就形成了不同的 BCD 码。

几种常见的 BCD 码如表 10-2 所示。

表 10–2 　　　　　　　　　　　　　几种常见的 BCD 码

十进制	8 4 2 1	2 4 2 1	5 4 2 1	余 三 码
0	0 0 0 0	0 0 0 0	0 0 0 0	0 0 1 1
1	0 0 0 1	0 0 0 1	0 0 0 1	0 1 0 0
2	0 0 1 0	0 0 1 0	0 0 1 0	0 1 0 1
3	0 0 1 1	0 0 1 1	0 0 1 1	0 1 1 0
4	0 1 0 0	0 1 0 0	0 1 0 0	0 1 1 1
5	0 1 0 1	1 0 1 1	1 0 0 0	1 0 0 0
6	0 1 1 0	1 1 0 0	1 0 0 1	1 0 0 1
7	0 1 1 1	1 1 0 1	1 0 1 0	1 0 1 0
8	1 0 0 0	1 1 1 0	1 0 1 1	1 0 1 1
9	1 0 0 1	1 1 1 1	1 1 0 0	1 1 0 0
位权	8 4 2 1	2 4 2 1	5 4 2 1	无权

10.1.4　逻辑运算

数字电路实现的是逻辑关系。逻辑关系是指某事物的条件或原因与结果之间的关系。逻辑关系常用逻辑函数来描述。

1. 基本逻辑运算

逻辑代数中有与、或、非 3 种基本逻辑运算。

（1）与逻辑运算。

只有当决定一件事情的条件全部具备之后，这件事情才会发生，这种因果关系称为与逻辑关系。

例如，在图 10-3 中，只有开关 A 与开关 B 都合上时，灯 L 才会亮，所以对灯 L 亮这件事情来说，开关 A 和开关 B 闭合是与的逻辑关系。

（2）或逻辑运算。

当决定一件事情的几个条件中，只要有一个或一个以上条件具备，这件事情就会发生，这种因果关系称为或逻辑关系。

例如，在图 10-4 中，只要开关 A 闭合或者开关 B 闭合，灯 L 都会亮，所以对灯 L 亮这件事情来说，开关 A 和开关 B 闭合是或的逻辑关系。

（3）非逻辑运算。

一件事情是否发生，仅取决于一个条件，而且是对该条件的否定，即条件具备时事情不发生，条件不具备时事情才发生。这种逻辑关系称为非逻辑关系。

例如，在图 10-5 所示的电路中，当开关 A 闭合时，灯不亮；而当 A 不闭合时，灯亮。

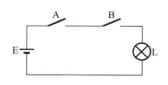

图 10-3　与逻辑关系

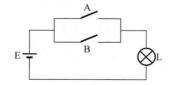

图 10-4　或逻辑关系

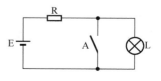

图 10-5　非逻辑关系

2. 逻辑函数及其表示方法

数字电路是一种开关电路，开关的两种状态"开通"与"关断"，常用电子器件的"导通"与"截止"来实现，并用二元常量 0 和 1 表示。数字电路的输入量和输出量一般用高电位或低电位来表示。高低电位也可以用二元常量 0 和 1 表示。就整体而言，数字电路的输出量与输入量之间的关系是一种因果关系，因此数字电路又称为逻辑电路。输入量与输出量之间的因果关系可以用一种函数表示。将这种输入量、输出量之间的函数关系称为逻辑函数关系，一般写作 Y=F（A，B，C，D，…）。任何一种具体事物的因果关系都可以用一种逻辑函数来描述。

表示逻辑函数的方法有真值表、逻辑函数表达式、逻辑图、卡诺图等。

（1）真值表。

真值表是将输入逻辑变量的所有可能取值与相应的输出变量函数值排列在一起而组成的表格。每个输入变量有 0 和 1 两种取值，n 个输入变量就有 2^n 个不同的取值组合。将输入变量全部取值组合以及相应的输出函数全部列出来，就可以得到逻辑函数的真值表。

根据图 10-3，可以得到与运算逻辑关系表。用二值逻辑 0 和 1 来表示与运算逻辑关系，设 1 表示开关闭合或灯亮，0 表示开关不闭合或灯不亮，则得到与运算逻辑关系的逻辑关系真值表如表 10-3 所示。

表 10-3　　　　　　　　　　与逻辑关系和真值表

与逻辑关系			与逻辑关系真值表		
开关 A	开关 B	灯 L	A	B	L
不闭合	不闭合	不亮	0	0	0
闭合	不闭合	不亮	1	0	0
不闭合	闭合	不亮	0	1	0
闭合	闭合	亮	1	1	1

根据图 10-4 得到或运算逻辑关系和真值表如表 10-4 所示。

表 10-4　　　　　　　　　　或逻辑关系和真值表

或逻辑关系			或逻辑关系真值表		
A	B	L	A	B	L
不闭合	不闭合	不亮	0	0	0
闭合	不闭合	亮	1	0	1
不闭合	闭合	亮	0	1	1
闭合	闭合	亮	1	1	1

根据图 10-5 得到非运算逻辑关系和真值表如表 10-5 所示。

表 10-5　　　　　　　　　　非逻辑关系和真值表

非逻辑关系		非逻辑关系真值表	
A	L	A	L
不闭合	亮	0	1
闭合	不亮	1	0

真值表具有如下特点。

● 直观明了。输入变量取值一旦确定，即可在真值表中查出相应的函数值。

● 把一个实际的逻辑问题抽象成一个逻辑函数时，使用真值表是最方便的。所以，在设计逻辑电路时，总是先根据设计要求列出真值表。

● 真值表的缺点是，当变量比较多时，表比较大，显得过于烦琐。

（2）逻辑函数表达式。

按照对应的逻辑关系，把输出量表示为输入量的组合，称为逻辑函数表达式。

与运算的逻辑函数表达式为：$L = AB$。

或运算的逻辑函数表达式为：$L = A + B$。

非运算的逻辑函数表达式为：$L = \overline{A}$。

逻辑函数表达式也可以转换成真值表，方法为：画出真值表的表格，将变量及变量的所有取值组合按照二进制递增的次序列入表格左边。然后按照逻辑函数表达式，依次对变量的各种取值组合进行运算，求出相应的逻辑函数值，填入表格右边对应的位置，即得真值表。

（3）逻辑图。

用相应的逻辑符号将逻辑表达式的逻辑运算关系表示出来，就可以画出逻辑函数的逻辑图。

与运算、或运算和非运算的逻辑符号如图 10-6、图 10-7 和图 10-8 所示。

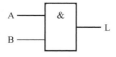
图 10-6　与运算逻辑符号

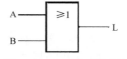
图 10-7　或运算逻辑符号

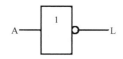
图 10-8　非运算逻辑符号

3. 其他逻辑运算

任何复杂的逻辑运算都可以由与、或、非这 3 种基本逻辑运算组合而成。在实际应用中，为了减少逻辑门的数目，使数字电路的设计更方便，还常常使用其他几种常用逻辑运算。

（1）与非逻辑运算。

与非是由与运算和非运算组合而成，与非运算的逻辑关系真值表如表 10-6 所示。

表 10-6　　　　　　　　　　　　与非逻辑关系真值表

A	B	Y
0	0	1
1	0	1
0	1	1
1	1	0

根据表 10-6 得到与非运算的逻辑函数表达式为：$Y = \overline{AB}$。与非运算的逻辑符号如图 10-9 所示。

（2）或非。

或非是由或运算和非运算组合而成，或非运算的逻辑关系真值表如表 10-7 所示。

表 10-7　　　　　　　　　　　　或非逻辑关系真值表

A	B	Y
0	0	1
1	0	0
0	1	0
1	1	0

根据表 10-7 得到或非运算的逻辑函数表达式为：$Y = \overline{A+B}$。

或非运算的逻辑符号如图 10-10 所示。

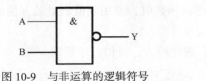

图 10-9　与非运算的逻辑符号　　　　图 10-10　或非运算的逻辑符号

练习题

（1）将 128 转换成十六进制数。

（2）将十六进制数 B10 转换成二进制数。

10.2　门电路

能够实现逻辑运算的电路称为逻辑门电路。在用电路实现逻辑运算时，用输入端的电压或电平表示自变量，用输出端的电压或电平表示因变量。

10.2.1　基本逻辑门电路

一个理想的开关在接通时，其接触电阻为零，在开关上不产生压降。开关断开时，其电阻为无穷大，开关中没有电流流过，而且开关接通与断开的速度非常高时，仍能保持上述特性。

由于二极管具有外加正向电压时导通，加反向电压时截止的单向导电特性，在数字电路中二极管可以作为受外加电压控制的开关来使用。

1. 二极管与门、或门电路

二极管与门、或门电路和逻辑符号如图 10-11 和图 10-12 所示。

2. 三极管非门电路

三极管非门电路如图 10-13 所示。三极管有 3 种工作状态，即放大状态、截止状态和饱和状态。在数字电路中，三极管是作为一个开关来使用的，它不允许工作在放大状态，而只能工作在饱和状态或截止状态。

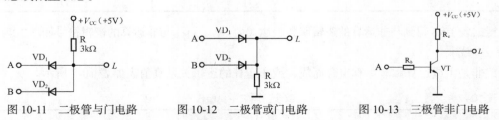

图 10-11　二极管与门电路　　　图 10-12　二极管或门电路　　　图 10-13　三极管非门电路

3. DTL 与非门电路

将二极管与门、或门和三极管非门组合成与非门和或非门电路，以消除在串接时产生的电平偏离，并提高带负载能力。把一个电路中的所有元件，包括二极管、三极管、电阻及导线等都制作在一片半导体芯片上，封装在一个管壳内，就是集成电路。早期的简单集成与非门电路，称为二极管—三极管逻辑门电路，简称 DTL 电路。DTL 与非门电路如图 10-14 所示。

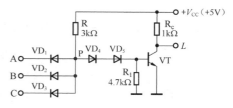

图 10-14　DTL 与非门电路

当 3 个输入端都接高电平时（即 $V_A = V_B = V_C = 5\,V$），二极管 $VD_1 \sim VD_3$ 都截止，而 VD_4、VD_5 和 VT 导通。此时三极管饱和，$V_L = V_{CES} \approx 0.3\,V$，即输出低电平。在 3 个输入端中只要有一个为低电平 0.3 V 时，则阴极接低电平的二极管导通，由于二极管正向导通时的钳位作用，$V_P \approx 1\,V$，从而使 VD_4、VD_5 和 VT 都截止，$V_L = V_{CC} = 5\,V$，即输出高电平。

可见这个电路满足与非逻辑关系，即 $L = \overline{A \cdot B \cdot C}$。

图 10-14 电路中二极管 VD_4、VD_5 的作用是提高输入低电平的抗干扰能力，即当输入低电平有波动时，保证三极管可靠截止，以输出高电平。电阻 R_1 的作用是当三极管从饱和向截止转换时，给基区存储电荷提供一个泻放回路。

10.2.2　三极管逻辑门电路（TTL）

DTL 电路虽然结构简单，但因工作速度低而很少应用。由此改进而成的 TTL 电路，问世几十年来，经过电路结构的不断改进和集成工艺的逐步完善，至今仍广泛应用。

1. TTL 与非门的基本结构及工作原理

根据电路功能的需要，对 DTL 与非门电路加以改进，可以得到 TTL 与非门的电路结构，如图 10-15 所示。

当 TTL 与非门输入全为高电平（3.6 V）时，输出为低电平，工作情况如图 10-16 所示。

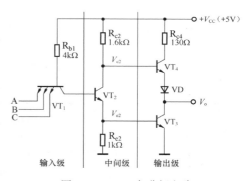

图 10-15　TTL 与非门电路

当 TTL 与非门输入有低电平（0.3 V）时，输出为高电平，工作情况如图 10-17 所示。

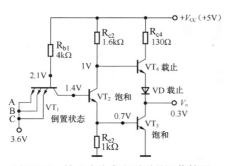

图 10-16　输入全为高电平时的工作情况

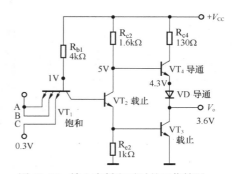

图 10-17　输入有低电平时的工作情况

TTL 与非门采用多发射极三极管加快了存储电荷的消散过程。TTL 与非门采用了推拉式输出级，输出阻抗比较小，可迅速给负载电容充放电。

235

2. TTL 与非门的电压传输特性

与非门的电压传输特性曲线，是指与非门的输出电压与输入电压之间的对应关系曲线，即 $V_o=f\left(V_i\right)$。它反映了电路的静态特性。

TTL 与非门的电压传输特性曲线如图 10-18 所示。

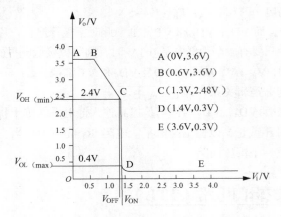

A (0V, 3.6V)
B (0.6V, 3.6V)
C (1.3V, 2.48V)
D (1.4V, 0.3V)
E (3.6V, 0.3V)

图 10-18　TTL 与非门的电压传输特性曲线

3. TTL 与非门的参数

TTL 与非门的参数如表 10-8 所示。

表 10-8　　　　　　　　　　　　　TTL 与非门的参数

参　　数	说　　明
输出高电平电压 V_{OH}	V_{OH} 的理论值为 3.6 V，产品规定输出高电压的最小值 $V_{OH(min)}$=2.4 V，即大于 2.4 V 的输出电压就可称为输出高电压 V_{OH}
输出低电平电压 V_{OL}	V_{OL} 的理论值为 0.3 V，产品规定输出低电压的最大值 $V_{OL(max)}$=0.4 V，即小于 0.4 V 的输出电压就可称为输出低电压 V_{OL}
关门电平电压 V_{OFF}	关门电平电压是指输出电压下降到 $V_{OH(min)}$ 时对应的输入电压。显然只要 $V_i<V_{Off}$，V_o 就是高电压，所以 V_{OFF} 就是输入低电压的最大值，在产品手册中常称为输入低电平电压，用 $V_{IL(max)}$ 表示。从电压传输特性曲线上看 $V_{IL(max)(VOFF)}\approx1.3$ V，产品规定 $V_{IL(max)}$=0.8 V
开门电平电压 V_{ON}	开门电平电压是指输出电压下降到 $V_{OL(max)}$ 时对应的输入电压。显然只要 $V_i>V_{ON}$，V_o 就是低电压，所以 V_{ON} 就是输入高电压的最小值，在产品手册中常称为输入高电平电压，用 $V_{IH(min)}$ 表示。从电压传输特性曲线上看 $V_{IH(min)(VON)}$ 略大于 1.3 V，产品规定 $V_{IH(min)}$=2 V
阈值电压 V_{th}	它是决定电路截止和导通的分界线，也是决定输出高、低电压的分界线。从电压传输特性曲线上看，V_{th} 的值界于 V_{OFF} 与 V_{ON} 之间，而 V_{OFF} 与 V_{ON} 的实际值又差别不大，所以，近似为 $V_{th}\approx V_{OFF}\approx V_{ON}$。$V_{th}$ 是一个很重要的参数，在近似分析和估算时，常把它作为决定与非门工作状态的关键值，即 $V_i<V_{th}$，与非门开门，输出低电平；$V_i>V_{th}$，与非门关门，输出高电平。V_{th} 又常被形象地称为门槛电压，V_{th} 的值为 1.3 ~ 1.4 V

4. TTL 与非门的应用

7400 是一种典型的 TTL 与非门器件，内部含有 4 个 2 输入端与非门，共有 14 个引脚，引脚排列图如图 10-19 所示。

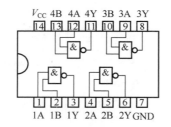

图 10-19 TTL 与非门的引脚排列图

10.3 组合逻辑电路

组合逻辑电路通常使用集成电路产品。无论是简单的或复杂的组合门电路，它们都遵循各组合门电路的逻辑函数因果关系。

在实际应用时，大都使用这些逻辑门的组合形式。例如，在数字计算机系统中使用的编码器、译码器和数据分配器等，都是复杂的组合逻辑电路。

10.3.1 逻辑代数

逻辑代数又称布尔代数，它是分析设计逻辑电路的数学工具。虽然它和普通代数一样也用字母表示变量，但变量的取值只有 "0" 和 "1" 两种，分别称为逻辑 "0" 和逻辑 "1"。这里 "0" 和 "1" 并不表示数量的大小，而是表示两种相互对立的逻辑状态。逻辑代数所表示的是逻辑关系，而不是数量关系。这是它与普通代数的本质区别。

由逻辑状态表直接写出逻辑式并由此画出逻辑图，一般是比较复杂的。如果先经过简化，则可使用较少的逻辑门实现同样的逻辑功能，从而节省器件，降低成本，提高电路工作的可靠性。逻辑函数化简法常用的是代数化简法。

1. 逻辑代数的基本公式

逻辑代数的基本公式如表 10-9 所示。

表 10-9　　　　　　　　　　　逻辑代数的基本公式

名　　称	公式 1	公式 2
0 ~ 1 律	$A \cdot 1 = A$ $A \cdot 0 = 0$	$A + 0 = A$ $A + 1 = 1$
互补律	$A\overline{A} = 0$	$A + \overline{A} = 1$
重叠律	$AA = A$	$A + A = A$
交换律	$AB = BA$	$A + B = B + A$
结合律	$A(BC) = (AB)C$	$A + (B + C) = (A + B) + C$
分配律	$A(B + C) = AB + AC$	$A + BC = (A + B)(A + C)$
反演律	$\overline{AB} = \overline{A} + \overline{B}$	$\overline{A + B} = \overline{A}\overline{B}$

续表

名 称	公式1	公式2
吸收律	$A(A+B)=A$ $A(\overline{A}+B)=AB$ $(A+B)(\overline{A}+C)(B+C)=(A+B)(\overline{A}+C)$	$A+AB=A$ $A+\overline{A}B=A+B$ $AB+\overline{A}C+BC=AB+\overline{A}C$
还原律	$\overline{\overline{A}}=A$	

反演律又称摩根定律，是非常重要又非常有用的公式，它经常用于逻辑函数的变换。以下是它的两个变形公式，也是比较常用的。

$$AB=\overline{\overline{A}+\overline{B}}\;;\quad A+B=\overline{\overline{A}\,\overline{B}}$$

2. 逻辑代数的基本规则

（1）代入规则。

代入规则的基本内容：对于任何一个逻辑等式，以某个逻辑变量或逻辑函数同时取代等式两端任何一个逻辑变量后，等式依然成立。

利用代入规则可以方便地扩展公式。例如，在反演律 $\overline{AB}=\overline{A}+\overline{B}$ 中用 BC 去代替等式中的 B，则新的等式仍成立，即

$$\overline{ABC}=\overline{A}+\overline{BC}=\overline{A}+\overline{B}+\overline{C}$$

（2）对偶规则。

将一个逻辑函数 Y 进行下列变换。

•（乘法）→+，+→•（乘法）；0→1，1→0

这样所得新函数表达式叫作 Y 的对偶式，用 Y′表示。对偶规则的基本内容是：如果两个逻辑函数表达式相等，那么它们的对偶式也一定相等。

（3）反演规则。

将一个逻辑函数 Y 进行下列变换。

•→+，+→•；0→1，1→0

原变量→反变量，反变量→原变量。所得新函数表达式叫作 Y 的反函数，用 $\overline{Y}$ 表示。利用反演规则，可以非常方便地求得一个函数的反函数。

3. 逻辑函数的代数化简法

（1）逻辑函数式的常见形式。

一个逻辑函数的表达式不是唯一的，可以有多种形式，并且能互相转换。常见的逻辑式主要有以下 5 种形式。

与—或表达式：$Y=AC+\overline{A}B$

或—与表达式：$Y=(A+B)(\overline{A}+C)$

与非—与非表达式：$Y=\overline{\overline{AC}\cdot\overline{\overline{A}B}}$

或非—或非表达式：$Y=\overline{\overline{\overline{A}+B}+\overline{\overline{A}+\overline{C}}}$

与—或非表达式：$Y=\overline{A\overline{C}+\overline{A}B}$

在上述多种逻辑函数表达式中，与—或表达式是逻辑函数最基本的表达形式。在化简逻辑函数时，通常是将逻辑式化简成最简与—或表达式，然后再根据需要转换成其他形式。

（2）最简与—或表达式的标准。

- 与项最少，即表达式中“+”号最少。
- 每个与项中的变量数最少，即表达式中“•”号最少。

（3）用代数法化简逻辑函数。

用代数法化简逻辑函数，就是直接利用逻辑代数的基本公式和基本规则进行化简。代数法化简没有固定的步骤，常用的化简方法有以下几种。

- 并项法。运用公式 $A+\overline{A}=1$，将两项合并为一项，消去一个变量，如

$$Y=AB\overline{C}+ABC=AB(\overline{C}+C)=AB$$

- 吸收法。运用吸收律 $A+AB=A$ 消去多余的与项，如

$$Y=A\overline{B}+A\overline{B}(C+DE)=A\overline{B}$$

- 消去法。运用消去律 $A+\overline{A}B=A+B$ 消去多余的因子，如

$$Y=\overline{A}+AB+\overline{B}E=\overline{A}+B+\overline{B}E=\overline{A}+B+E$$

- 配项法。先通过乘以 $A+\overline{A}$（=1）或加上 $A\overline{A}$（=0），增加必要的乘积项，再用以上方法化简，如

$$\begin{aligned}Y&=AB+\overline{A}C+BCD=AB+\overline{A}C+BCD(A+\overline{A})\\&=AB+\overline{A}C+ABCD+\overline{A}BCD\\&=AB+\overline{A}C\end{aligned}$$

【例 10-4】 化简逻辑函数 $Y=AD+A\overline{D}+AB+\overline{A}C+BD+A\overline{B}EF+\overline{B}EF$。

解：

$$\begin{aligned}Y&=AD+A\overline{D}+AB+\overline{A}C+BD+A\overline{B}EF+\overline{B}EF\\&=A+AB+\overline{A}C+BD+A\overline{B}EF+\overline{B}EF\\&=A+\overline{A}C+BD+A\overline{B}EF+\overline{B}EF\\&=A+C+BD+\overline{B}EF\end{aligned}$$

练习题

（1）求函数 $L=A\cdot\overline{B+C+\overline{D}}$ 的反函数。

（2）化简逻辑函数 $L=A\overline{B}+A\overline{C}+A\overline{D}+ABCD$。

10.3.2　组合逻辑电路的分析与设计

按逻辑电路结构和工作原理的不同，数字电路可分为两大类：组合逻辑电路和时序逻辑电路。组合逻辑电路是数字电路中最简单的一类逻辑电路，其特点是功能上无记忆，结构上无反馈，即电路任一时刻的输出状态只决定于该时刻各输入状态的组合，而与电路的原状态无关。

组合电路就是由门电路组合而成，电路中没有记忆单元，没有反馈通路。每一个输出变量是全部或部分输入变量的函数。组合逻辑电路框图如图 10-20 所示。

描述组合逻辑电路逻辑功能的方法主要有逻辑函数表达式、真值表和逻辑图等。

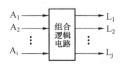

图 10-20　组合逻辑电路框图

1. 组合逻辑电路的分析方法

组合逻辑电路的分析方法如图 10-21 所示。

【例 10-5】 组合逻辑电路如图 10-22 所示，分析该电路的逻辑功能。

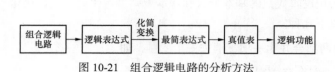

图 10-21 组合逻辑电路的分析方法

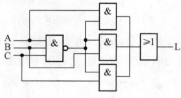

图 10-22 组合逻辑电路

解：

（1）为了写表达式方便，借助中间变量 P，如图 10-23 所示。

$$P = \overline{ABC} \quad L = AP + BP + CP = A\overline{ABC} + B\overline{ABC} + C\overline{ABC}$$

（2）下一步要列真值表，要通过化简与变换，使表达式有利于列真值表。

$$L = \overline{ABC}(A + B + C) = \overline{\overline{ABC} + \overline{A + B + C}} = \overline{ABC + \overline{ABC}}$$

（3）利用化简与变换的表达式列出真值表如表 10-10 所示。

表 10–10　　　　　　　　　　　　　真值表

A B C	L	A B C	L
0 0 0	0	1 0 0	1
0 0 1	1	1 0 1	1
0 1 0	1	1 1 0	1
0 1 1	1	1 1 1	0

由真值表可知，当 A、B、C 3 个变量不一致时，电路输出为"1"，所以这个电路称为"不一致电路"。

练习题 分析图 10-24 所示逻辑电路的逻辑功能。

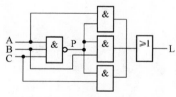

图 10-23　引入中间变量

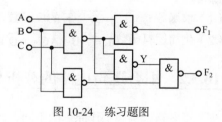

图 10-24　练习题图

2. 组合逻辑电路的设计方法

组合逻辑电路的设计流程如图 10-25 所示。

【例 10-6】 设计一个 3 人表决电路，结果按"少数服从多数"的原则决定。

解：

（1）根据设计要求建立这个逻辑函数的真

图 10-25　组合逻辑电路的设计方法流程图

240

值表。

设 3 人的意见为变量 A、B、C，表决结果为函数 L。对变量及函数进行如下状态赋值：对于变量 A、B、C，设同意为逻辑 "1"；不同意为逻辑 "0"。对于函数 L，设事情通过为逻辑 "1"；没通过为逻辑 "0"。列出真值表如表 10-11 所示。

表 10-11　　　　　　　　　　　　　　　　真值表

A B C	L	A B C	L
0 0 0	0	1 0 0	0
0 0 1	0	1 0 1	1
0 1 0	0	1 1 0	1
0 1 1	1	1 1 1	1

（2）由真值表写出逻辑表达式：$L = \overline{A}BC + A\overline{B}C + AB\overline{C} + ABC$

（3）化简得出最简与—或表达式：$L = AB + BC + AC$。将表达式转换成与非—与非表达式：

$$L = AB + BC + AC = \overline{\overline{AB} \cdot \overline{BC} \cdot \overline{AC}}$$

（4）画出逻辑图如图 10-26 所示。

组合逻辑电路的设计一般应以电路简单、所用器件最少为目标，并尽量减少所用集成器件的种类。

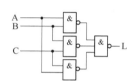

图 10-26　逻辑图

练习题　用与非门设计一个交通报警控制电路。交通信号灯有红、绿、黄 3 种，3 种灯分别单独工作或黄、绿灯同时工作时属于正常情况，其他情况都属于故障，出现故障时输出报警信号。

10.3.3　编码器和译码器

随着微电子技术的发展，现在许多常用的组合逻辑电路都有现成的集成模块，而不需要用门电路设计。

1. 编码器

将符号或数码按规律编排，使其代表某种特定含义的过程，称为编码。能够实现编码操作过程的器件称为编码器，其输入为被编信号，输出为二进制代码。

（1）二进制编码器。

用 n 位二进制代码对 2^n 个信号进行编码的电路，称为二进制编码器。

3 位二进制编码器的逻辑电路如图 10-27 所示。它有 8 个输入端和 3 个输出端，所以通常称为 8 线—3 线编码器，输入为高电平有效。

（2）优先编码器。

优先编码器允许同时输入两个以上的编码信号，编码器给所有的输入信号规定了优先顺序，当多个输入信号同时出现时，只对其中优先级最高的一个进行编码。

74LS148 是一种常用的 8 线—3 线优先编码器，其逻辑电路如图 10-28 所示。

$I_0 \sim I_7$ 为编码输入端，低电平有效。$A_0 \sim A_2$ 为编码输出端，也为低电平有效，即反码输出。EI 为使能输入端，低电平有效。优先顺序为 $I_7 \rightarrow I_0$，即 I_7 的优先级最高，然后是 I_6，I_5，…，I_0。GS 为编码器的工作标志，低电平有效。EO 为使能输出端，高电平有效。

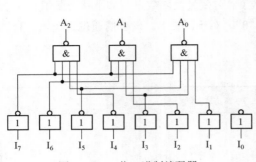

图 10-27　3 位二进制编码器

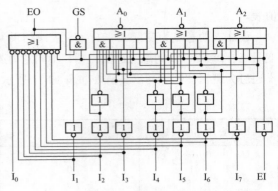

图 10-28　74LS148 优先编码器逻辑电路图

（3）编码器的应用。

集成编码器的输入输出端的数目都是一定的，利用编码器的使能输入端 EI、使能输出端 EO 和优先编码工作标志 GS，可以扩展编码器的输入输出端。

图 10-29 所示为用两片 74LS148 优先编码器串行扩展实现的 16 线—4 线优先编码器。

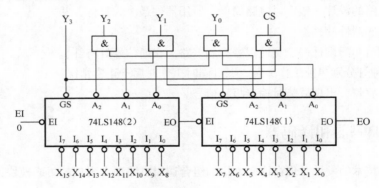

图 10-29　16 线—4 线优先编码器

练习题　利用 74LS148 和门电路构成 8421BCD 编码器，输入仍为低电平有效，输出为 8421DCD 码，同时分析其工作原理。

2．译码器

译码是编码的逆过程。编码是将含有特定意义的信息编成二进制代码，译码则是将表示特定意义信息的二进制代码翻译出来。实现译码功能的电路称为译码器。译码器输入为二进制代码，输出为与输入代码对应的特定信息，它可以是脉冲，也可以是电平，根据需要而定。

（1）二进制译码器。

将输入二进制代码译成相应输出信号的电路，称为二进制译码器。

2 线—4 线译码器的逻辑电路如图 10-30 所示。

（2）集成译码器 74LS138。

74LS138 是一种典型的二进制译码器，其逻辑图如图 10-31 所示。

它有 3 个输入端 A_2、A_1、A_0，8 个输出端 $Y_0 \sim Y_7$，所以常称为 3 线—8 线译码器，属于全译码器。输出为低电平有效，G_1、G_{2A}、G_{2B} 为使能输入端。

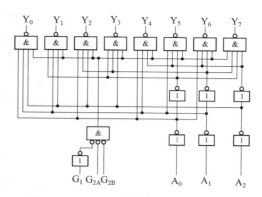

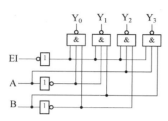

图 10-30　2 线—4 线译码器逻辑图

图 10-31　74LS138 集成译码器逻辑图

（3）译码器的应用。

数据分配器的功能，是将一路输入数据根据地址选择码，分配给多路数据输出中的某一路输出。

由于译码器和数据分配器的功能非常接近，所以译码器一个很重要的应用就是构成数据分配器。也正因为如此，市场上没有集成数据分配器产品，只有集成译码器产品。当需要数据分配器时，可以用译码器改接。用译码器设计的一个"1 线—8 线"数据分配器如图 10-32 所示。

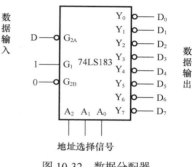

图 10-32　数据分配器

3. 显示译码器

用来驱动各种显示器件，从而将用二进制代码表示的数字、文字、符号翻译成人们习惯的形式直观地显示出来的电路，称为显示译码器。

LED 数码显示译码器的外形图和接线图如图 10-33 所示。

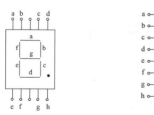
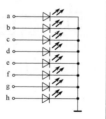

数码显示译码器的外形图　　数码显示译码器共阴极接线图　数码显示译码器共阳极接线图

图 10-33　数码显示译码器

七段显示译码器 74LS48 是一种与共阴极数字显示器配合使用的集成译码器，引脚图如图 10-34 所示。

74LS48 的逻辑功能是：

● 正常译码显示。LT=1，BI/RBO=1 时，对输入为十进制数 1 ~ 15 的二进制码（0001 ~ 1111）进行译码，产生对应的七段显示码。

● 灭零。当 LT=1，而输入为 0 的二进制码 0000 时，只有当 RBI =1 时，才产生 0 的七段显示码，如果此时输入 RBI=0，则译码

图 10-34　引脚图

器的 a~g 输出全为 0，使显示器全灭；所以 RBI 称为灭零输入端。

● 试灯。当 LT=0 时，无论输入怎样，a~g 输出全为 1，数码管七段全亮。由此可以检测显示器七个发光段的好坏。LT 称为试灯输入端。

● 特殊控制端 BI/RBO。BI/RBO 可以作输入端，也可以作输出端。作输入使用时，如果 BI=0 时，不管其他输入端为何值，a~g 均输出 0，显示器全灭。因此 BI 称为灭灯输入端。作输出端使用时，受控于 RBI。当 RBI=0，输入为 0 的二进制码 0000 时，RBO=0，用以指示该片正处于灭零状态。所以，RBO 又称为灭零输出端。

10.4　实验 1　TTL 与非门的测试

1．实验目的

（1）熟悉 TTL 与非门逻辑功能的测试方法。
（2）掌握 TTL 门电路的使用方法。

2．实验器材

直流稳压电源，万用表，数字逻辑实验箱，集成门电路 74LS00、74LS04、74LS32，连接导线。

3．实验原理

集成门电路 74LS00、74LS32、74LS04 的引脚排列，如图 10-35 所示。

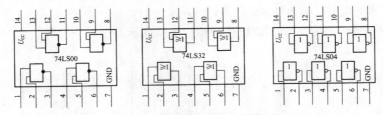

图 10-35　实验用元器件引脚排列图

4．实验步骤

（1）74LS00（四二输入"与非门"）电路功能的测试。

任选 74LS00 其中一个"二输入与非门"，将其两个输入端分别与逻辑开关连接，可实现输入高电平"1"或低电平"0"，再将对应的输出端与输出状态发光二极管连接。

按表 10-12 给定的输入端不同状态组合，给"与非"门输入逻辑电平，观察发光二极管的状态，灯亮输出为高电平"1"，灯灭输出为低电平"0"。将观察结果填入表 10-12 中。

表 10-12　　　　　　　　　　　　　TTL"与非"门真值表

输　　入		输　　出
0	0	
0	1	

续表

输　　入		输　　出
1	0	
1	1	
逻辑函数表达式		
器件功能		

（2）74LS32（四二输入"或门"）电路功能的测试。

任选 74LS32 其中一个"二输入或门"，将其两个输入端分别与逻辑开关连接，可实现输入高电平"1"或低电平"0"，再将对应的输出端与输出状态发光二极管连接。

按表 10-13 给定的输入端不同状态组合，给"或"门输入逻辑电平，观察发光二极管的状态，灯亮输出为高电平"1"，灯灭输出为低电平"0"。将观察结果填入表 10-13 中。

表 10-13　　　　　　　　　　　　TTL "或" 门真值表

输　　入		输　　出
0	0	
0	1	
1	0	
1	1	
逻辑函数表达式		
器件功能		

（3）74LS04（六反相器）电路功能的测试。

任选 74LS04 中一个"非门"，将其一个输入端与逻辑开关连接，可实现输入高电平"1"或低电平"0"，再将对应的输出端与输出状态发光二极管连接。

按表 10-14 给定的输入端不同状态组合，给"非"门输入逻辑电平，观察发光二极管的状态，灯亮输出为高电平"1"，灯灭输出为低电平"0"。将观察结果填入表 10-14 中。

表 10-14　　　　　　　　　　　　TTL "非" 门真值表

输　　入	输　　出
0	
1	
逻辑函数表达式	
器件功能	

5. 预习要求

（1）查阅有关资料，了解被测门电路的内部电路结构及引脚排列。
（2）复习 TTL "与非" 门电路各参数的物理意义及相关数值。
（3）复习 TTL 门电路的使用规则及各逻辑门电路的逻辑功能。

6. 实验报告

记录测量结果并填表。

7. 思考题

（1）在使用多输入端"与非"集成门电路时，不使用的多余输入端应如何处理？为什么？

（2）在使用多输入端"或"集成门电路时，不使用的多余输入端应如何处理？为什么？

8. 注意事项

（1）一定不能忘记要接上集成电路芯片的电源线和地线。

（2）注意集成电路芯片的引脚排列。

10.5 实验 2 组合逻辑电路的分析与设计

1. 实验目的

（1）掌握组合逻辑电路的分析方法和设计方法。

（2）验证组合逻辑电路的逻辑功能。

（3）学会连接简单的组合逻辑电路。

2. 实验器材

数字逻辑实验箱，万用表一只，74LS86、74LS20、74LS32、74LS00、74LS55 集成块若干。

3. 实验步骤

（1）复习组合电路的分析方法和设计方法。

（2）在数字逻辑实验箱上搭建如图 10-36 所示的实验用电路，记录数据的输出，填入表 10-15 中。

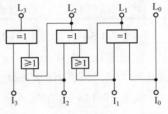

图 10-36 实验用电路

表 10-15   实验表

输　　入				输　　出			
I_0	I_1	I_2	I_3	L_0	L_1	L_2	L_3

（3）组合逻辑电路分析：根据表 10-15 写出逻辑函数表达式，说明其逻辑功能。

（4）组合逻辑电路设计。

① 设计一个路灯的控制电路，要求在 4 个不同的路口都能独立地控制路灯的亮灭。画出真值表，写出函数式，画出实验逻辑电路图。

② 设计一个保密锁电路，保密锁上有 3 个按钮 A、B、C。要求当 3 个按钮同时按下时，A、B 两个同时按下或按下 A、B 中的任一按钮时，锁就能被打开。而当不符合上述状态时，电铃发出报警响声。试设计此电路，列出真值表，写出函数式，画出最简的实验电路。

③ 取 A、B、C 3 个按钮状态为输入变量，开锁信号和报警信号为输出变量，分别用 F_1、F_2 表示。设按钮按下时为"1"，不按时为"0"；报警时为"1"，不报警时为"0"，A、B、C 都不按

时，应不开锁也不报警。

④ 用 8421 码表示十进制数 0 ~ 9，要求当十进制数为 0、2、3、8 时输出为 1，其他 6 个状态（1010 ~ 1111）不会出现，求实现此逻辑函数的最简表达式和逻辑图，并通过实验验证。

4．实验报告

（1）总结组合电路的分析和设计方法。
（2）自行分析、检测和排除训练中的故障。
（3）总结本实验的收获和体会。

5．思考题

（1）如何利用手册，选用集成电路芯片？
（2）总结用最少的门电路实现逻辑功能的方法。

6．注意事项

（1）注意集成电路芯片的电源和接地的引脚。
（2）更换集成电路芯片时，要关断电源。

本章小结

　　逻辑代数是按一定逻辑规律进行运算的、反映逻辑变量运算规律的一门数学，它是分析和设计数字电路的数学工具。逻辑变量是用来表示逻辑关系的二值量。它们取值只有 0 和 1 两种，它们代表的是逻辑状态，而不是数量大小。

　　逻辑代数有 3 种基本运算：与、或、非，应熟练掌握逻辑代数的基本规则。

　　组合逻辑电路的特点是：任何时刻的输出仅取决于该时刻的输入，而与电路原来的状态无关；它是由若干逻辑门组成。

　　本章最后介绍了具有特定功能常用的一些组合逻辑电路，如编码器、译码器等，介绍了它们的逻辑功能、集成芯片及集成电路的扩展和应用。其中，编码器和译码器功能相反，都设有使能控制端，便于多片连接扩展。

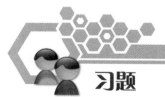

习题

1．二进制的计数原则是_____。
2．表示逻辑函数的方法有_____、_____、_____、_____。

3. 将 1101010111 二进制转换成十进制数。

4. 将 405 十进制数转换成二进制数。

5. 将 1100111100011101 二进制转换成十六进制数。

6. 将 A5FC 十六进制转换成二进制数。

7. 将 3D 十六进制转换成十进制数。

8. 化简 $L = (AB + A\overline{B} + \overline{A}B)(A + B + D + \overline{A}\overline{B}\overline{D})$ 逻辑函数表达式。

9. 化简 $L = ABC + \overline{A} + \overline{B} + \overline{C} + D$ 逻辑函数表达式。

10. 组合逻辑电路的特点是_____。

11. 常用的组合逻辑电路有_____、_____、_____、_____。

12. 能将输入信号变成二进制代码的电路称为（   ）。

A. 译码器　　　　　　B. 编码器　　　　C. 数据选择器　　　D. 数据分配器

13. 2 线—4 线译码器有（   ）。

A. 2 条输入线，4 条输出线　　　　　　B. 4 条输入线，2 条输出线

C. 4 条输入线，8 条输出线　　　　　　D. 8 条输入线，2 条输出线

14. 试分析图 10-37 所示电路的逻辑功能。

15. 用与非门设计一个 4 人表决电路。对于某一个提案，如果赞成，可以按一下每人前面的电钮；不赞成时，不按电钮。表决结果用指示灯指示，灯亮表示多数人同意，提案通过；灯不亮，提案被否决。

16. 设计一个路灯控制的组合逻辑电路。要求在 4 个不同的地方都能独立控制路灯的亮和灭。当一个开关动作后灯亮，则另一个开关动作后灯灭。

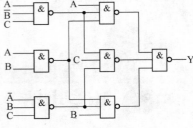

图 10-37　习题 14 图

17. 在 3 个输入信号中 A 的优先权最高，B 次之，C 最低，它们的输出分别为 Y_A、Y_B、Y_C，要求同一时间内只有一个信号输出。如有两个及两个以上的信号同时输入，则只有优先权最高的有输出。试设计一个能实现这个要求的逻辑电路。

18. 一般编码器输入的编码信号为什么是相互排斥的?

19. 为什么说二进制译码器适合用于实现多输出组合逻辑函数?

第11章

触发器与时序逻辑电路

时序逻辑电路是指电路任何一个时刻的输出状态不仅取决于当时的输入信号，还与电路的原状态有关。时序逻辑电路简称时序电路，它与组合逻辑电路，构成数字电路两大重要分支。时序电路中必须含有具有记忆能力的存储器件。存储器件的种类很多，如触发器、延迟线、磁性器件等，最常用的是触发器。

【学习目标】

● 了解各类触发器的结构及工作原理，掌握各类触发器的逻辑功能、触发特点，并能够熟练画出工作波形。

● 了解寄存器的结构及工作原理，掌握典型集成芯片的逻辑功能和使用。

● 了解计数器的结构及工作原理，掌握典型集成芯片的逻辑功能和使用。

● 熟练掌握 555 定时器的功能，掌握 555 定时器构成的 3 种基本脉冲电路（单稳态触发器、多谐振荡器、施密特触发器）的工作原理。

11.1 触发器

触发器是构成时序逻辑电路的基本单元。

11.1.1 基本 RS 触发器

由两个与非门的输入端和输出端交叉耦合，即可构成与非门基本 RS 触发器，它与组合电路的根本区别是电路中有反馈线，如图 11-1 所示。

由图 11-1 可知它有两个输入端 R、S，有两个输出端 Q、$\overline{Q}$。一般情况下，Q、$\overline{Q}$ 是互补的。当 Q = 1，$\overline{Q}$ = 0 时，称为触发器的 1 状态；当 Q = 0，$\overline{Q}$ = 1 时，称为触发器的 0 状态。

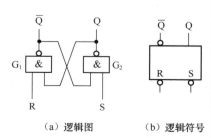

（a）逻辑图　　（b）逻辑符号

图 11-1　与非门构成的基本 RS 触发器

1. 基本 RS 触发器的功能

由与非门构成的基本 RS 触发器，其逻辑功能用功能表 11-1 所示。

表 11-1　　　　　　　　　　　　　基本 RS 触发器逻辑功能表

R　S	Q^n	Q^{n+1}	功 能 说 明
0　0 0　0	0 1	× ×	不稳定状态
0　1 0　1	0 1	0 0	置 0（复位）
1　0 1　0	0 1	1 1	置 1（置位）
1　1 1　1	0 1	0 1	保持原状态

触发器的新状态 Q^{n+1} 也称次态，它不仅与输入状态有关，也与触发器原来的状态 Q^n（也称现态或初态）有关。

用与非门构成的基本 RS 触发器，设初始状态为 0，输入 R、S 的波形和输出 Q、$\overline{Q}$ 的波形，如图 11-2 所示。图 11-2 虚线所示为考虑门电路的延迟时间的情况。

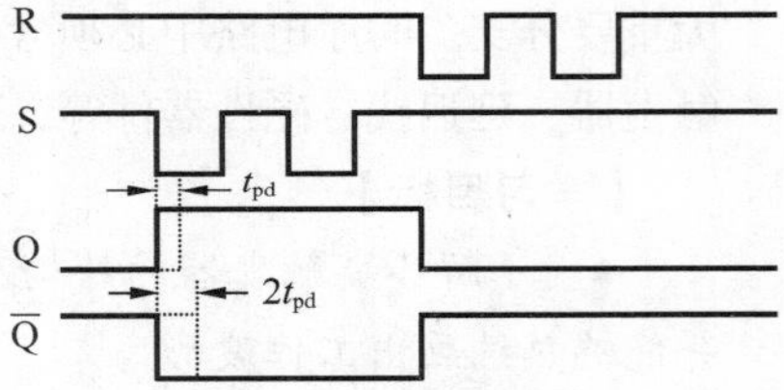

图 11-2　基本 RS 触发器工作波形图

2. 基本 RS 触发器的特点

（1）有两个互补的输出端，有两个稳定的状态。

（2）有复位（Q=0）、置位（Q=1）和保持原状态 3 种功能。

（3）R 为复位输入端，S 为置位输入端，可以是低电平有效，也可以是高电平有效，取决于触发器的结构。

（4）由于反馈线的存在，无论是复位还是置位，有效信号只需要作用很短的一段时间，即"一触即发"。

【例 11-1】　试用或非门构成基本 RS 触发器。

解：电路结构如图 11-3 所示，S 仍然称为置 1 输入端，但为高电平有效，R 仍然称为置 0 输入端，也为高电平有效。

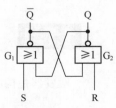

图 11-3　或非门构成的基本 RS 触发器

3. 基本 RS 触发器的应用

一般的机械开关，在接通或断开过程中，由于受触点金属片弹性的影响，通常会产生一串脉动式的振动。如果将它装在电路中，则相应会引起一串电脉冲。若不采取措施，将造成电路的误操作。利用简单的 RS 触发器，可以很方便地消除这种机械颤动而造成的不良后果。图 11-4 所示为由 RS 触发器构成的消颤开关电路及工作波形。

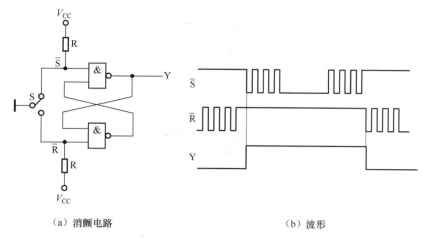

（a）消颤电路　　　　　　　（b）波形

图 11-4　消颤开关电路及工作波形

11.1.2　同步 RS 触发器

在实际应用中，希望触发器按一定的节拍翻转，为此，需要给触发器加一个时钟控制端 CP，只有在 CP 端上出现时钟脉冲时，触发器的状态才能变化。具有时钟脉冲控制的触发器状态的改变与时钟脉冲同步，所以称为同步触发器。同步 RS 触发器的逻辑图和逻辑符号如图 11-5 所示。

1．同步 RS 触发器的功能

当 CP=0 时，控制门 G_3、G_4 关闭，都输出 1。这时，不管 R 端和 S 端的信号如何变化，触发器的状态保持不变。

当 CP=1 时，G_3、G_4 打开，R、S 端的输入信号才能通过这两个门，使基本 RS 触发器的状态翻转，其输出状态由 R、S 端的输入信号决定。同步 RS 触发器的逻辑功能如表 11-2 所示。

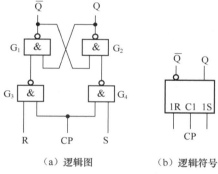

（a）逻辑图　　　　（b）逻辑符号

图 11-5　同步 RS 触发器的逻辑图和逻辑符号

表 11-2　　　　　　　　　　同步 RS 触发器逻辑功能表

R　S	Q^n	Q^{n+1}	功 能 说 明
0　0	0	0	保持原状态
0　0	1	1	
0　1	0	1	输出状态与 S 状态相同
0　1	1	1	
1　0	0	0	输出状态与 S 状态相同
1　0	1	0	
1　1	0	×	输出状态不稳定
1　1	1	×	

同步 RS 触发器的状态转换分别由 R、S 和 CP 控制。其中，R、S 控制状态转换的方向，即转换为何种状态；CP 控制状态转换的时刻，即何时发生转换。

触发器状态 Q^{n+1} 与输入状态 R、S 及状态 Q^n 之间关系的逻辑表达式称为触发器的特性方程。根据表 11-2 可得，同步 RS 触发器的特性方程为

$$Q^{n+1} = S + \overline{R}Q^n；RS=0（约束条件）$$

同步 RS 触发器的波形图如图 11-6 所示。

2. 同步触发器的空翻

在一个时钟周期的整个高电平期间或整个低电平期间，都能接收输入信号并改变状态的触发方式，称为电平触发。由此引起的在一个时钟脉冲周期内，触发器发生多次翻转的现象叫作空翻。空翻是一种有害的现象，它使得时序电路不能按时钟节拍工作，造成系统的误动作。

同步 RS 触发器的空翻波形如图 11-7 所示。

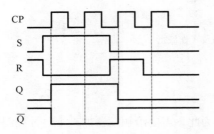

图 11-6　同步 RS 触发器的波形图

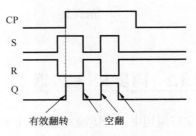

图 11-7　同步 RS 触发器的空翻波形

练习题

（1）参照与非门构成的基本 RS 触发器，分析用或非门构成基本 RS 触发器的逻辑功能和工作波形。

（2）基本触发器的逻辑符号与输入波形如图 11-8 所示，试作出 Q、$\overline{Q}$ 的波形。

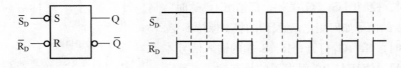

图 11-8　基本触发器的逻辑符号与输入波形

11.1.3　主从 JK 触发器

RS 触发器的特性方程中有一个约束条件 SR = 0，即在工作时，不允许输入信号 R、S 同时为 1。这一约束条件使得 RS 触发器在使用时，有时感觉不方便。如何解决这个问题呢？触发器的两个输出端 Q、$\overline{Q}$ 在正常工作时是互补的，即一个为 1，另一个一定为 0。因此，如果把这两个信号通过两根反馈线分别引到输入端，就一定有一个门被封锁，这时，就不怕输入信号同时为 1 了。这就是主从 JK 触发器的构成思路。

主从触发器由两级触发器构成，其中一级直接接收输入信号，称为主触发器。另一级接收主触发器的输出信号，称为从触发器。两级触发器的时钟信号互补，从而有效地克服了空翻。

主从 JK 触发器的结构和逻辑符号如图 11-9 所示。

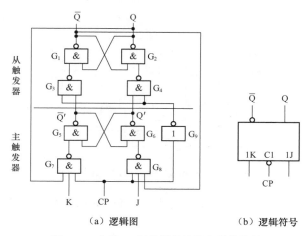

（a）逻辑图　　　　　　　　（b）逻辑符号

图 11-9　主从 JK 触发器的结构和逻辑符号

1. 主从 JK 触发器的功能

JK 触发器的逻辑功能与 RS 触发器的逻辑功能基本相同，不同之处是 JK 触发器没有约束条件。在 $J = K = 1$ 时，每输入一个时钟脉冲后，触发器向相反的状态翻转一次。表 11-3 所示为 JK 触发器的功能表。

表 11-3
JK 触发器逻辑功能表

J　K	Q^n	Q^{n+1}	功 能 说 明
0　0 0　0	0 1	0 1	保持原状态
0　1 0　1	0 1	0 0	输出状态与 J 状态相同
1　0 1　0	0 1	1 1	输出状态与 J 状态相同
1　1 1　1	0 1	1 0	每输入一个脉冲 输出状态改变一次

根据表 11-3 可得 JK 触发器的特性方程为

$$Q^{n+1} = J\overline{Q^n} + \overline{K}Q^n$$

2. JK 触发器在控制测量技术中的应用

JK 触发器可以用作计数器、分频器、移位寄存器等。图 11-10 所示为 JK 触发器构成的时序逻辑电路，这个电路可以产生 1010 的脉冲序列。

【例 11-2】 设主从 JK 触发器的初始状态为 0，已知输入 J、K 的波形图如图 11-11 所示，画出输出 Q 的波形图。

解： 在画主从触发器的波形图时，应注意以下两点。

（1）触发器的触发翻转发生在时钟脉冲的触发沿（这里是下降沿）。

253

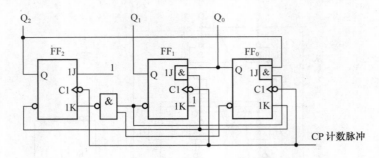

图 11-10　JK 触发器构成的时序逻辑电路

（2）在 CP＝1 期间，如果输入信号的状态没有改变，判断触发器次态的依据是时钟脉冲下降沿前一瞬间输入端的状态。

练习题　设主从 JK 触发器的初始状态为 0，CP、J、K 信号如图 11-12 所示，试画出触发器 Q 端的波形。

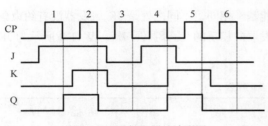

图 11-11　JK 触发器的波形图

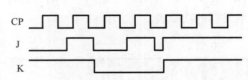

图 11-12　主从 JK 触发器的逻辑符号与输入波形

11.1.4　边沿 D 触发器

要解决 JK 触发器一次变化问题，仍应从电路结构上入手，让触发器只接收 CP 触发沿到来前一瞬间的输入信号，这种触发器就是边沿触发器。

边沿触发器不仅将触发器的触发翻转控制在 CP 触发沿到来的一瞬间，而且将接收输入信号的时间也控制在 CP 触发沿到来的前一瞬间。因此，边沿触发器既没有空翻现象，也没有一次变化问题，从而大幅提高了触发器工作的可靠性和抗干扰能力。

图 11-13（a）所示为同步 D 触发器。为了克服同步触发器的空翻现象，并具有边沿触发器的特性，在图 11-13（a）电路的基础上引入 3 根反馈线 L_1、L_2、L_3，如图 11-13（b）所示。

（a）同步D触发器　（b）边沿D触发器

图 11-13　D 触发器的逻辑图

1．边沿 D 触发器的功能

D 触发器只有一个触发输入端 D，因此逻辑关系非常简单，如表 11-4 所示。

表 11-4　　　　　　　　　　　　　D 触发器逻辑功能表

D	Q^n	Q^{n+1}	功能说明
0	0	0	
0	1	0	输出状态与 D 状态相同
1	0	1	
1	1	1	

D 触发器的特性方程为 $Q^{n+1} = D$。

2. 触发器的工作速度

触发器的工作速度是指从输入信号加入的时刻，到触发器输出端翻转所需的时间。边沿触发器是在 CP 正跳沿或负跳沿前接收输入信号，正跳沿（负跳沿）触发翻转，工作速度不到半个时钟周期，即工作速度小于 1/2CP 周期，CP 跳变前瞬间输入信号，CP 跳变后触发翻转。对主从触发器，输入信号在 CP 正跳沿前加入，CP 正跳沿后的高电平要有一定的延迟时间，以确保主触发器达到新的稳定状态，CP 负跳沿使触发器翻转，所以，工作速度大于 1/2CP 周期，CP 要经历两次跳变，CP 正跳变前输入信号，CP 负跳变后触发翻转。

【**例 11-3**】　边沿 D 触发器如图 11-13（b）所示，设初始状态为 0，已知输入 D 的波形图如图 11-14 所示，画出输出 Q 值的波形。

解： 由于是边沿触发器，在画波形图时，应考虑以下两点。

（1）触发器的触发翻转发生在时钟脉冲的触发沿，这里是上升沿。

（2）判断触发器次态的依据是时钟脉冲触发沿前一瞬间，这里是上升沿前一瞬间输入端的状态。

根据 D 触发器的功能表或特性方程可以画出输出端 Q 值的波形图，如图 11-15 所示。

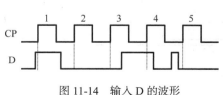

图 11-14　输入 D 的波形

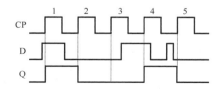

图 11-15　输出 Q 的波形

练习题　两种不同触发方式的 D 触发器的逻辑符号、时钟 CP 和信号 D 的波形如图 11-16 和图 11-17 所示。设各触发器的初始状态为 0，画出各触发器 Q 端的波形图。

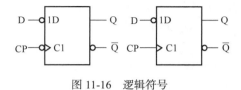

图 11-16　逻辑符号

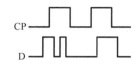

图 11-17　时钟 CP 和信号 D 的波形

11.2　计数器

计数器是用来统计输入脉冲 CP 个数的电路。计数器按计数进制可以分为二进制计数器和非二进制计数器。非二进制计数器中最典型的是十进制计数器，按数字的增减趋势可分为加法计数器、减法计数器和可逆计数器；按计数器中触发器翻转是否与计数脉冲同步分为同步计数器和异步计数器。

11.2.1　二进制计数器

按照二进制数的顺序进行计数的计数器称为二进制计数器。二进制计数器由 n 位触发器组成，其计数模数为 2^n，计数的范围为 $0 \sim 2^n - 1$。

1.　二进制异步计数器

图 11-18 所示为由 4 个下降沿触发的 JK 触发器组成的 4 位异步二进制加法计数器的逻辑图。最低位触发器 FF_0 的时钟脉冲输入端接计数脉冲 CP，其他触发器的时钟脉冲输入端接相邻低位触发器的 Q 端。

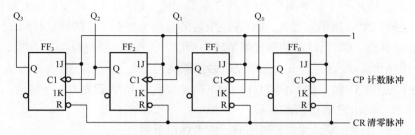

图 11-18　由 JK 触发器组成的 4 位异步二进制加法计数器

该电路的时序波形如图 11-19 所示。

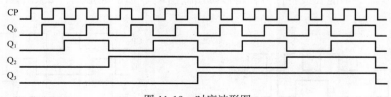

图 11-19　时序波形图

由图 11-19 可知，从初态 0000（由清零脉冲所置）开始，每输入一个计数脉冲，计数器的状态按二进制加法规律加 1，所以是二进制加法计数器。又因为这个计数器有 0000～1111 这 16 种状态，所以也称为 16 进制加法计数器或模 16（M=16）加法计数器。

另外，从图 11-19 时序波形图可以看出，Q_0、Q_1、Q_2、Q_3 的周期分别是计数脉冲（CP）周期的 2 倍、4 倍、8 倍、16 倍，也就是说，Q_0、Q_1、Q_2、Q_3 分别对 CP 波形进行了 2 分频、4 分频、8 分频、16 分频，因而计数器也可以作为分频器使用。

异步二进制计数器结构简单，改变级联触发器的个数，可以很方便地改变二进制计数器的位数，n 个触发器构成 n 位二进制计数器或模 2^n 计数器，或 2^n 分频器。

2.　二进制同步计数器

图 11-20 所示为由 4 个 JK 触发器组成的 4 位同步二进制加法计数器的逻辑图。图 11-20 中各触发器的时钟脉冲输入端接同一计数脉冲 CP，显然，这是一个同步时序电路。

各触发器的驱动方程分别为

$$J_0=K_0=1，$$

$$J_1=K_1=Q_0，$$

$$J_2=K_2=Q_0Q_1，$$

$$J_3=K_3=Q_0Q_1Q_2。$$

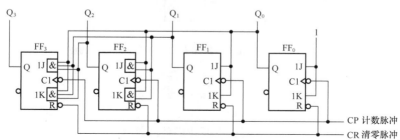

图 11-20　4 位同步二进制加法计数器的逻辑图

4 位二进制同步加法计数器的状态表如表 11-5 所示。

表 11-5　　　　　　　　　　　　4 位二进制同步加法计数器的状态表

计数脉冲序号	电路状态				等效十进制数
	Q_3	Q_2	Q_1	Q_0	
0	0	0	0	0	0
1	0	0	0	1	1
2	0	0	1	0	2
3	0	0	1	1	3
4	0	1	0	0	4
5	0	1	0	1	5
6	0	1	1	0	6
7	0	1	1	1	7
8	1	0	0	0	8
9	1	0	0	1	9
10	1	0	1	0	10
11	1	0	1	1	11
12	1	1	0	0	12
13	1	1	0	1	13
14	1	1	1	0	14
15	1	1	1	1	15
16	0	0	0	0	0

由于同步计数器的计数脉冲 CP 同时接到各位触发器的时钟脉冲输入端，当计数脉冲到来时，应该翻转的触发器同时翻转，所以速度比异步计数器高，但电路结构比异步计数器复杂。

3.　二进制异步减法计数器

将图 11-18 所示电路中 FF_1、FF_2、FF_3 的时钟脉冲输入端改接到相邻低位触发器的 $\overline{Q}$ 端，就可以构成二进制异步减法计数器。图 11-21 所示为用 4 个上升沿触发的 D 触发器构成的 4 位异步二进制减法计数器的逻辑图。

257

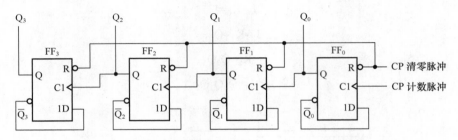

图 11-21　D 触发器构成的 4 位异步二进制减法计数器的逻辑图

11.2.2　集成计数器

目前广泛应用的是集成二进制计数器，下面我们就简单介绍常用的集成二进制计数器芯片及其应用。

1. 4 位二进制同步加法计数器 74LS161

4 位二进制同步加法集成计数器 74LS161 的外部引脚图如图 11-22 所示。

4 位二进制同步加法计数器74LS161 的功能表如表11-6所示。

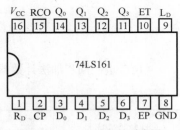

图 11-22　74LS161 的引脚图

表 11-6　　　　　　　　　　　74LS161 的功能表

清　零	预　　置	使　　能		时　　钟	预置数据输入				输　　出				工作模式
R_D	L_D	EP	ET	CP	D_3	D_2	D_1	D_0	Q_3	Q_2	Q_1	Q_0	
0	×	×	×	×	×	×	×	×	0	0	0	0	异步清零
1	0	×	×	↑	d_3	d_2	d_1	d_0	d_3	d_2	d_1	d_0	同步置数
1	1	0	×	×	×	×	×	×	保　　持				数据保持
1	1	×	0	×	×	×	×	×	保　　持				数据保持
1	1	1	1	↑	×	×	×	×	计　　数				加法计数

2. 集成计数器的应用

（1）计数器的级联。

两个模 N 计数器级联，可实现 $N \times N$ 的计数器。图 11-23 所示是用两片 4 位二进制加法计数器 74LS161 采用同步级联方式构成的 8 位二进制同步加法计数器，模为 16×16=256。

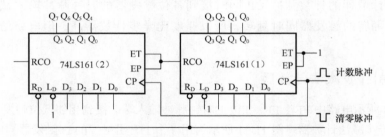

图 11-23　74LS161 同步级联构成的 8 位二进制加法计数器

（2）组成分频器。

模 N 计数器进位输出端输出脉冲的频率是输入脉冲频率的 $1/N$，因此可用模 N 计数器组成 N 分频器。

【**例 11-4**】　某石英晶体振荡器输出脉冲信号的频率为 32 768 Hz，用 74LS161 组成分频器，将其分频为频率为 1 Hz 的脉冲信号。

解：因为 32 768=2¹⁵，经 15 级二分频，就可获得频率为 1 Hz 的脉冲信号。因此将 4 片 74LS161 级联，从高位片的 Q_2 输出即可，其逻辑电路如图 11-24 所示。

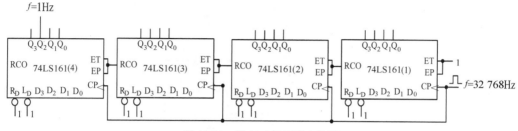

图 11-24　例 11-4 的逻辑电路图

11.3　寄存器

寄存器是比较常用的时序逻辑器件，下面将介绍数码寄存器和移位寄存器的结构和工作原理及常用集成寄存器的功能和应用。

寄存器中用的记忆部件是触发器，每个触发器只能存一位二进制码。

按接收数码的方式，寄存器可分为单拍式和双拍式两种。

● 单拍式：接收数据后直接把触发器置为相应的数据，不考虑初态。

● 双拍式：接收数据之前，先用复"0"脉冲把所有的触发器恢复为"0"，第二拍把触发器置为接收的数据。

数码寄存器是指存储二进制数码的时序电路组件，它具有接收和寄存二进制数码的逻辑功能。各种集成触发器，就是一种可以存储一位二进制数的寄存器。用 n 个触发器就可以存储 n 位二进制数。

11.3.1　移位寄存器

移位寄存器也是数字系统和计算机中应用很广泛的基本逻辑部件。移位寄存器具有数码寄存和移位两种功能。在移位脉冲的作用下，数码向左移动一位称为左移，向右移动一位称为右移。

移位寄存器只能单向移位的称为单向移位寄存器，既可以向左移位也可以向右移位的称为双向移位寄存器。

1．单向移位寄存器

（1）右移寄存器。

设移位寄存器的初始状态为 0000，串行输入数码 $D_I = 1\,101$，从高位到低位依次输入。在 4 个移位脉冲作用后，输入的 4 位串行数码 1101 全部存入了寄存器。电路的逻辑图和时序图如图 11-25 所示。

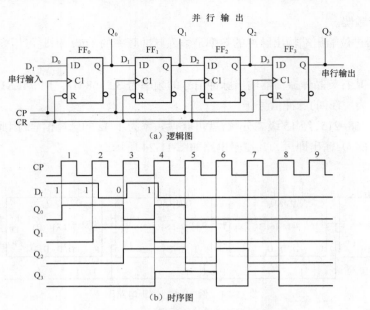

（a）逻辑图

（b）时序图

图 11-25　D 触发器构成的 4 位右移寄存器

（2）左移寄存器。

左移寄存器如图 11-26 所示。

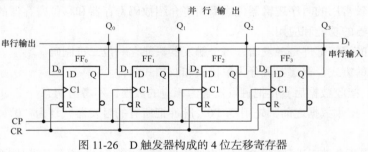

图 11-26　D 触发器构成的 4 位左移寄存器

2. 双向移位寄存器

将图 11-25 所示的右移寄存器和图 11-26 所示的左移寄存器组合起来，并引入一控制端 S 便构成既可左移又可右移的双向移位寄存器，如图 11-27 所示。

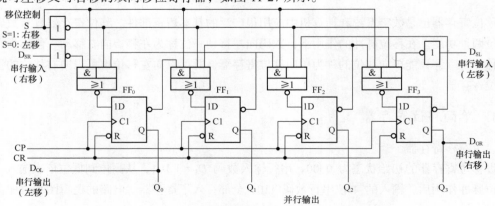

图 11-27　D 触发器构成的 4 位双向移位寄存器

由图 11-27 可知 D 触发器构成的 4 位双向移位寄存器的驱动方程为

$$D_0 = \overline{\overline{SD_{SR}} + \overline{SQ_1}} \qquad D_1 = \overline{\overline{SQ_0} + \overline{SQ_2}} \qquad D_2 = \overline{\overline{SQ_1} + \overline{SQ_3}} \qquad D_3 = \overline{\overline{SQ_2} + \overline{SD_{SL}}}$$

其中，D_{SR} 为右移串行输入端，D_{SL} 为左移串行输入端。当 S=1 时，$D_0=D_{SR}$、$D_1=Q_0$、$D_2=Q_1$、$D_3=Q_2$，在 CP 脉冲作用下，实现右移操作；当 S=0 时，$D_0=Q_1$、$D_1=Q_2$、$D_2=Q_3$、$D_3=D_{SL}$，在 CP 脉冲作用下，实现左移操作。

11.3.2 集成寄存器

目前广泛应用的是集成移位寄存器，下面简单介绍常用的集成移位寄存器。

1. 集成移位寄存器

74LS194 是由 4 个触发器组成的功能很强的 4 位移位寄存器，引脚图如图 11-28 所示。

74LS194 的功能如表 11-7 所示。

图 11-28　集成移位寄存器
74LS194 引脚图

表 11-7　　　　　　　　　　　　　74LS194 的功能表

输　入						输　出				工 作 模 式
清零	控制	串行输入	时钟	并行输入		输出				
R_D	S_1 S_0	D_{SL} D_{SR}	CP	D_0 D_1 D_2 D_3		Q_0 Q_1 Q_2 Q_3				
0	× ×	× ×	×	× × × ×		0　0　0　0				异步清零
1	0　0	× ×	×	× × × ×		Q_0^n　Q_1^n　Q_2^n　Q_3^n				保持
1	0　1	× 1	↑	× × × ×		1　Q_0^n　Q_1^n　Q_2^n				右移，D_{SR} 为串行输入，
1	0　1	× 0	↑	× × × ×		0　Q_0^n　Q_1^n　Q_2^n				Q_3 为串行输出
1	1　0	1 ×	↑	× × × ×		Q_1^n　Q_2^n　Q_3^n　1				左移，D_{SL} 为串行输入，
1	1　0	0 ×	↑	× × × ×		Q_1^n　Q_2^n　Q_3^n　0				Q_0 为串行输出
1	1　1	× ×	↑	D_0 D_1 D_2 D_3		D_0　D_1　D_2　D_3				并行置数

D_{SL} 和 D_{SR} 分别是左移和右移串行输入端，D_0、D_1、D_2 和 D_3 是并行输入端。Q_0 和 Q_3 分别是左移和右移时的串行输出端，Q_0、Q_1、Q_2 和 Q_3 为并行输出端。

2. 集成移位寄存器的应用

利用 74LS194 构成多位移位寄存器的电路如图 11-29 所示。

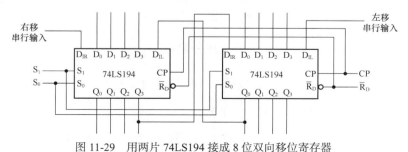

图 11-29　用两片 74LS194 接成 8 位双向移位寄存器

11.4 集成555定时器

555定时器是一种多用途的单片中规模集成电路。该电路使用灵活、方便，只需外接少量的阻容元件就可以构成单稳态触发器、多谐振荡器和施密特触发器等。因此，在波形的产生与变换、测量与控制、家用电器、电子玩具等许多领域中都得到了广泛的应用。

目前生产的定时器有双极型和CMOS两种类型，其型号分别有NE555或5G555和C7555等多种。通常，双极型产品型号最后的3位数码都是555，CMOS产品型号的最后4位数码都是7555，它们的结构、工作原理和外部引脚排列基本相同。

双极型定时器通常具有较大的驱动能力，而CMOS定时电路具有功耗低、输入阻抗高等优点。555定时器的电源电压很宽，并可承受较大的负载电流。双极型定时器的电源电压范围为5～16V，最大负载电流可达200 mA；CMOS定时器电源电压变化范围为3～18 V，最大负载电流在4 mA以下。

11.4.1 集成555定时器的基本知识

555定时器是目前应用最多的一种时基电路。为了更好地使用555定时器，先来认识555定时器的电路结构。

1. 555定时器的电路结构与工作原理

555定时器的内部结构与电气原理如图11-30所示，电路符号如图11-31所示。

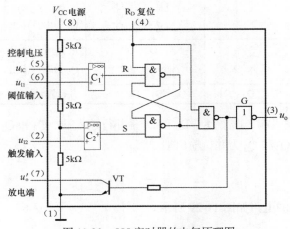

图11-30　555定时器的电气原理图

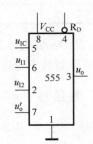

图11-31　555定时器的电路符号

当5脚悬空时，比较器C_1和C_2的比较电压分别为$\frac{2}{3}V_{CC}$和$\frac{1}{3}V_{CC}$。

（1）当$u_{I1} > \frac{2}{3}V_{CC}$，$u_{I2} > \frac{1}{3}V_{CC}$时，比较器$C_1$输出低电平，$C_2$输出高电平，基本RS触发器被置0，放电三极管VT导通，输出端u_o为低电平。

（2）当$u_{I1} < \frac{2}{3}V_{CC}$，$u_{I2} < \frac{1}{3}V_{CC}$时，比较器$C_1$输出高电平，$C_2$输出低电平，基本RS触发器被

置 1，放电三极管 VT 截止，输出端 u_o 为高电平。

（3）当 $u_{I1} < \frac{2}{3}V_{CC}$，$u_{I2} > \frac{1}{3}V_{CC}$ 时，比较器 C_1 输出高电平，C_2 也输出高电平，即基本 RS 触发器 R=1，S=1，触发器状态不变，电路亦保持原状态不变。

由于阈值输入端（u_{I1}）为高电平（$> \frac{2}{3}V_{CC}$）时，定时器输出低电平，因此也将该端称为高触发端（TH）。因为触发输入端（u_{I2}）为低电平（$< \frac{1}{3}V_{CC}$）时，定时器输出高电平，因此也将该端称为低触发端（TL）。

如果在电压控制端（5 脚）施加一个外加电压（其值在 $0 \sim V_{CC}$ 之间），比较器的参考电压将发生变化，电路相应的阈值、触发电平也将随之变化，并进而影响电路的工作状态。

另外，R_D 为复位输入端，当 R_D 为低电平时，不管其他输入端的状态如何，输出 u_o 为低电平，即 R_D 的控制级别最高。正常工作时，一般应将其接高电平。

2．555 定时器的功能表

555 定时器的功能如表 11-8 所示。

表 11-8　　　　　　　　　　　　　　555 定时器功能表

阈值输入（u_{I1}）	触发输入（u_{I2}）	复位（R_D）	输出（u_o）	放电管 VT
×	×	0	0	导通
$< \frac{2}{3}V_{CC}$	$< \frac{1}{3}V_{CC}$	1	1	截止
$> \frac{2}{3}V_{CC}$	$> \frac{1}{3}V_{CC}$	1	0	导通
$< \frac{2}{3}V_{CC}$	$> \frac{1}{3}V_{CC}$	1	不变	不变

11.4.2　集成 555 定时器的应用

555 定时器成本低，性能可靠，只需要外接几个电阻、电容，就可以实现多谐振荡器、单稳态触发器及施密特触发器等脉冲产生与变换电路。

1．用 555 定时器构成施密特触发器

施密特触发器具有回差电压特性，能将边沿变化缓慢的电压波形整形为边沿陡峭的矩形脉冲。

（1）电路结构和工作原理。

由 555 定时器构成的施密特触发器的电路和工作波形如图 11-32 所示。

（2）施密特触发器的应用。

施密特触发器可以用来将缓慢变化的输入信号转换成符合 TTL 系统要求的脉冲波形，如图 11-33 所示。

施密特触发器可以用来将不规则的输入信号整形成矩形脉冲，如图 11-34 所示。

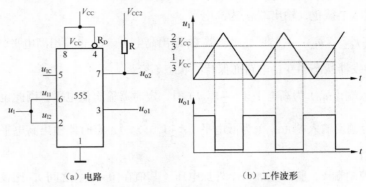

（a）电路 （b）工作波形

图 11-32 555 定时器构成的施密特触发器

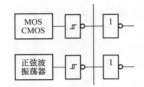

图 11-33 慢输入波形的 TTL 系统接口

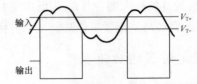

图 11-34 脉冲整形电路的输入输出波形

2. 用 555 定时器构成的多谐振荡器

多谐振荡器是产生矩形脉冲的自激振荡器。多谐振荡器一旦起振，电路就没有稳态，只有两个暂稳态，它们做交替变化，输出连续的矩形脉冲信号。因此，它又称为无稳态电路，常用来做脉冲信号源。

（1）电路结构和工作原理。

用 555 定时器构成的多谐振荡器电路和它的工作波形如图 11-35 所示。

在图 11-35 所示的电路中，由于电容 C 的充电时间常数 $\tau_1 = (R_1 + R_2)C$，放电时间常数 $\tau_2 = R_2 C$，所以 T_1 总是大

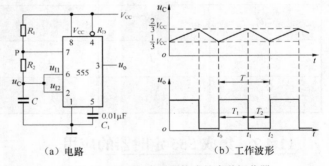

（a）电路 （b）工作波形

图 11-35 用 555 定时器构成的多谐振荡器

于 T_2，u_0 的波形不仅不可能对称，而且占空比即脉冲宽度与脉冲周期之比不容易调节。

（2）多谐振荡器的应用。

图 11-36 所示为利用多谐振荡器构成的简易温控报警电路。利用 555 构成可控音频振荡电路，用扬声器发声报警，可用于火警或热水温度报警，其特点是电路简单，调试方便。

图 11-37 所示为用多谐振荡器构成的电子双音门铃电路。

3. 单稳态触发器

单稳态触发器具有下列特点。

●　它有一个稳定状态和一个暂稳状态。

●　在外来触发脉冲的作用下，能够由稳定状态翻转到暂稳状态。

●　暂稳状态维持一段时间后，将自动返回到稳定状态。暂稳状态时间的长短与触发脉冲无关，仅决定于电路本身的参数。

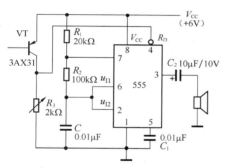

图 11-36　多谐振荡器构成的简易温控报警电路

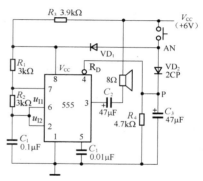

图 11-37　用多谐振荡器构成的电子双音门铃电路

单稳态触发器在数字系统和装置中，一般用于定时（产生一定宽度的脉冲）、整形（把不规则的波形转换成等宽、等幅的脉冲）及延时（将输入信号延迟一定的时间以后输出）等。

（1）电路结构和工作原理。

用 555 定时器构成的单稳态触发器的电路和工作波形如图 11-38 所示。

（2）单稳态触发器的应用。

图 11-39 所示为单稳态触发器用于波形整形。

图 11-40 所示为利用 555 定时器构成的单稳态触发器。只要用手触摸一下金属片 P，

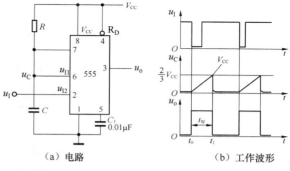

（a）电路　　　　　（b）工作波形

图 11-38　用 555 定时器构成的单稳态触发器

由于人体感应电压相当于在触发输入端（引脚 2）加入一个负脉冲，555 输出端（引脚 3）输出高电平，灯泡（R_L）发光，当暂稳态时间（t_W）结束时，555 输出端恢复低电平，灯泡熄灭。这个触摸开关可以用于夜间定时照明，定时时间可以由 RC 参数调节。

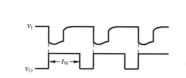

图 11-39　单稳态触发器用于波形的整形

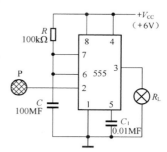

图 11-40　触摸式定时控制开关电路

11.5　实验 1　集成触发器逻辑功能测试

1. 实验目的

（1）认识集成触发器器件，学习触发器逻辑功能的测试方法。

（2）熟悉基本 RS 触发器的结构、逻辑功能和触发方式。

265

（3）熟悉 JK 触发器和 D 触发器的逻辑功能和触发方式。

2. 实验器材

数字逻辑实验箱、双踪示波器、数字万用表，74LS00 1 片、SN74LS112 4 片、SN74L74 1 片，导线若干。

3. 实验原理

集成触发器的引脚排列，如图 11-41 所示。

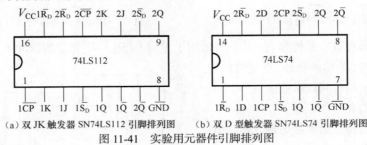

（a）双 JK 触发器 SN74LS112 引脚排列图　（b）双 D 型触发器 SN74LS74 引脚排列图

图 11-41　实验用元器件引脚排列图

4. 实验步骤

（1）基本 RS 触发器的逻辑功能测试。

利用与非门构成基本 RS 触发器，输入端 R、S 接逻辑开关，输出端 Q、$\overline{Q}$ 接电平指示器（发光二极管）。按表 11-9 的要求测试逻辑功能，观察并记录输出端 Q 的状态变化，总结基本 RS 触发器的逻辑功能。

表 11-9　　　　　　　　　　基本 RS 触发器的逻辑功能测试表

输　　入			输　　出
R	S	Q^n	Q^{n+1}
0	0	0	
		1	
0	1	0	
		1	
1	0	0	
		1	
1	1	0	
		1	

（2）集成双 JK 触发器 SN74LS112 的逻辑功能测试。

① 测试 $\overline{R}_D$、$\overline{S}_D$ 的复位和置位功能。

任取 SN74LS112 芯片中一组 JK 触发器，$\overline{R}_D$、$\overline{S}_D$、J、K 端接逻辑开关，CP 端接单次脉冲源，Q、$\overline{Q}$ 端接电平指示器，改变 $\overline{R}_D$、$\overline{S}_D$（J、K、CP 处于任意状态），并在 $\overline{R}_D = 0$（$\overline{S}_D = 1$）或 $\overline{R}_D = 1$（$\overline{S}_D = 0$）作用期间任意改变 J、K、CP 的状态，观察 Q、$\overline{Q}$ 的状态，记录实验结果到表 11-10 中。

表 11-10 JK 触发器异步复位端和置位端的测试表

CP	J	K	$\overline{R}_D$	$\overline{S}_D$	Q^{n+1}
×	×	×	0	1	
×	×	×	1	0	

② 测试 JK 触发器的逻辑功能。

在 $\overline{R}_D = 1$，$\overline{S}_D = 1$ 的情况下，改变 J、K、CP 状态，观察 Q、$\overline{Q}$ 的状态变化，观察触发器状态更新是否发生在 CP 脉冲的下降沿（即 1→0），记录到表 11-11 中。

表 11-11 JK 触发器的逻辑功能测试表

J	K	CP	Q^{n+1}		功能说明
			$Q_{n=0}$	$Q_{n=1}$	
0	0	0→1			
		1→0			
0	1	0→1			
		1→0			
1	0	0→1			
		1→0			
1	1	0→1			
		1→0			

（3）测试双 D 触发器 SN74LS74 的逻辑功能。

① 测试 $\overline{R}_D$、$\overline{S}_D$ 的复位和置位功能，测试方法同前。

② 测试 D 触发器的逻辑功能。

按表 11-12 的要求进行测试，并观察触发器状态更新是否发生在 CP 脉冲的上升沿（即 0→1）。记录并分析实验结果，判断是否与 D 触发器的工作原理一致。

表 11-12 D 触发器的逻辑功能测试表

K	CP	Q^{n+1}		功能说明
		$Q_{n=0}$	$Q_{n=1}$	
0	0→1			
	1→0			
1	0→1			
	1→0			

5. 预习要求

（1）复习基本 RS 触发器、JK 触发器、D 触发器的逻辑功能。

（2）熟悉触发器功能测试表格。

6. 实验报告

（1）整理实验表格。

（2）总结触发器的功能和测试方法。

（3）总结触发器的性质。

7. 思考题

（1）边沿触发与电平触发有什么不同？
（2）如何根据触发器的逻辑功能写出状态方程？

8. 注意事项

（1）一定不能忘记要接上集成电路芯片的电源线和地线。
（2）注意集成电路芯片的引脚排列。
（3）注意触发的方式。

11.6 实验 2 555 定时器性能及应用

1. 实验目的

（1）进一步加深对 555 定时器工作原理的理解，熟悉 555 定时器外形、引脚和功能。
（2）掌握用 555 定时器构成几种基本脉冲电路的方法，并验证它的功能。
（3）学习脉冲形成和整形电路的调试方法。
（4）进一步熟悉示波器等仪器仪表的使用方法。

2. 实验器材

数字逻辑实验箱、双踪示波器、数字万用表、5G 555 定时器、电阻、电容，导线若干。

3. 实验步骤

（1）用 555 定时器构成施密特触发器。
① 按图 11-42 接线。
② 元器件取值选择为：u_{O2} 输出上拉电阻值 R 为几百欧；电源电压 $V_{CC} = 5 \sim 15\ V$。
③ 接通电源，u_1 输入三角波信号，用示波器观察 u_{O1} 输出端波形，定性画出输出波形图。
④ 图 11-42 中的 5 脚外接控制电压 u_{IC}，改变 u_{IC} 的大小，用示波器观察回差电压的变化规律。
（2）用 555 定时器构成多谐振荡器。
① 按图 11-43 接线。

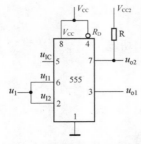

图 11-42 555 定时器构成的施密特触发器

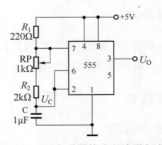

图 11-43 555 定时器构成的多谐振荡器

② 元器件取值选择为：

充电电阻 R_1 为几百欧 ~ 几兆欧；

充放电电阻 R_2 为几百欧 ~ 几兆欧；

充放电电容 C 为几百皮法 ~ 几百微法；

电源电压 V_{CC} 为 5 ~ 15 V。

③ 接通电源，用示波器观察输出端波形，定性画出输出波形图。

④ 测量振荡频率的范围：调节 RP，测量振荡周期 T_{min} 和 T_{max}，并计算相应的 f_{min} 和 f_{max}。

⑤ 将示波器扫速开关"T/cm"上的微调旋钮旋置"校准"位置，此时，"T/cm"的指示值即为屏幕上横向每格代表的时间，再观察被测波形一个周期在屏幕水平轴上占据的格数，即可得到信号周期 T = T/cm × 格数。

理论值：$T = 0.7（R_1 + 2R_2）C$

（3）用 555 定时器构成单稳态触发器。

① 按图 11-44 接线。

② 元器件取值选择为：

充放电电阻 R 为几百欧 ~ 几兆欧；

充放电电容 C 为几百皮法 ~ 几百微法；

电源电压 V_{CC} 为 5 ~ 15 V。

③ 在 U_i 端输入幅度为 5 V、f = 350 Hz 的脉冲信号。用示波器观察 U_i、U_C 和 U_O 各点波形及其相位关系，并将各点波形按时间关系记录下来。

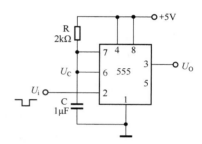

图 11-44　定时器构成的单稳态触发器

④ 用示波器测量出输出脉宽 T_W 的值，方法和测周期相同。

理论值：$T_W ≈ 1.1RC$

⑤ 在允许范围内改变电路参数，观察脉冲宽度的变化趋势，同时作理论分析并填入表 11-13 中。

表 11–13　　　　　　　　　　　　　单稳态触发器输出脉宽的变化

R 值	C 值	理论 T_W	实测 T_W

4. 预习要求

（1）复习 5G 555 定时器的结构和工作原理。

（2）分析由 5G 555 定时器构成的单稳态触发器、多谐振荡器和施密特触发器的电路结构和工作原理。

5. 实验报告

（1）整理实验数据和结果，绘出实测波形图。

（2）将实测值与理论值进行比较，分析误差原因。

6. 思考题

（1）怎样在单稳态电路中加入一个窄脉冲形成电路，使其能处理宽脉冲触发信号？

（2）单稳态触发器输出脉冲的宽度由什么决定？多谐振荡器输出脉冲的宽度、周期和占空比由什么决定?

7. 注意事项

（1）注意 555 定时器的引脚排列。

（2）集成 555 定时器有双极性和 CMOS 型两种产品。一般双极性产品型号的最后 3 位数是 555，CMOS 型产品型号的最后 4 位数是 7555，它们的逻辑功能和外部引线排列完全相同。

（3）集成 555 定时器的电源电压推荐为 4.5 ~ 12 V，最大输出电流 200 mA 以内，并能与 TTL、CMOS 逻辑电平相兼容。

11.7 实训 数字式抢答器的设计

1. 实训目的

（1）使用数字电路课程中学到的基本方法，初步进行小型数字系统设计。

（2）培养电路设计能力，懂得把理论设计用实物实现。

2. 设计要求

（1）抢答器同时供 8 名选手或 8 个代表队比赛，分别用 8 个按钮 S_0 ~ S_7 表示。

（2）设置一个系统清除和抢答控制开关 S，由主持人控制。

（3）抢答器具有锁存与显示功能。选手按动按钮，锁存相应的编号，并在 LED 数码管上显示，同时扬声器发出报警声响提示。选手抢答实行优先锁存，优先抢答选手的编号一直保持到主持人将系统清除为止。

（4）抢答器具有定时抢答功能，且一次抢答的时间由主持人设定（如 30s）。当主持人启动“开始”键后，定时器进行减计时，同时扬声器发出短暂的声响，声响持续的时间为 0.5s 左右。

（5）参赛选手在设定的时间内进行抢答。抢答有效，定时器停止工作，显示器上显示选手的编号和抢答的时间，并保持到主持人将系统清除为止。

（6）如果定时时间已到，无人抢答，那么本次抢答无效，系统报警并禁止抢答，定时显示器上显示 00。

3. 设计原理

抢答器的原理如图 11-45 所示。

（1）抢答器电路。

抢答器电路有两个功能：一是分辨出选手按键的先后，并锁存优先抢答者的编号，同时译码显示电路显示编号；二是使其他选手按键操作无效。利用 8 线—3 线优先编码器 74LS148 实现。抢答器电路如图 11-46 所示。

（2）定时电路。

节目主持人可以根据抢答题的难易程度，设定一次抢答的时间，通过预置时间电路对计数器进行预置，计数器的时钟脉冲由秒脉冲电路提供。可预置时间的电路选用十进制同步加减计数器 74LS192 进行设计。定时电路如图 11-47 所示。

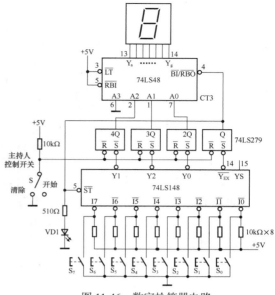

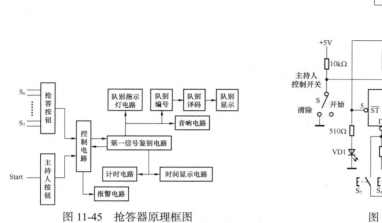

图 11-45　抢答器原理框图

图 11-46　数字抢答器电路

（3）报警电路。

报警电路由 555 定时器和三极管构成，报警电路如图 11-48 所示。

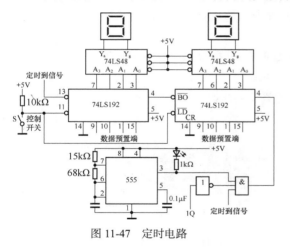

图 11-47　定时电路

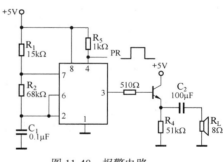

图 11-48　报警电路

（4）时序控制电路。

时序控制电路是抢答器设计的关键，它有以下 3 项功能。

● 主持人将控制开关拨到"开始"位置时，扬声器发声，抢答电路和定时电路进入正常抢答工作状态。

● 当参赛选手按动抢答键时，扬声器发声，抢答电路和定时电路停止工作。

● 当设定的抢答时间到，无人抢答时，扬声器发声，同时抢答电路和定时电路停止工作。

时序控制电路如图 11-49 所示。

4．实训器材

数字实验箱；集成电路：74LS148 1 片，74LS279 1 片，74LS48 3 片，74LS192 2 片，NE555

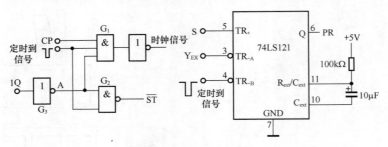

图 11-49　时序控制电路

2 片，74LS00 1 片，74LS121 1 片；电阻：510Ω 2 只，1kΩ 9 只，4.7kΩ 1 只，5.1kΩ 1 只，100kΩ 1 只，10kΩ 1 只，15kΩ 1 只，68kΩ 1 只；电容：0.1μF 1 只，10μf 2 只，100μf 1 只；三极管：3DG121 1 只；其他：发光二极管 2 只，共阴极显示器 3 只，蜂鸣器 1 个，显示译码器 4 个，二极管若干，导线若干，开关若干。

5．实训步骤

（1）设计定时抢答器的整机逻辑电路图，画出定时抢答器所有电路原理图和整机 PCB 图。

（2）组装调试抢答器电路。

（3）设计可预置时间的定时电路，并进行组装和调试。当输入 1 Hz 的时钟脉冲信号时，要求电路能进行减计时。当减计时到零时，能输出低电平有效的定时时间到信号。

（4）组装调试报警电路。

（5）定时抢答器电路联调。观察各部分电路之间的时序配合关系，然后检查电路各部分的功能，使其满足设计要求。

抢答器的 PCB 图如图 11-50 所示。设计好的抢答器实物如图 11-51 所示。

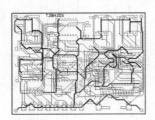

图 11-50　PCB 图

图 11-51　抢答器

6．预习要求

（1）熟悉元器件和集成芯片的功能和应用。

（2）设计电路，画出各分电路电气原理图，画出总电路图。

7．实训报告

（1）画出定时抢答器的整机逻辑电路图，并说明它的工作原理和工作过程。

（2）说明实验中出现的故障现象及其解决办法。

（3）回答思考题。

（4）总结心得体会与建议。

8. 思考题

（1）在数字抢答器中，如何将序号为 0 的组号，在 7 段显示器上改为显示 8？

（2）定时抢答器的扩展功能还有哪些？举例说明，并设计电路。

本章小结

时序逻辑电路的特点；任一时刻输出状态不仅取决于当时的输入信号，还与电路的原状态有关。因此时序电路中必须含有存储器件。

触发器有两个基本性质：① 在一定条件下，触发器可维持在两种稳定状态（0 或 1 状态）之一而保持不变。② 在一定的外加信号作用下，触发器可从一个稳定状态转变到另一个稳定状态。

计数器是一种简单而又最常用的时序逻辑器件。计数器不仅能用于统计输入脉冲的个数，还常用于分频、定时、产生节拍脉冲等。

寄存器也是一种常用的时序逻辑器件。寄存器分为数码寄存器和移位寄存器两种。

555 定时器是一种用途很广的集成电路，除了能组成施密特触发器、单稳态触发器和多谐振荡器以外，还可以接成各种灵活多变的应用电路。

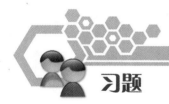

习题

1. 分析图 11-52 所示电路的逻辑功能，列出真值表，导出特征方程并说明 S_D、R_D 的有效电平。

2. 电路如图 11-53 所示，已知 CP、A、B 的波形，试画出 Q_1 和 Q_2 的波形。设触发器的初始状态均为 0。

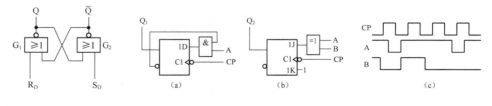

图 11-52　习题 1 图　　　　　图 11-53　习题 2 图

3. 画出如图 11-54 所示电路中 Q_1 和 Q_2 的波形。

4. 画出如图 11-55 所示电路中 Q_1 和 Q_2 的波形。

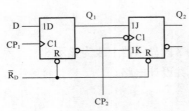

图 11-54 习题 3 图

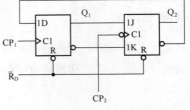

图 11-55 习题 4 图

5. 归纳基本 RS 触发器、同步触发器、主从 JK 触发器和边沿 D 触发器触发翻转的特点。

6. 单向移位寄存器和双向移位寄存器有哪些异同点？

7. 二进制计数器和十进制计数器有哪些异同点？

8. 施密特触发器属于_____稳态电路。施密特触发器的主要用途有_____、_____、_____等。

9. 单稳态触发器在触发脉冲的作用下，以_____态转换到_____态。依靠_____作用，又能自动返回到_____态。

10. 多谐振荡器电路没有_____电路，电路不停地在_____之间转换，因此又称_____。

11. 555 定时电路是一种功能强、使用灵活、适用范围宽的电路，可用作_____等。

12. 多谐振荡器是一种自激振荡器，能产生（　　　）。

A. 矩形波　　　　　　　B. 三角波　　　　　C. 正弦波　　　　　D. 尖脉冲

13. 单稳态触发器一般不适用于（　　　）电路。

A. 定时　　　　　　　　　　　　　　B. 延时

C. 脉冲波形整形　　　　　　　　　　D. 自激振荡产生脉冲信号

14. 施密特触发器一般不适用于（　　　）电路。

A. 延时　　　　　　B. 波形变换　　　　　C. 脉冲波形整形　　　D. 幅度鉴定

15. 555 定时器主要由哪几部分构成？各部分的作用是什么？

第12章

D/A 和 A/D 转换器

随着数字技术的发展，特别是计算机技术的飞速发展与普及，现代控制、通信、检测领域中对信号的处理广泛采用了数字计算机技术。由于系统的实际处理对象往往是模拟量（如温度、压力、位移、图像），要使计算机或数字仪表识别和处理这些信号，必须首先将这些模拟信号转换成数字信号，而经计算机分析、处理后输出的数字量，往往也需要转换成相应的模拟信号，才能被执行机构接收。这样，就需要一种能在模拟信号与数字信号之间起桥梁作用的电路——模数转换电路和数模转换电路。

能把数字信号转换成模拟信号的电路，称为数/模转换器（简称 D/A 转换器），而能将模拟信号转换成数字信号的电路，称为模/数转换器（简称 A/D 转换器）。D/A 转换器和 A/D 转换器已经成为计算机系统中不可缺少的接口电路。

【学习目标】
- 掌握 D/A、A/D 电路的结构。
- 掌握 D/A、A/D 电路的工作原理。
- 掌握 D/A 转换器与 A/D 转换器的典型应用。

12.1 D/A 转换器

数字量是用代码按数位组合起来表示的。对于有权码，每位代码都有一定的权。为了将数字量转换成模拟量，必须按其权的大小将每一位代码转换成相应的模拟量，然后将这些模拟量相加，得到与数字量成正比的总模拟量，从而实现数字—模拟转换。这就构成 D/A 转换器的基本思路。

12.1.1 D/A 转换器的基本原理

图 12-1 所示为 D/A 转换器的输入、输出关系框图，$D_0 \sim D_{n-1}$ 是输入的 n 位二进制

数，u_o 是与输入二进制数成比例的输出电压。图 12-2 所示为输入 3 位二进制数时 D/A 转换器的转换特性，它形象而具体地反映了 D/A 转换器的基本功能。

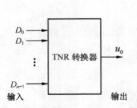

图 12-1　D/A 转换器的输入、输出关系框图

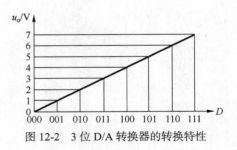

图 12-2　3 位 D/A 转换器的转换特性

12.1.2　倒 T 型电阻网络 D/A 转换器的原理

在单片集成 D/A 转换器中，使用最多的是倒 T 型电阻网络 D/A 转换器。图 12-3 所示为 4 位倒 T 型电阻网络 D/A 转换器的原理图。

$S_0 \sim S_3$ 为模拟开关，R-2R 电阻解码网络呈倒 T 型，运算放大器 A 构成求和电路。S_i 由输入数码 D_i 控制，当 $D_i=1$ 时，S_i 接运放反相输入端（"虚地"），I_i 流入求和电路；当 $D_i=0$ 时，S_i 将电阻 2R 接地。

无论模拟开关 S_i 处于何种位置，与 S_i 相连的 2R 电阻均等效接"地"（地或虚地）。这样流经 2R 电阻的电流与开关位置无关，为确定值。

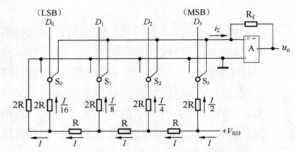

图 12-3　倒 T 型电阻网络 D/A 转换器

分析 R-2R 电阻解码网络不难发现，从每个接点向左看的二端网络等效电阻均为 R，流入每个 2R 电阻的电流从高位到低位按 2 的整倍数递减。设由基准电压源提供的总电流为 $I(I = U_{REF} / R)$，则流过各开关支路（从右到左）的电流分别为 $I/2$、$I/4$、$I/8$ 和 $I/16$。

于是可得总电流

$$i_{\Sigma} = \frac{U_{REF}}{R}\left(\frac{D_0}{2^4} + \frac{D_1}{2^3} + \frac{D_2}{2^2} + \frac{D_3}{2^1}\right) = \frac{U_{REF}}{2^4 \times R}\sum_{i=0}^{3}(D_i \cdot 2^i) \qquad (12\text{-}1)$$

输出电压

$$u_O = -i_{\Sigma}R_f = -\frac{R_f}{R} \cdot \frac{U_{REF}}{2^4}\sum_{i=0}^{3}(D_i \cdot 2^i) \qquad (12\text{-}2)$$

将输入数字量扩展到 n 位，可得 n 位倒 T 型电阻网络 D/A 转换器输出模拟量与输入数字量之间的一般关系式如下。

$$u_O = -\frac{R_f}{R} \cdot \frac{U_{REF}}{2^n}\left[\sum_{i=0}^{n-1}(D_i \cdot 2^i)\right]$$

设 $K = \frac{R_f}{R} \cdot \frac{U_{REF}}{2^n}$，$N_B$ 表示括号中的 n 位二进制数，则

$$u_o = -KN_B$$

要使 D/A 转换器具有较高的精度，对电路中的参数就有以下要求。

（1）基准电压稳定性好。

（2）倒 T 型电阻网络中 R 和 $2R$ 电阻值的比值精度要高。

（3）每个模拟开关的开关电压降要相等。为实现电流从高位到低位按 2 的整倍数递减，模拟开关的导通电阻也相应地按 2 的整倍数递增。

由于在倒 T 型电阻网络 D/A 转换器中，各支路电流直接流入运算放大器的输入端，所以它们之间不存在传输上的时间差。电路的这一特点不仅提高了转换速度，也减少了动态过程中输出端可能出现的尖脉冲。常用的倒 T 型电阻网络 D/A 转换器的集成电路有 AD7520（10 位）、DAC1210（12 位）、AK7546（16 位高精度）等。

尽管倒 T 型电阻网络 D/A 转换器具有较高的转换速度，但由于电路中存在模拟开关电压降，当流过各支路的电流稍有变化，就会出现转换误差。因此，为了进一步提高 D/A 转换器的转换精度，可以采用权电流型 D/A 转换器。

12.1.3　权电流型 D/A 转换器的原理

权电流型 D/A 转换器的原理电路如图 12-4 所示。

这种权电流 D/A 转换器中，采用了高速电子开关。因此，电路还具有较高的转换速度。采用这种权电流型 D/A 转换电路生产的单片集成 D/A 转换器有 AD1408、DAC0806、DAC0808 等。

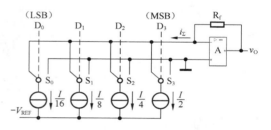

图 12-4　权电流型 D/A 转换器

12.1.4　权电流型 D/A 转换器的应用

图 12-5 所示为权电流型 D/A 转换器 DAC0808 的电路结构框图。用 DAC0808 这类器件构成的 D/A 转换器，需要外接运算放大器和产生基准电流用的电阻。

DAC0808 构成的典型应用电路如图 12-6 所示。

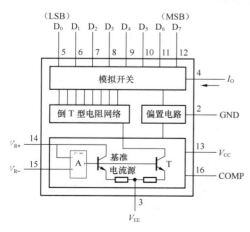

图 12-5　DAC0808 的电路结构

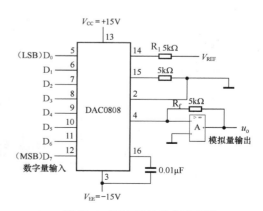

图 12-6　DAC0808 的典型应用

12.1.5　D/A 转换器的主要技术指标

D/A 转换器的主要技术指标如表 12-1 所示。

表 12-1　　　　　　　　　　　　　D/A 转换器的主要技术指标

参　数		含　义
转换精度	分辨率	分辨率是指 D/A 转换器模拟输出电压可能被分离的等级数。输入数字量的位数越多，输出电压可分离的等级越多，即分辨率越高。在实际应用中，往往用输入数字量的位数表示 D/A 转换器的分辨率。此外，D/A 转换器的分辨率也可以用能分辨的最小输出电压（此时输入的数字代码只有最低有效位为 1，其余各位为 0）与最大输出电压（此时输入的数字代码各有效位都为 1）之比给出
	转换误差	转换误差的来源很多，如转换器中各元件参数值的误差，基准电源不够稳定，运算放大器的零漂的影响等。D/A 转换器的绝对误差或称绝对精度是指输入端加入最大数字量（全 1）时，D/A 转换器的理论值与实际值之差。该误差值应低于 $L_{SB}/2$
转换速度	建立时间（t_{set}）	建立时间是指输入数字量变化时，输出电压变化到相应稳定电压值所需的时间，一般用 D/A 转换器输入的数字量 NB 从全 0 变为全 1 时，输出电压达到规定的误差范围（$\pm L_{SB}/2$）时所需的时间来表示。D/A 转换器的建立时间较快，单片集成 D/A 转换器的建立时间最短可达 0.1 µs 以内
	转换速率（SR）	转换速率是指大信号工作状态下模拟电压的变化率
温度系数		温度系数是指在输入不变的情况下，输出模拟电压随温度变化产生的变化量。一般用满刻度输出条件下温度每升高 1℃时，输出电压变化的百分数，作为温度系数

12.2　A/D 转换器

在 A/D 转换器中，因为输入的模拟信号在时间上是连续的，而输出的数字信号代码是离散的，所以进行转换时必须在一系列选定的瞬间（即时间坐标轴上的一些规定点上）对输入的模拟信号取样，然后再把这些取样值转换为输出的数字量。

12.2.1　A/D 转换的一般步骤和取样定理

A/D 转换过程通常是取样、保持、量化和编码这 4 个步骤。A/D 转换过程如图 12-7 所示。

1. 取样定理

输入信号的采样过程如图 12-8 所示。

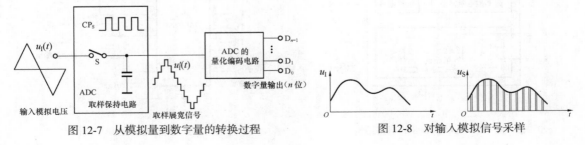

图 12-7　从模拟量到数字量的转换过程　　　　　　图 12-8　对输入模拟信号采样

为了准确无误地用取样信号表示模拟信号，必须满足：$f_S \geq 2f_{imax}$，式中 f_S 为取样频率，f_{imax} 为输入信号的最高频率分量的频率。

2. 量化和编码

数字信号不仅在时间上是离散的，而且在数值上的变化也不是连续的。这就是说，任何一个数字量的大小，都是以某个最小数量单位的整倍数来表示的。因此，在用数字量表示取样电压时，也必须把它转化成这个最小数量单位的整数倍，这个转化过程就叫做量化。所规定的最小数量单位叫做量化单位，用 Δ 表示。显然，数字信号最低有效位中的 1 表示的数量大小，就等于 Δ。把量化的数值用二进制代码表示，称为编码。这个二进制代码就是 A/D 转换的输出信号。

既然模拟电压是连续的，那么它就不一定能被 Δ 整除，因而不可避免地会引入误差，这种误差称为量化误差。在把模拟信号划分为不同的量化等级时，用不同的划分方法可以得到不同的量化误差。

12.2.2　取样–保持电路

在 A/D 转换期间，为了使输入信号不变，保持在开始转换时的值，通常要采用一个取样-保持电路。

1. 取样–保持电路的结构和工作原理

取样-保持电路的基本形式如图 12-9 所示，N 沟道 MOS 管 VT 用作取样开关。

取样-保持电路的基本形式由于需要通过 R_i 和 VT 向 C_h 充电，使取样速度受到了限制，所以必须对电路进行改进。

2. 改进电路的构成和工作原理

图 12-10 所示为单片集成取样-保持电路 LF198 的电路原理图和图形符号，它是一个经过改进的取样-保持电路。

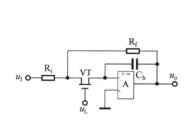

图 12-9　取样—保持电路的基本形式

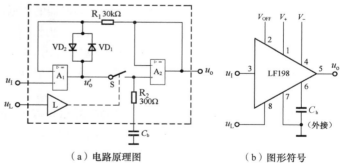

（a）电路原理图　　　　（b）图形符号

图 12-10　单片集成取样-保持电路

12.2.3　逐次比较型 A/D 转换器

逐次逼近转换过程与用天平称物重非常相似。按照天平称重的思路，逐次比较型 A/D 转换器，就是将输入模拟信号与不同的参考电压做多次比较，使转换所得的数字量在数值上逐次逼近输入模拟量的对应值。

4 位逐次比较型 A/D 转换器的逻辑电路如图 12-11 所示。

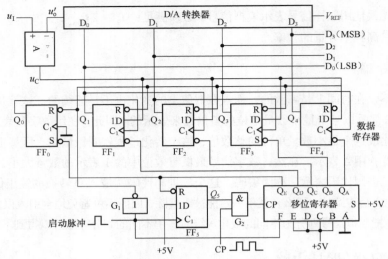

图 12-11　4 位逐次比较型 A/D 转换器

图 12-11 中 5 位移位寄存器可进行并入/并出或串入/串出操作，其输入端 F 为并行置数使能端，高电平有效。其输入端 S 为高位串行数据输入。数据寄存器由 D 边沿触发器组成，数字量从 $Q_4 \sim Q_1$ 输出。

电路工作过程如下：当启动脉冲上升沿到达后，$FF_0 \sim FF_4$ 被清零，Q_5 置 1，Q_5 的高电平开启与门 G_2，时钟脉冲 CP 进入移位寄存器。在第 1 个 CP 脉冲作用下，由于移位寄存器的置数使能端 F 以由 0 变 1，并行输入数据 ABCDE 置入，$Q_A Q_B Q_C Q_D Q_E = 01111$，$Q_A$ 的低电平使数据寄存器的最高位（Q_4）置 1，即 $Q_4 Q_3 Q_2 Q_1 = 1000$。D/A 转换器将数字量 1000 转换为模拟电压 u'_O，送入比较器 C 与输入模拟电压 u_1 比较，若 $u_1 > u'_O$，则比较器 C 输出 u_c 为 1，否则为 0。比较结果送 $D_4 \sim D_1$。

第 2 个 CP 脉冲到来后，移位寄存器的串行输入端 S 为高电平，Q_A 由 0 变 1，同时最高位 Q_A 的 0 移至次高位 Q_B。于是数据寄存器的 Q_3 由 0 变 1，这个正跳变作为有效触发信号加到 FF_4 的 CP 端，使 u_c 的电平得以在 Q_4 保存下来。此时，由于其他触发器无正跳变触发脉冲，u_c 的信号对它们不起作用。Q_3 变 1 后，建立了新的 D/A 转换器的数据，输入电压再与其输出电压 u'_O 进行比较，比较结果在第 3 个时钟脉冲作用下存于 Q_3。如此进行，直到 Q_E 由 1 变 0 时，使触发器 FF_0 的输出端 Q_0 产生由 0 到 1 的正跳变，做触发器 FF_1 的 CP 脉冲，使上一次 A/D 转换后的 u_c 电平保存于 Q_1。同时使 Q_5 由 1 变 0 后将 G_2 封锁，一次 A/D 转换过程结束。于是电路的输出端 $D_3 D_2 D_1 D_0$ 得到与输入电压 u_1 成正比的数字量。

逐次比较型 A/D 转换器完成一次转换所需时间与它的位数和时钟脉冲频率有关。位数越少，时钟频率越高，转换时间就越短。这种 A/D 转换器具有转换速度快、精度高的特点。

12.2.4　并行比较型 A/D 转换器

3 位并行比较型 A/D 转换原理电路如图 12-12 所示，它由电阻分压器、电压比较器、寄存器和编码器 4 部分构成。

单片集成并行比较型 A/D 转换器的产品较多，如 AD 公司的 AD9012（TTL 工艺，8 位）、AD9002（ECL 工艺，8 位）、AD9020（TTL 工艺，10 位）等。常用的集成逐次比较型 A/D 转换器有 ADC0808/0809 系列（8 位）、AD575（10 位）、AD574A（12 位）等。

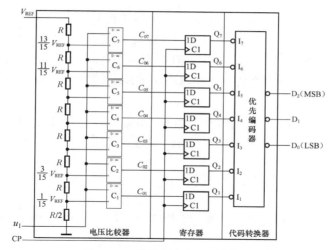

图 12-12　并行比较型 A/D 转换器

12.2.5　双积分型 A/D 转换器

双积分型 A/D 转换器是一种间接 A/D 转换器。它的基本原理是对输入模拟电压和参考电压分别进行两次积分，将输入电压平均值变换成与之成正比的时间间隔，然后利用时钟脉冲和计数器测出这个时间间隔，进而得到相应的数字量输出。因为这个转换电路是对输入电压的平均值进行转换，具有很强的抗工频干扰能力，所以它在数字测量中得到广泛应用。

12.2.6　A/D 转换器的主要技术指标

A/D 转换器的主要技术指标如表 12-2 所示。

表 12-2　A/D 转换器的主要技术指标

参　　数		含　　义
转换精度	分辨率	分辨率代表 A/D 转换器对输入信号的分辨能力。A/D 转换器的分辨率以输出二进制（或十进制）数的位数表示。从理论上讲，n 位输出的 A/D 转换器能区分 $2n$ 个不同等级的输入模拟电压，能区分输入电压的最小值为满量程输入的 $1/2n$。在最大输入电压一定时，输出位数越多，量化单位越小，分辨率越高
	转换误差	转换误差表示 A/D 转换器实际输出的数字量和理论上的输出数字量之间的差别，常用最低有效位的倍数表示
转换时间		转换时间指 A/D 转换器从转换控制信号到来开始，到输出端得到稳定的数字信号所经过的时间

不同类型的转换器的转换速度相差很大。其中，并行比较 A/D 转换器的转换速度最高，8 位二进制输出的单片集成 A/D 转换器的转换时间可达 50 ns 以内。逐次比较型 A/D 转换器次之，转换时间多在 10 ~ 50 μs 之间，也有达几百纳秒的。间接 A/D 转换器的速度最慢，如双积分 A/D 转换器的转换时间大都在几十毫秒至几百毫秒之间。

实际应用中，应从系统数据总的位数、精度要求、输入模拟信号的范围和输入信号极性等方面，综合考虑 A/D 转换器的选用。

【例 12-1】某信号采集系统要求用一片 A/D 转换集成芯片，在 1 s 内对 16 个热电偶的输出电压分时进行 A/D 转换。已知热电偶输出电压范围为 0 ~ 0.025 V（对应于 0 ~ 450℃温度范围），需要分辨的温度为 0.1℃。试问，应选择多少位的 A/D 转换器，其转换时间为多少？

解： 对于 0 ~ 450℃温度范围，信号电压范围为 0 ~ 0.025 V，分辨的温度为 0.1℃，这相当于 $0.1/450 = 1/4\,500$ 的分辨率。12 位 A/D 转换器的分辨率为 $1/2^{12} = 1/4\,096$，所以必须选用 13 位的 A/D 转换器。

系统的取样速率为每秒 16 次，取样时间为 62.5 ms。对于这样慢的取样，任何一个 A/D 转换器都可以达到。可以选用带有取样 – 保持（S/H）的逐次比较型 A/D 转换器。

12.2.7　集成 A/D 转换器及其应用

在单片集成 A/D 转换器中，逐次比较型使用较多。下面以 ADC0804 为例，来介绍 A/D 转换器及其应用。

1. ADC0804 芯片

ADC0804 是 CMOS 集成工艺制成的逐次比较型 A/D 转换器芯片，分辨率为 8 位，转换时间为 $100\,\mu s$，输出电压范围为 0 ~ 5 V，增加某些外部电路后，输入模拟电压可为 ±5 V。芯片内有输出数据锁存器，当与计算机连接时，转换电路的输出可以直接连接到 CPU 的数据总线上，无须附加逻辑接口电路。ADC0804 的引脚图如图 12-13 所示。

在使用 ADC0804 转换器时，为保证它的转换精度，要求输入电压满量程使用。

在模数、数模转换电路中，要特别注意到地线的正确连接，否则干扰会很大，以致影响转换结果的准确性。A/D、D/A 及取样 – 保持芯片上都提供了独立的模拟地和数字地。在线路设计中，必须将所有器件的模拟地和数字地分别相连，然后将模拟地与数字地仅在一点上相连接。地线的正确连接方法如图 12-14 所示。

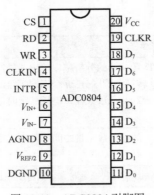

图 12-13　ADC0804 引脚图

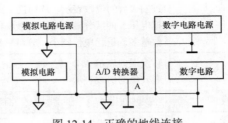

图 12-14　正确的地线连接

2. ADC0804 的典型应用

在现代过程控制智能仪器和仪表中，为采集被控（被测）对象的数据以达到由计算机进行实时检测、控制的目的，常用微处理器和 A/D 转换器构成数据采集系统。单通道微机化数据采集系统如图 12-15 所示。这个系统由微处理器、存储器和 A/D 转换器构成，它们之间通过数据总线和控制总线连接，系统信号采用总线传输方式。

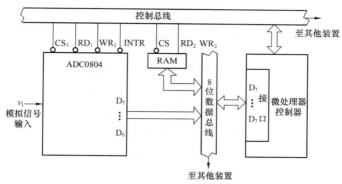

图 12-15　单通道微机化数据采集系统示意图

本章小结

倒 T 型电阻网络 D/A 转换器中电阻网络阻值仅有 R 和 2R 两种，各 2R 支路电流 I_i 与 D_i 数码状态无关，是一定值。由于支路电流流向运放反相端时不存在传输时间，因而具有较高的转换速度。

在权电流型 D/A 转换器中，由于恒流源电路和高速模拟开关的运用使其具有精度高、转换快的优点，双极型单片集成 D/A 转换器多采用此种类型电路。

不同的 A/D 转换方式有各自的特点，并行 A/D 转换器速度高；双积分 A/D 转换器精度高；逐次比较型 A/D 转换器在一定程度上兼有以上两种转换器的优点，因此得到普遍应用。

A/D 转换器和 D/A 转换器的主要技术参数是转换精度和转换速度，在与系统连接后，转换器的这两项指标决定了系统的精度与速度。目前，A/D 与 D/A 转换器的发展趋势是高速度、高分辨率及易于与微型计算机接口，用以满足各个应用领域对信号处理的要求。

习题

1. D/A 转换器，其最小分辨电压 $V_{LSB} = 4\,mV$，最大满刻度输出电压 $V_{om} = 10\,V$，求这个转换器输入二进制数字量的位数。

2. T 型和倒 T 型电阻网络 D/A 转换器有哪些不同？

3. D/A 转换器的位数有何意义？它与分辨率、转换精度有何关系？

4. A/D 转换器的分辨率和相对精度与什么有关？

5. 在应用 A/D 转换器做模数转换的过程中，应注意哪些主要问题？如某人用 10 V 的 8 位 A/D 转换器对输入信号为 0.5 V 范围内的电压进行模数转换，这样使用正确吗？为什么？

参 考 文 献

[1] 徐淑华. 电工电子技术（第二版）[M]. 北京：电子工业出版社，2008.

[2] 秦曾煌. 电工学（第五版）[M]. 北京：高等教育出版社，1999.

[3] 叶挺秀，张伯尧. 电工电子学[M]. 北京：高等教育出版社，1999.

[4] 唐介. 电工学[M]. 北京：高等教育出版社，1999.

[5] 邱关源. 电路[M]. 北京：高等教育出版社，1999.

[6] 李中发. 电工技术[M]. 北京：中国水利水电出版社，2005.

[7] 范世贵. 电路分析基础[M]. 西安：西北工业大学出版社，2004.

[8] 徐淑华. 电工电子技术实验教程[M]. 济南：山东大学出版社，2005.

[9] 宫俊芳. 电路基本理论[M]. 济南：山东科学技术出版社，1994.

[10] 李海，崔雪. 电工技术（第二版）[M]. 武汉：武汉大学出版社，2005.

[11] 于亦凡，周祥龙，赵景波，刘金辉. 新编实用电工手册[M]. 北京：人民邮电出版社，2007.

[12] 赵景波，周祥龙，于亦凡. 电子技术基础与实训[M]. 北京：人民邮电出版社，2008.

[13] 申辉阳，孔云龙．电工电子技术[M]. 北京：人民邮电出版社，2007.

[14] 童诗白，华成英. 模拟电子技术基础（第三版）[M]. 北京：高等教育出版社，2001.

[15] 李雅轩. 模拟电子技术[M]. 西安：西安电子科技大学出版社，2001.

[16] 胡宴如. 模拟电子技术[M]. 北京：高等教育出版社，2000.

[17] 庞学民. 数字电子技术[M]. 北京：清华大学出版社，2005.

[18] 周常森，范爱平. 数字电子技术基础（第二版）[M]. 济南：山东科学技术出版社，2005.

[19] 康华光. 电子技术基础（第四版）[M]. 北京：高等教育出版社，1999.

[20] 阎石. 数字电子技术基础（第四版）[M]. 北京：清华大学出版社，1998.

[21] 付植桐. 电子技术[M]. 北京：高等教育出版社，2000.

[22] 秦曾煌. 电工学（第四版）[M]. 北京：高等教育出版社，1990.

[23] 王济浩. 模拟电子技术基础[M]. 济南：山东科学技术出版社，2003.

[24] 庄效恒等. 电子技术[M]. 北京：北京理工大学出版社，2002.

[25] 彭端. 应用电子技术[M]. 北京：机械工业出版社，2004.

[26] 沈裕钟. 工业电子学（第三版）[M]. 北京：高等教育出版社，2000.

[27] 李中发. 电子技术基础[M]. 北京：中国水利水电出版社，2005.

[28] 张惠敏. 数字电子技术[M]. 北京：化学工业出版社，2005.

[29] 叶淬. 电工电子技术[M]. 北京：化学工业出版社，2003.

[30] 陈新龙. 电工电子技术基础教程[M]. 北京：清华大学出版社，2006.

[31] 周元兴. 电工与电子技术基础[M]. 北京：机械工业出版社，2002.

[32] 林平勇，高嵩. 电工电子技术[M]. 北京：高等教育出版社，2004.

[33] 李守成. 电工电子技术[M]. 成都：西南交通大学出版社，2002.

[34] 李怀甫. 电工电子技术基础（实验与实训）[M]. 北京：机械工业出版社，2005.